de Gruyter Lehrbuch

Hollas, Die Symmetrie von Molekülen

D1809156

Die Symmetrie von Molekülen

Eine Einführung in die Anwendung von Symmetriebetrachtungen in der Chemie

von

J. Michael Hollas

übersetzt und bearbeitet von

Ralf Steudel

Walter de Gruyter · Berlin · New York · 1975

Titel der Originalausgabe: „*Symmetry in Molecules*" erschienen bei Chapman and Hall, London, Copyright © 1972

J. Michael Hollas
Dozent für Chemie und Chemische Physik an der University of Reading, Großbritannien
Ralf Steudel
Professor für Anorganische Chemie an der Technischen Universität Berlin

© Copyright 1975 by Walter de Gruyter & Co., vormals G. J. Göschen'sche Verlagshandlung, J. Guttentag, Verlagsbuchhandlung Georg Reimer, Karl J. Trübner, Veit & Comp., Berlin 30. Alle Rechte, insbesondere das Recht der Vervielfältigung und Verbreitung sowie der Übersetzung, vorbehalten. Kein Teil des Werkes darf in irgendeiner Form (durch Photokopie, Mikrofilm oder ein anderes Verfahren) ohne schriftliche Genehmigung des Verlages reproduziert oder unter Verwendung elektronischer Systeme verarbeitet, vervielfältigt oder verbreitet werden.
Printed in Germany. Satz: Ilmgaudruckerei, Pfaffenhofen; Druck Karl Gerike, Berlin.
Bindearbeiten: Dieter Mikolai, Berlin.
ISBN 3 11 004637 7

Vorwort

Das vorliegende Buch, das sich sowohl zum Selbststudium als auch zum Gebrauch neben Vorlesungen eignet, ist für Studenten der Chemie geschrieben, die sich mit der Anwendung von Symmetriebetrachtungen in der Molekül- und Komplexchemie beschäftigen wollen. Die Theorie der Molekülsymmetrie ist unverzichtbar für jeden, der sich mit Molekülspektroskopie oder mit der Theorie der chemischen Bindung ernsthaft auseinandersetzen will. Anders als die meisten anderen Bücher dieser Art erfordert die vorliegende Einführung nur geringe mathematische Vorkenntnisse und entwickelt die grundlegenden Vorstellungen stets am Beispiel wohlbekannter chemischer Verbindungen, das heißt sie nimmt in hohem Maße auf die anschaulichen Denkgewohnheiten des Chemikers Rücksicht. Die ersten 6 Kapitel sind für Studenten vor dem Vorexamen geeignet, während sich das 7. Kapitel an fortgeschrittene Studenten wendet.
Gegenüber dem englischen Originaltext wurden einige Änderungen vorgenommen. Zahlreiche zusätzliche Erläuterungen sollen dem leichteren Verständnis komplizierter Sachverhalte dienen, und die in die Abschnitte 3.11 und 7.6 aufgenommenen Übungsaufgaben erlauben die Überprüfung des gelernten Stoffes. Neu sind auch das Schema zur Ermittlung der Punktgruppenzugehörigkeit von Molekülen sowie zahlreiche zusätzliche Beispiele vor allem aus dem Gebiet der anorganischen Chemie, die die Anwendungsbreite und Bedeutung von Symmetriebetrachtungen unterstreichen sollen. Weggelassen wurden andererseits einige sehr spezielle Anwendungsbeispiele. Auch zahlreiche Änderungsvorschläge des Autors wurden berücksichtigt.

Nahant (Massachusetts), im März 1974 Ralf Steudel

Vorwort zur englischen Ausgabe

Die Anwendung der Gruppentheorie auf Moleküle hat weitreichende Konsequenzen für alle Zweige der Chemie, und kein Chemiker oder Physikochemiker kann sich einen Verzicht auf zumindest grundlegende Kenntnisse dieser Theorie leisten.
Dieses Buch ist aus einer Vorlesung für Studenten der Chemie und der Chemischen Physik an der Universität von Reading hervorgegangen. Sein Inhalt sollte für Studenten mittlerer Semester verständlich sein, obwohl wahrscheinlich mehr Stoff geboten wird, als in den meisten entsprechenden Kursen verlangt wird. Die ersten fünf Kapitel sind für Studenten des 2. bis 4. Semesters gedacht. Die letzten beiden Kapitel sind dagegen etwas anspruchsvoller und enthalten Material, das für fortgeschrittene Studenten geeignet ist.
Die Gruppentheorie wurde, beginnend im frühen 19. Jahrhundert, von Mathematikern entwickelt und erst viel später, in den zwanziger und dreißiger Jahren dieses Jahrhunderts, auf Atome und Moleküle angewandt. Entsprechend dieser historischen Entwicklung wurde dieses Gebiet früher in der Chemie meistens so gelehrt, daß mit der Theorie der abstrakten mathematischen Gruppen begonnen wurde und diese erst danach auf die Punktgruppen von Molekülen angewandt wurde. Die meisten von uns, die in der Chemie und weniger in der Mathematik zu Hause sind, finden es aber leichter, anschaulich statt abstrakt zu denken, und man kann ein Auditorium von Chemikern oder Physikochemikern leicht dadurch verlieren, daß man die Behandlung der Molekülsymmetrie mit der Theorie der abstrakten Gruppen beginnt.

Bei diesem Buch ist es eines meiner Ziele gewesen, den Studenten durch fortwährend angeführte Beispiele in ständigem Kontakt mit der Chemie zu halten. Lediglich am Ende des 3. Kapitels wird die Theorie der Gruppen allgemein, d. h. als ein abstraktes Konzept behandelt und zur Theorie der Punktgruppen von Molekülen in Beziehung gesetzt.

Mein Dank gilt Professor I. M. Mills für seine Ermunterung, dieses Buch zu schreiben, sowie Dr. J. K. G. Watson, Dr. C. M. Woodman und Dr. T. Cvitaš, die mir nicht nur bei der kritischen Durchsicht des Manuskripts, sondern auch bei der Klarstellung vieler Textstellen geholfen haben. Dank gebührt auch Dr. S. N. Thakur für seine Hilfe beim Korrekturenlesen.

J. M. H.

Inhaltsverzeichnis

1. Einleitung

1.1 Allgemeine Bemerkungen zur Molekülsymmetrie

Wenn uns die Frage gestellt wird, ob ein Kreis oder ein Quadrat von höherer Symmetrie ist, werden die meisten von uns wahrscheinlich instinktiv richtig antworten, daß ein Kreis symmetrischer ist als ein Quadrat. Wenn wir dann aber aufgefordert werden, die Gründe für unsere Wahl darzulegen, wird es uns wahrscheinlich nicht leicht fallen, das instinktive Gefühl in Worte zu kleiden und unsere Wahl zu begründen. Wahrscheinlich ist es auch nicht allzu schwer, die geringere Symmetrie eines Rechtecks gegenüber der eines Kreises oder eines Quadrates festzustellen. Aber den relativen Grad an Symmetrie bei einem gleichseitigen Dreieck und einem Parallelogramm zu ermitteln, stößt wahrscheinlich bereits auf Schwierigkeiten. Zwar ist klar, daß beide ziemlich symmetrisch sind, aber sie sind es in verschiedener Weise, und es ist nicht ohne weiteres möglich, beide in einer sinnvollen Weise miteinander zu vergleichen.

Bei der Betrachtung der Symmetrie von Molekülen sollte man sich von Anfang an darüber im klaren sein, daß die Gestalt des betrachteten Moleküls experimentell ermittelt und bekannt sein muß. Zum Beispiel ist es für die Ermittlung der Symmetrie des Benzolmoleküls notwendig zu wissen, daß experimentell ermittelt wurde, daß die C-Atome und die H-Atome je ein reguläres Sechseck mit einem gemeinsamen Mittelpunkt bilden, daß jedes Atompaar C-H auf je einer vom Mittelpunkt ausgehenden Geraden liegt und daß sich alle Atome in einer Ebene befinden. Wegen dieser regulären Sechseckstruktur des Benzols ist es entscheidend, bei der Betrachtung seiner Symmetrieeigenschaften nicht von einer der Kekulé-Strukturen auszugehen, wie sie in Abbildung 1.1

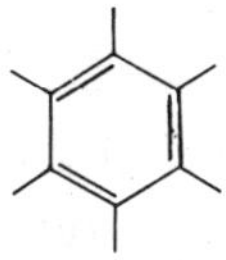

Abbildung 1.1
Kekulé-Struktur von Benzol

dargestellt ist, oder gar von einem gedehnten Sechseck, wie man es gewöhnlich zeichnet und wie es sogar in einigen Lehrbüchern auftaucht. Weniger offensichtliche Fälle dieser Art, bei denen Vorsicht geboten ist, sind z. B. Moleküle, die einen Fünfring mit einem anderen Ring kondensiert enthalten, beispielsweise Indan, dessen Struktur oft wie in Abbildung 1.2 wiedergegeben wird, während die wahre Molekülgestalt

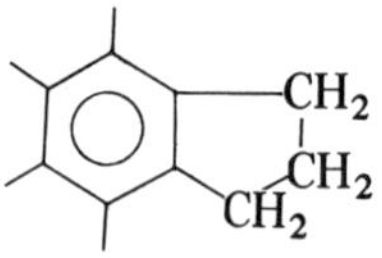

Abbildung 1.2
Irreführende Struktur von Indan

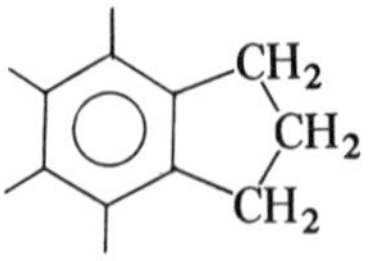

Abbildung 1.3
Realistische Struktur von Indan

mehr der in Abbildung 1.3 dargestellten Struktur entspricht. (Die C-Atome des Fünfringes liegen wahrscheinlich nicht alle in einer Ebene, aber das braucht uns hier nicht weiter zu interessieren.) Im Fall komplexer dreidimensionaler Moleküle, wie Triäthylendiamin, wird oft eine Darstellung wie in Abbildung 1.4 benutzt, obwohl dadurch weder die Äquivalenz der drei -CH_2-CH_2-Gruppen, noch die in Abbildung 1.5

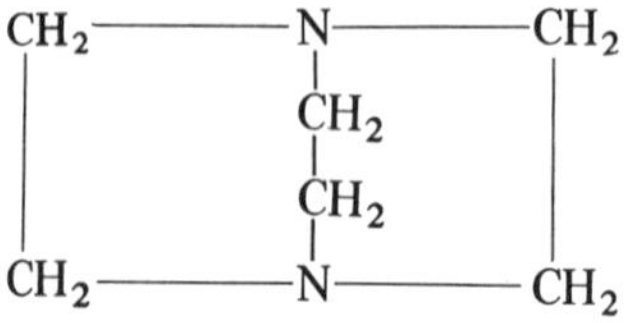

Abbildung 1.4
Irreführende Struktur von Triäthylendiamin

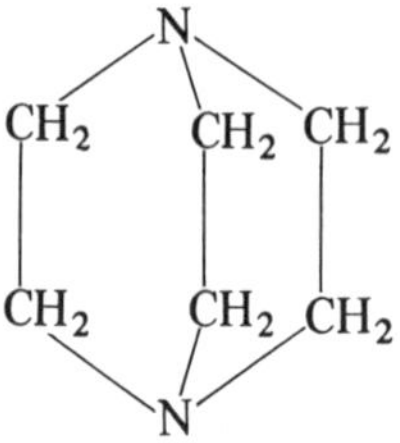

Abbildung 1.5
Realistische Struktur von Triäthylendiamin

dargestellte Käfigstruktur des Moleküls zum Ausdruck kommen. Molekülmodelle, die nicht immer sehr exakt zu sein brauchen, sind in jedem Fall eine große Hilfe bei der Ermittlung der Symmetrieeigenschaften von Molekülen.

Wenn wir davon ausgehen, daß die Strukturen bestimmter Moleküle bekannt sind, dann können wir in ähnlicher Weise nach ihrer relativen Symmetrie fragen wie bei den oben erwähnten geometrischen Figuren.

Zum Beispiel können wir überlegen, ob Äthylen (Abb. 1.6.a) symmetrischer ist als *trans*-Difluoräthylen (Abb. 1.6.b) und ob *cis*-Difluoräthylen (Abb. 1.6.c) symmetrischer ist als das *trans*-Isomer.

$$\overset{H}{\underset{H}{}}C\!=\!C\overset{H}{\underset{H}{}} \qquad \overset{F}{\underset{H}{}}C\!=\!C\overset{H}{\underset{F}{}} \qquad \overset{F}{\underset{H}{}}C\!=\!C\overset{F}{\underset{H}{}}$$

     (a)   (b)   (c)

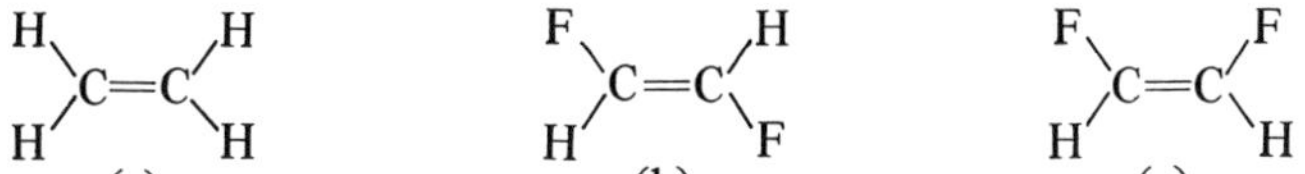

Abbildung 1.6
(a) Äthylen, (b) *trans*-Difluoräthylen, (c) *cis*-Difluoräthylen

Es ist ziemlich offenkundig, daß Äthylen von höherer Symmetrie ist als jedes der beiden Difluoräthylene, aber es ist keineswegs klar, welches von diesen die höhere Symmetrie besitzt. Es sieht in der Tat so aus, als wäre es wie im Falle des gleichseitigen Dreiecks und des Parallelogramms unmöglich, eine Entscheidung zu treffen.

Wenn wir das Problem der Symmetrie etwas genauer betrachten, dann wird klar, daß wir unsere Entscheidungen auf eine fundiertere Grundlage stellen müssen, als wir es bisher getan haben.

Bevor wir das tun, mag es nützlich sein, eine ungefähre Vorstellung von der Art der Probleme zu bekommen, die wir mit Hilfe der Molekülsymmetrie zu lösen versuchen werden. Eines dieser Probleme ist das der Auswahlregeln für Elektronenübergänge in Atomen und Molekülen. Im Rahmen der Bohrschen Theorie des Wasserstoffatoms sind die erlaubten Energiezustände des Atoms durch folgende Gleichung gegeben:

$$E_n/hc = -R_H/n^2 \qquad (1.1)$$

wobei E_n die Gesamtenergie, h die Plancksche Konstante, c die Lichtgeschwindigkeit, R_H die Rydberg-Konstante für Wasserstoff und n eine ganze Zahl, z. B. 1, 2, 3, 4 ..., bedeuten. Diese Energieniveaus sind auf der linken Seite der Abbildung 1.7 dargestellt. Elektronenübergänge zwischen diesen Niveaus werden von *Auswahlregeln* bestimmt, die uns sagen, ob bestimmte Übergänge *erlaubt* oder *verboten* sind. Im vorliegenden Fall ist die Auswahlregel ziemlich trivial, da Δn alle ganzzahligen Werte annehmen kann, d. h. es sind Übergänge zwischen beliebigen Niveaus möglich. Als Sommerfeld aber elliptische Elektronenbahnen einführte und die Relativitätstheorie für die Elektronenbewegung berücksichtigte, fand er, daß jedes Niveau in n Subniveaus aufspaltet, die durch die Quantenzahl l beschrieben werden können. l

kann die Werte 0, 1, 2, ... (n-1) annehmen. Diese Subniveaus sind in Abbildung 1.7 auf der rechten Seite eingezeichnet. Die Auswahlregel

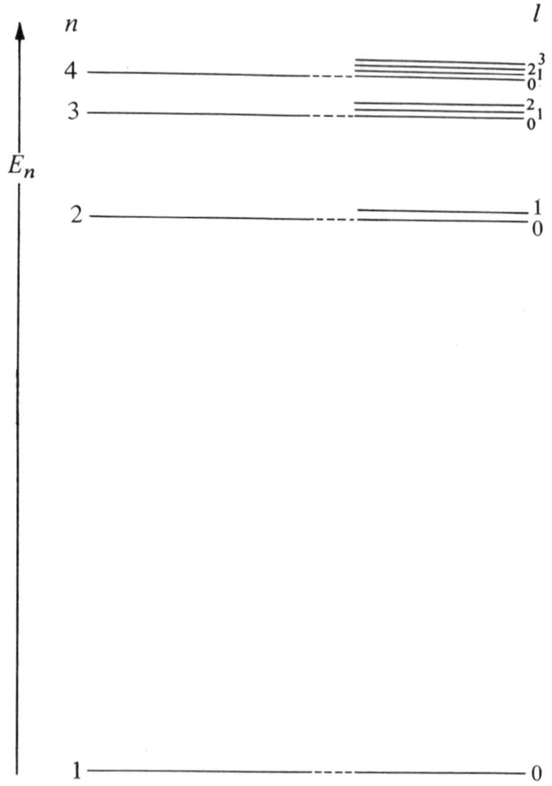

Abbildung 1.7
Schematisches Energieniveaudiagramm für das Wasserstoffatom

für Übergänge zwischen diesen Niveaus ist $\Delta l = \pm 1$. In der Bohr-Sommerfeld-Theorie des H-Atoms werden für die Auswahlregeln nur die beiden Quantenzahlen n und l benötigt. Bei der späteren quantenmechanischen Behandlung des Wasserstoffatoms werden die Auswahlregeln unter Verwendung der vier Quantenzahlen n, l, s und j formuliert.
Auch bei Mehrelektronenatomen können die Auswahlregeln in ähnlicher Weise vollständig mit Quantenzahlen beschrieben werden. Bei zweiatomigen Molekülen sind Quantenzahlen aber nicht mehr ausreichend, um die Auswahlregeln festzulegen: hier müssen auch die Symmetrieeigenschaften der Elektronen-Wellenfunktion berücksichtigt wer-

den. Beispielsweise sind bei einem homonuklearen zweiatomigen Molekül wie N_2 keine Übergänge zwischen Elektronenzuständen erlaubt, deren Wellenfunktionen bezüglich des Molekülmittelpunktes entweder beide symmetrisch oder antisymmetrisch sind. Bei linearen mehratomigen Molekülen ist die Situation ähnlich wie in zweiatomigen Molekülen. Bei nicht-linearen Molekülen wird dagegen zur Beschreibung der Auswahlregeln für Elektronenübergänge nur eine Quantenzahl, die mit dem Elektronenspin verknüpft ist, benötigt; darüberhinaus werden nur noch Symmetrieeigenschaften verwendet.

An dieser Stelle fragt sich der Leser vielleicht, warum die Art und Weise, in der die Auswahlregeln für Elektronenübergänge festgelegt werden, bei Atomen scheinbar ganz anders ist als bei nicht-linearen mehratomigen Molekülen. Die Antwort darauf lautet, daß dies nicht so zu sein braucht: bei allen Atomen und Molekülen können die Auswahlregeln unter Verwendung der Symmetrieeigenschaften formuliert werden. Paradoxerweise werden die Symmetrieeigenschaften aber einfacher und nicht komplizierter, wenn wir vom einfachsten Atom zum kompliziertesten mehratomigen Molekül übergehen. Daher ist die Verwendung von Quantenzahlen bei Atomen einfacher als die Benutzung der Symmetrieeigenschaften.
Auch die Auswahlregeln für Übergänge zwischen Schwingungsniveaus in Molekülen werden mit Hilfe von Symmetrieeigenschaften formuliert, obwohl in allen Fällen auch die Schwingungsquantenzahlen v_i beteiligt sind.
Andere wichtige Anwendungen der Symmetrieeigenschaften sind Molekülorbitalberechnungen und die Korrelation von Molekülorbitalen zwischen einem Reaktanden und einem Produkt, um eine Voraussage über die Art des zu erwartenden Produktes zu machen.
Bevor wir daran gehen, die Molekülsymmetrie systematisch zu behandeln, ist es gut sich klarzumachen, daß es ungeachtet der Tatsache, daß wir im allgemeinen für viele Probleme spezifische Antworten erhalten, einige Typen von Molekülen gibt, bei denen die Antworten auf den ersten Blick nicht ganz so eindeutig sind. Beispielsweise ist bekannt, daß das Ammoniakmolekül im elektronischen Grundzustand pyramidal, in einigen seiner angeregten Zustände aber planar ist. Wie sollen wir nun die Elektronen-Zustände klassifizieren? Sollen wir sie auf eine planare oder auf eine pyramidale Konfiguration beziehen?
Bei der isotopen Substitution von Molekülen tritt ein ähnliches Pro-

blem auf. Wie sollen wir zum Beispiel Monodeuterobenzol einordnen: in der gleichen Weise wie Benzol oder etwa wie Fluorbenzol? Probleme dieser Art sind wichtig und wir werden in den Kapiteln 5 und 7 auf sie zurückkommen.

1.2 Elektromagnetisches Spektrum und Born-Oppenheimer-Näherung

Eine der wichtigsten Anwendungen der Molekülsymmetrie ist die Klassifizierung der Wellenfunktionen für Elektronenbewegungen, Schwingungen und Rotationen entsprechend ihren Symmetrieeigenschaften. Die Näherung, die darin besteht, die Gesamt-Wellenfunktion eines Moleküls als ein Produkt von Wellenfunktionen für die Elektronen-, Schwingungs- und Rotationsbewegung aufzufassen, ist als Born-Oppenheimer-Näherung bekannt. Die Brauchbarkeit dieser Näherung kann durch eine Betrachtung derjenigen Regionen des elektromagnetischen Spektrums gezeigt werden, in denen die drei Prozesse Elektronen-, Schwingungs- bzw. Rotationsanregung erfolgen.
Wenn man ein Molekül mit elektromagnetischen Wellen bestrahlt, beobachtet man je nach der Wellenzahl $\tilde{\nu}$ der Strahlung einen mehr oder weniger starken Effekt, da die Wellenzahl entsprechend folgender Gleichung der Energie proportional ist:

$$E = hc\tilde{\nu} \tag{1.2}$$

Darin bedeuten E die Energie, h die Plancksche Konstante und c die Lichtgeschwindigkeit.
In Abbildung 1.8 ist das elektromagnetische Spektrum schematisch dargestellt. Für die Wellenzahl wurde die übliche Einheit cm^{-1} und für die Wellenlänge das Nanometer [nm] verwendet[1]. In diesem Fall sind die beiden Größen durch folgende Beziehung verknüpft:

$$10^7/\lambda = \tilde{\nu} \tag{1.3}$$

Die übliche Einteilung des Spektrums in ein ultraviolettes, ein sichtbares und ein infrarotes Gebiet ist in Abbildung 1.8 ebenfalls dargestellt.

[1] 1 nm = 10 Å = 10^{-9} m

Man sollte sich aber darüber im klaren sein, daß diese Einteilung vollkommen willkürlich und hauptsächlich durch die verschiedenen experimentellen Untersuchungsmethoden bedingt ist, die in den verschiedenen Regionen erforderlich sind. Die Energie der Strahlung steigt von den Radiowellen zum Gebiet der γ-Strahlen hin an.
Die Ionisierung eines Moleküls (oder Atoms), d. h. die Entfernung eines Elektrons, gehört zu den Prozessen, die im molekularen Bereich die meiste Energie erfordern. Für die Ionisierung ist das Gebiet des Vakuum-UV typisch. Um ein Elektron von einem Orbital in ein anderes zu promovieren, bedarf es einer geringeren Energie. Dieser Prozeß tritt gewöhnlich beim Bestrahlen mit sichtbarem oder ultraviolettem Licht ein, obwohl manchmal auch Strahlung aus dem infraroten oder dem fernen ultravioletten Gebiet in Frage kommt. Für einen Schwingungsübergang, der beim Bestrahlen mit infrarotem Licht ausgelöst wird, bedarf es offensichtlich noch geringerer Energie, und noch weniger erfordert schließlich ein Rotationsübergang, der durch Absorption von Strahlung aus dem fernen Infrarot oder dem Mikrowellengebiet ermöglicht wird.

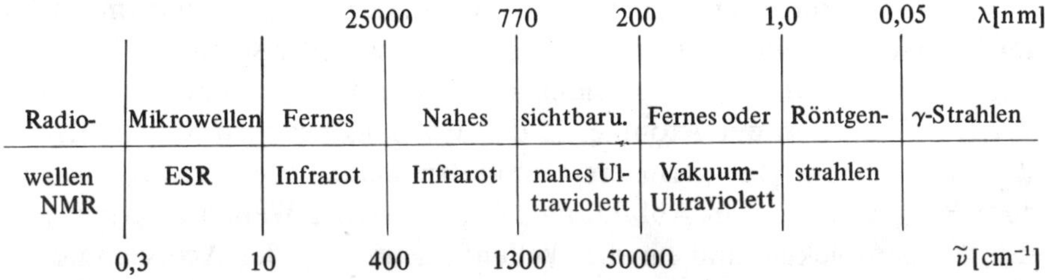

Abbildung 1.8
Schematische Darstellung des elektromagnetischen Spektrums
(NMR = Kernresonanz, ESR = Elektronenspinresonanz)

Aus Abbildung 1.8 kann man ersehen, daß eine typische Elektronenanregung etwa bei einer Wellenzahl von 30 000 cm^{-1} entsprechend einer Frequenz ($\nu = c\tilde{\nu}$) von $9 \cdot 10^{14}$ s^{-1} auftritt[2]. Für eine typische Schwingungsanregung ist eine Wellenzahl von 1000 cm^{-1} charakteristisch, entsprechend einer Frequenz von $3 \cdot 10^{13}$ s^{-1}, und ein typischer Rotationsübergang liegt bei einer Wellenzahl von etwa 10 cm^{-1} entsprechend einer Frequenz von $3 \cdot 10^{11}$ s^{-1}. Wenn man die Frequenzen dieser Prozesse vergleicht, sieht man, daß ein Elektronenübergang etwa

[2] Unglücklicherweise wird das Symbol ν gewöhnlich sowohl für die Frequenz als auch für die Wellenzahl benutzt. In diesem Buch steht ν aber immer für die Frequenz und $\tilde{\nu}$ für die Wellenzahl.

30 mal schneller als ein Schwingungsübergang und dieser etwa 100 mal schneller als ein Rotationsübergang erfolgt. Diese großen Unterschiede in der Zeitskala der drei Prozesse bedeuten, daß man jeden als unabhängig von den anderen zwei betrachten kann, zumindest in den meisten Fällen. Die Näherung, die darin besteht, die drei Prozesse mathematisch getrennt zu behandeln, heißt Born-Oppenheimer-Näherung. Wichtige Konsequenzen dieser Näherung sind:

(a) Die Gesamt-Wellenfunktion eines Moleküls (ausgenommen den Kernspin) kann als Produkt der Wellenfunktionen für die Elektronen-, die Schwingungs- und die Rotationsbewegung dargestellt werden:

$$\psi = \psi_e \times \psi_v \times \psi_r \tag{1.4}$$

(b) Die Gesamtenergie eines Moleküls kann als die Summe der elektronischen Energie[3], der Schwingungsenergie und der Rotationsenergie aufgefaßt werden:

$$E = E_e + E_v + E_r \tag{1.5}$$

Mit den Symmetrieeigenschaften von ψ_e und ψ_v werden wir uns später befassen. Außer in einigen Spezialfällen, zum Beispiel bei isotoper Substitution, kann weder ψ_e noch ψ_v eine höhere Symmetrie als die der Konfiguration der Atomkerne des Moleküls besitzen. Oft haben ψ_e oder ψ_v aber eine geringere Symmetrie als das Kerngerüst. Das gilt zum Beispiel für die in Abbildung 1.9 dargestellte Wellenfunktion ψ_e des Wassermoleküls und für die Wellenfunktion ψ_v des Acetylenmoleküls in Abbildung 1.10, bei der die Länge und Richtung der Pfeile an

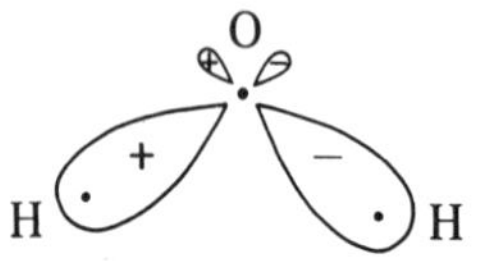

Abbildung 1.9
Eine der Elektronenwellenfunktionen des H_2O-Moleküls. Die Funktion besitzt eine geringere Symmetrie als das Molekül selbst.

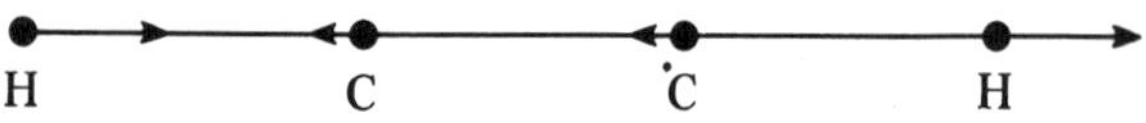

Abbildung 1.10
Asymmetrische Valenzschwingung des Acetylenmoleküls. Die zugehörige Schwingungswellenfunktion besitzt eine geringere Symmetrie als das Molekül im Gleichgewichtszustand

[3] Gemeint ist die Summe aus kinetischer und potentieller Energie der Elektronen und der potentiellen Energie der Atomkerne.

den Atomen die relativen Bewegungen der Kerne während der Schwingung angeben.
Moleküle werden nach der Symmetrie der Gleichgewichtsanordnung der Atomkerne im Grundzustand eingeteilt, und es ist diese Einteilung, mit der wir uns zuerst beschäftigen werden. Danach werden wir Fälle behandeln, bei denen ein Teil dieser Symmetrie verlorengegangen ist, ähnlich wie bei den obigen Beispielen einer Elektronen- und einer Schwingungswellenfunktion.

1.3 Normalschwingungen und Normalkoordinaten

Zur Diskussion von Schwingungswellenfunktionen ist es notwendig, zu wissen, was man unter einer *Normalschwingung* und einer *Normalkoordinate* versteht.
Ein zweiatomiges Molekül kann nur in einer bestimmten Weise schwingen. Diese Schwingung ist in vielen Fällen, vor allem bei kleiner Amplitude, in guter Näherung eine einfache harmonische Bewegung der Kerne um die Gleichgewichtslage (vgl. Abb. 1.11). Im Gleichgewicht

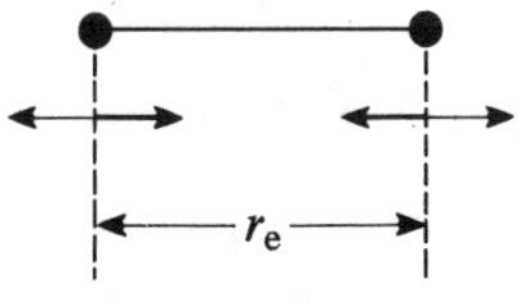

Abbildung 1.11
Schwingung eines zweiatomigen Moleküls. r_e Kernabstand im Gleichgewicht (equilibrium)

hat der Kernabstand den Wert r_e (oft auch mit d bezeichnet). Die potentielle Energie $U(r)$ besitzt bei $r = r_e$ ein Minimum und ist für den einfachen harmonischen Oszillator gegeben durch die Gleichung

$$U(r) = \tfrac{1}{2} f(r - r_e)^2 \tag{1.6}$$

wobei f die Kraftkonstante und $(r - r_e)$ die Änderung des Kernabstandes gegenüber seinem Gleichgewichtswert bedeuten. Die gestrichelte Parabel in Abbildung 1.12 ist die der Gleichung 1.6 entsprechende

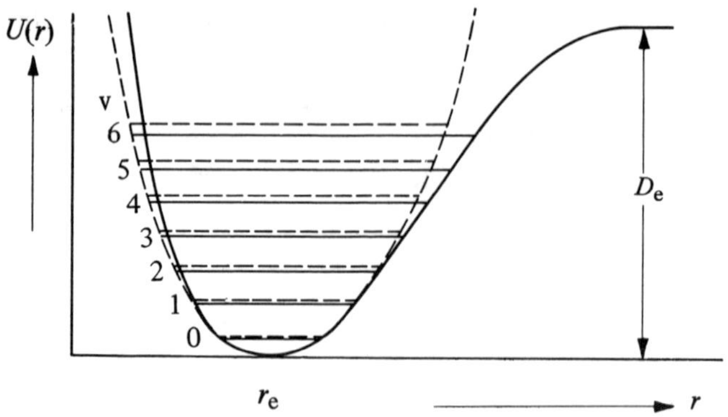

Abbildung 1.12
Abhängigkeit der potentiellen Energie U eines harmonischen Oszillators (gestrichelte Kurve), bestehend aus zwei Atomen, und eines anharmonischen Oszillators (ausgezogene Kurve). Die horizontalen Linien sind die zugehörigen Schwingungsniveaus. v Schwingungsquantenzahl, D_e Bindungsenergie

Kurve der potentiellen Energie. Die tatsächliche Schwingungsbewegung weicht indessen aus zwei Gründen von diesem einfachen Modell des harmonischen Oszillators ab:

(a) Wenn sich die Atomkerne bei kleinen Werten von r sehr nahe kommen, führt die Abstoßung der positiv geladenen Kerne zu einem rascheren Anstieg der potentiellen Energie als beim einfachen harmonischen Oszillator.

(b) Wenn sich die Kerne weit voneinander entfernen, wird die Bindung geschwächt und es kommt schließlich zur Dissoziation.

Das Modell, das diesen Effekten Rechnung trägt, ist das des anharmonischen Oszillators. Diesem entspricht die ausgezogene Kurve in Abbildung 1.12, in der außerdem die Bindungsenergie D_e eingezeichnet ist. Beim anharmonischen Oszillator wird die potentielle Energie durch eine Potenzreihe von $(r - r_e)$ dargestellt, wobei auch die dritten und vierten Potenzen von Bedeutung sind.

Unabhängig davon ob eine Schwingung in ihrem Charakter harmonisch ist oder nicht, wird die in Abbildung 1.11 dargestellte Schwingung Normalschwingung und die Koordinate $(r - r_e)$ Normalkoordinate genannt. Allgemein ist es das charakteristische Merkmal einer Normalschwingung, daß bei ihr alle Atomkerne mit gleicher Frequenz und gleicher Phase schwingen, das heißt sie gehen alle gleichzeitig durch die Gleichgewichtslage und durch die Lage mit der maximalen Ampli-

tude. Diese maximalen Amplituden sind jedoch im allgemeinen für alle Kerne verschieden groß.
Die Schwingungsenergie E_v ist gequantelt und für den harmonischen Oszillator gegeben durch die Gleichung

$$E_v = hc\tilde{\nu}(v + \tfrac{1}{2}) \quad (1.7)$$

wobei E_v in Energieeinheiten erhalten wird. Die Schwingungsniveaus können berechnet werden nach

$$G_v = \omega_e(v + \tfrac{1}{2}) \quad (1.8)$$

wobei G_v jedoch in Wellenzahlen einzusetzen ist. ω_e ist die Wellenzahl der Grundschwingung und v ist in beiden Gleichungen die Schwingungsquantenzahl. Die resultierenden äquidistanten Energieniveaus sind in Abbildung 1.12 durch gestrichelte Linien dargestellt.
Beim anharmonischen Oszillator gilt Gleichung 1.8 in der Form

$$G_v = \omega_e(v + \tfrac{1}{2}) + x_e(v + \tfrac{1}{2})^2 + y_e(v + \tfrac{1}{2})^3 + \ldots \quad (1.9)$$

wobei x_e, y_e, ... Anharmonizitätskonstanten sind, die mit höheren Potenzen von $(v + \tfrac{1}{2})$ rasch kleiner werden[4]. Die Anharmonizität führt dazu, daß die Schwingungsniveaus mit steigendem Wert von v aneinander rücken. Dies ist in Abbildung 1.12 an den ausgezogenen horizontalen Linien zu sehen.
Ein beliebiges zweiatomiges oder mehratomiges Molekül besitzt insgesamt $3n$ Freiheitsgrade für Bewegungen der Kerne, wobei n die Zahl der Atome ist. Drei dieser Freiheitsgrade entfallen auf die Translation des Moleküls. Bei einem linearen Molekül gibt es zwei Freiheitsgrade der Rotation, so daß $3n$-5 Normalschwingungen existieren müssen. Ein Beispiel für eine derartige Schwingung ist die in Abbildung 1.10 dargestelle Valenzschwingung des Acetylens. Ein nicht-lineares Molekül besitzt 3 Rotationsfreiheitsgrade und daher $3n$-6 Normalschwingungen. Einige Beispiele dafür sind in Abbildung 1.13 dargestellt. An diesen Beispielen sieht man, daß die Normalkoordinaten bei mehratomigen Molekülen sehr viel komplizierter sein können als im einfachen Fall des zweiatomigen Moleküls. Wir können aber trotzdem die potentielle Energie für jede Normalschwingung weiterhin durch eine Kurve darstellen, die die Abhängigkeit der potentiellen Energie in dem entsprechenden Freiheitsgrad von der Normalkoordinate wiedergibt. Gewöhnlich ähneln diese Kurven der ausgezogenen Kurve in Abbildung 1.12,

4 Für x_e, y_e, ... wird bei zweiatomigen Molekülen gewöhnlich $-\omega_e x_e$, $\omega_e y_e$, ... geschrieben.

zumindest bei Schwingungen, bei denen sich überwiegend die Kernabstände periodisch ändern (Valenzschwingungen).

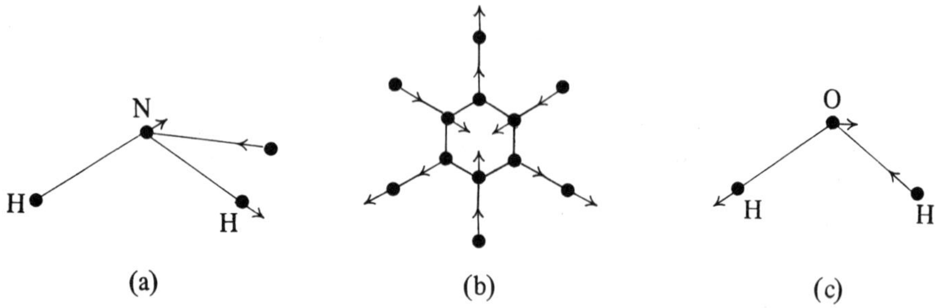

Abbildung 1.13
Beispiele für Normalschwingungen
(a) Ammoniak, (b) Benzol, (c) Wasser

2. Symmetrieelemente und Symmetrieoperationen

In diesem Buch werden wir nur die Symmetrieeigenschaften sogenannter *freier Moleküle* betrachten. Damit ist gemeint, daß die Moleküle hinsichtlich ihrer Geometrie nicht durch Wechselwirkungen mit irgendwelchen Nachbarmolekülen beeinflußt werden. Bei Molekülen in der Gasphase unter geringem Druck ist diese Forderung im allgemeinen erfüllt.
Im Falle eines Molekülgitters kann man die regelmäßige Anordnung der Moleküle im Kristall in brauchbarer Weise durch Betrachtung der Symmetrieeigenschaften des Gitters behandeln. Wir werden uns hier nicht mit diesen zusätzlichen Symmetrieeigenschaften befassen; es sei aber darauf hingewiesen, daß Kristallographen traditionsgemäß eine andere Symbolik für die Symmetrie von Gittern verwenden, als sie gewöhnlich für freie Moleküle benutzt wird, und zwar verwenden sie das Hermann-Mauguin-System (H-M) im Gegensatz zum Schoenflies-System für freie Moleküle. In diesem Kapitel wird daher zu jedem neu eingeführten Schoenflies-Symbol auch das äquivalente Hermann-Mauguin-Symbol angegeben. Eine vollständige Korrelationstabelle für die beiden Systeme findet sich im Abschnitt 2.6.
Die Symmetrie eines freien Moleküls kann vollständig mit Hilfe von *Symmetrieelementen* beschrieben werden. Es existieren lediglich fünf Arten von Symmetrieelementen, und von diesen ist eines trivial. Wir werden uns nun mit diesen Symmetrieelementen im Detail beschäftigen.

2.1 Drehachsen (C_n)

Ein Molekül, das eine Drehachse C_n besitzt, kann um den Winkel $2\pi/n$ um diese Achse gedreht werden, ohne daß sich seine Lage ändert, das heißt die Lage nach der Drehung ist bezüglich eines äußeren Koordinatensystems ununterscheidbar von der vor der Drehung. n ist immer eine ganze Zahl. In Abbildung 2.1 sind einige Beispiele von Molekülen mit Drehachsen C_n dargestellt. H_2O (Abb. 2.1.a) besitzt eine C_2-Achse, da bei einer Drehung um diese Achse um den Winkel π (180°) lediglich die Positionen der völlig äquivalenten Wasserstoffatome vertauscht werden. In ähnlicher Weise besitzt NH_3, das pyramidal gebaut ist (Abb. 2.1.b), eine C_3-Achse. Benzol (Abb. 2.1.c) besitzt eine C_6-Achse, und zwar senkrecht zur Molekülebene. Das Ion JCl_4^- (Abb. 2.1.d) ist planar und besitzt eine C_4-Achse, und HCN (Abb. 2.1.e) besitzt wie alle linearen Moleküle eine C_∞-Achse, denn eine Drehung um diese Achse um einen beliebigen Winkel läßt die Lage des Moleküls unverändert.

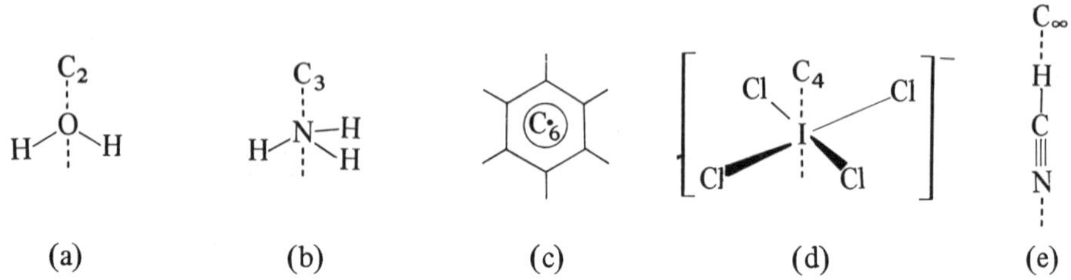

Abbildung 2.1
Moleküle mit Drehachsen C_n

Alle Symbole, die zur Bezeichnung von Symmetrieelementen verwendet werden, bezeichnen gleichzeitig die entsprechenden *Symmetrieoperationen*. Beispielsweise steht das Symbol C_n nicht nur für eine n-zählige Drehachse sondern auch für die Ausführung einer Drehung des Moleküls im Uhrzeigersinn[5] um $2\pi/n$ um die Achse C_n.
Das H-M-Symbol für eine n-zählige Drehachse ist n, z. B. $C_2 \equiv 2$.

2.2 Spiegelebenen (σ)

Ein Molekül, das eine Spiegelebene σ besitzt, verändert seine Lage nicht, wenn alle Atome an dieser Ebene gespiegelt werden. Wenn die Spiegelebene beispielsweise als xy-Ebene aufgefaßt wird, dann verursacht die Änderung aller Atomkoordinaten z nach -z keine Änderung der Lage des Moleküls.

[5] Einige Autoren definieren diese Rotation im Gegenuhrzeigersinn.

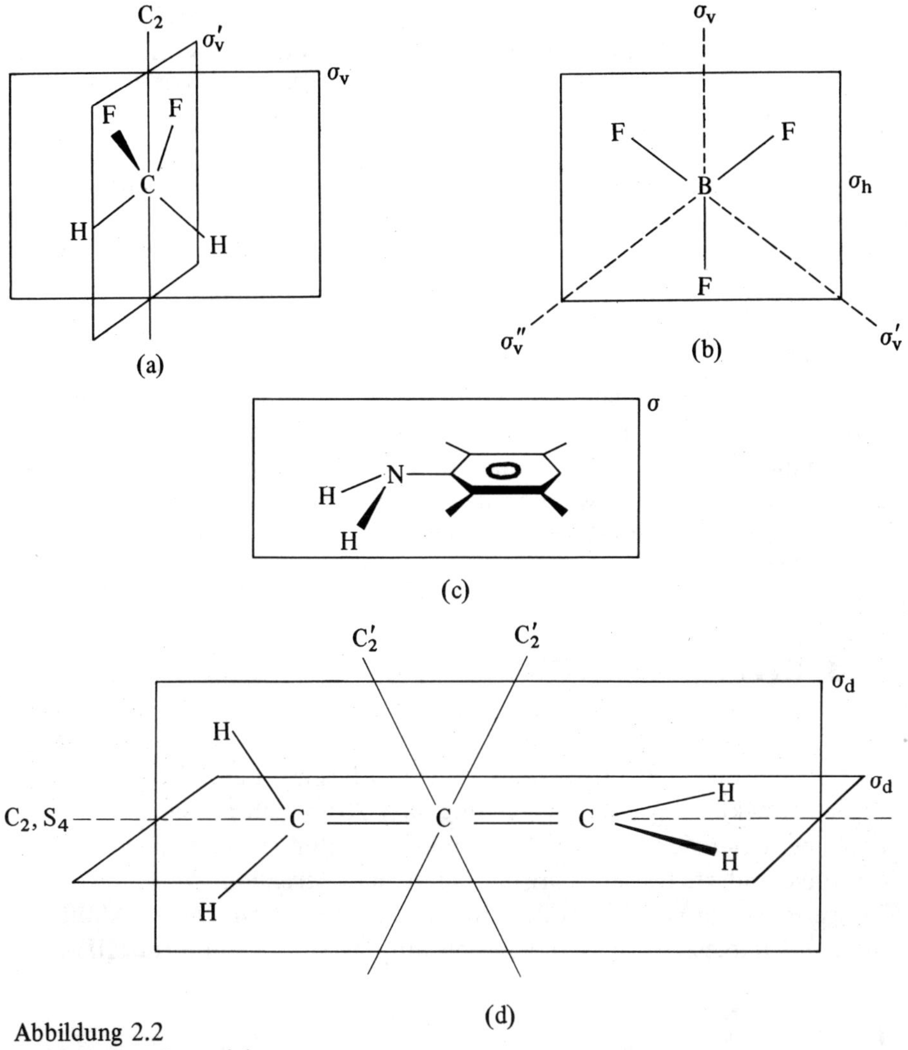

Abbildung 2.2
Moleküle mit Spiegelebenen σ

Abbildung 2.2 zeigt einige Beispiele von Molekülen, die Spiegelebenen besitzen. Difluormethan (Abb. 2.2.a) besitzt zwei zueinander senkrechte Spiegelebenen σ_v. Beide Ebenen enthalten die C_2-Achse. Der Index „v" steht dabei für „vertikal". Im allgemeinen wird die Drehachse C_n mit der höchsten Zähligkeit, das heißt mit dem höchsten Wert von n, als vertikal angesehen, und dann stehen Spiegelebenen σ_v ebenfalls vertikal. Beim planaren Bortrifluoridmolekül besitzt die senkrecht zur

Molekülebene stehende Drehachse C_3 die höchste Zähligkeit. Wird diese Achse als vertikal angesehen, dann gibt es drei Spiegelebenen σ_v, und die Molekülebene, die ebenfalls eine Spiegelebene darstellt, liegt horizontal und wird dementsprechend als σ_h bezeichnet (Abb. 2.2.b). Beim Anilinmolekül (Abb. 2.2.c), bei dem die H-Atome der Aminogruppe nicht mit dem Rest des Moleküls in einer Ebene liegen, wird die Spiegelebene einfach mit σ bezeichnet, da das Molekül keine Drehachse besitzt, die die vertikale Richtung definieren könnte. Das Allenmolekül (Abb. 2.2.d), bei dem die beiden CH_2-Gruppen in zwei zueinander senkrechten Ebenen liegen, besitzt zwei Spiegelebenen, die die Winkel zwischen den Drehachsen C_2' halbieren. Diese Spiegelebenen werden als diagonale oder Dieder-Ebenen bezeichnet (Symbol σ_d). Das Symbol σ bezeichnet nicht nur eine Spiegelebene, sondern auch die entsprechende Symmetrieoperation. Das H-M-Symbol für eine Spiegelebene ist *m*, wobei zwischen den verschiedenen Typen von Spiegelebenen kein Unterschied gemacht wird.

2.3 Inversionszentrum (i)

Wenn ein Molekül ein Inversionszentrum i besitzt, dann bleibt die Lage des Moleküls bei einer Spiegelung aller Atome an diesem Punkt, das heißt bei einer Änderung aller Atomkoordinaten (x, y, z) nach (-x, -y, -z), unverändert. Diesen Vorgang nennt man *Inversion*.
Einige Beispiele von Molekülen mit Inversionszentren sind in Abbildung 2.3 dargestellt. Es handelt sich um das Hexacyanoferrat(III)-ion

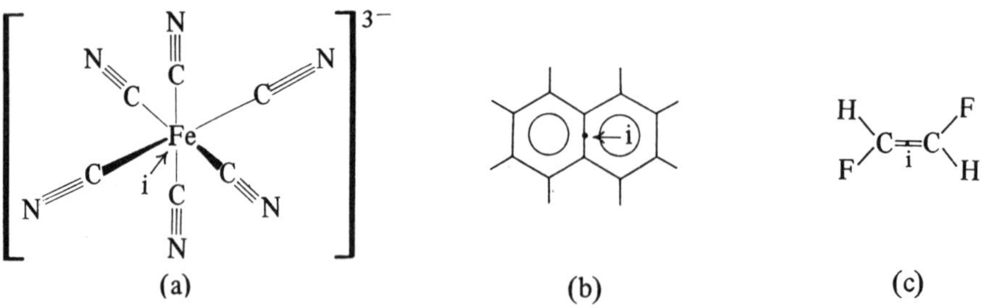

Abbildung 2.3
Verbindungen mit Inversionszentren i

(Abb. 2.3.a), das eine oktaedrische Struktur besitzt, um Naphthalin (Abb. 2.3.b) und um *trans*-Difluoräthylen (Abb. 2.3.c). (Man beachte, daß *cis*-Difluoräthylen kein Inversionszentrum aufweist.)

Das Symbol i steht wiederum auch für die Symmetrieoperation, die alle Atomkoordinaten (x, y, z) nach (-x, -y, -z) verändert, wobei das Inversionszentrum den Koordinatenursprung definiert.
Das H-M-Symbol für das Inversionszentrum ist $\bar{1}$. Dieses Symbol wird im Abschnitt 2.4 erläutert.

2.4 Drehspiegelachsen (S_n)

Wenn ein Molekül eine *n*-zählige Drehspiegelachse besitzt, bleibt die Lage des Moleküls bei einer Drehung um $2\pi/n$ um diese Achse und anschließender Spiegelung an einer Ebene, die senkrecht zu der Achse steht und durch den Molekülmittelpunkt geht, unverändert. Es sei darauf hingewiesen, daß diese Ebene keine Spiegelebene des Moleküls zu sein braucht.
Man kann sich leicht davon überzeugen, daß S_1 identisch ist mit σ und daß, zum Beispiel beim *trans*-Difluoräthylen (Abb. 2.3.c), S_2 identisch ist mit i.
Das planare Molekül BF_3 (Abb. 2.2.b) besitzt eine S_3-Achse senkrecht zur σ_h-Ebene. Diese Achse S_3 ist einer der Unterschiede zwischen pyramidalen XY_3-Molekülen, wie NH_3 (Abb. 2.1.b), und planaren Molekülen des gleichen Typs. Allen besitzt eine S_4-Achse, die mit der Schnittlinie der beiden σ_d-Ebenen zusammenfällt (Abb. 2.2.d). Blickt man in Richtung der S_4-Achse (Abb. 2.4.a), so kann man sehen, daß eine Drehung um $2\pi/4$, gefolgt von einer Spiegelung an einer Ebene, die senkrecht zu dieser Achse steht und durch den Molekülmittelpunkt geht, die Lage des Moleküls unverändert läßt.
Im Äthan (H_3C-CH_3) stehen die beiden CH_3-Gruppen zueinander „auf Lücke". Blickt man in Richtung der CC-Bindung, dann sieht man das Molekül wie in Abbildung 2.4.b. Man erkennt, daß die CC-Bindung auf einer Drehspiegelachse S_6 liegt.
Ferrocen (Abb. 2.4.c) entsteht formal aus einem Eisenatom und zwei Cyclopentadien-Molekülen (C_5H_6) unter Verlust zweier Wasserstoffato-

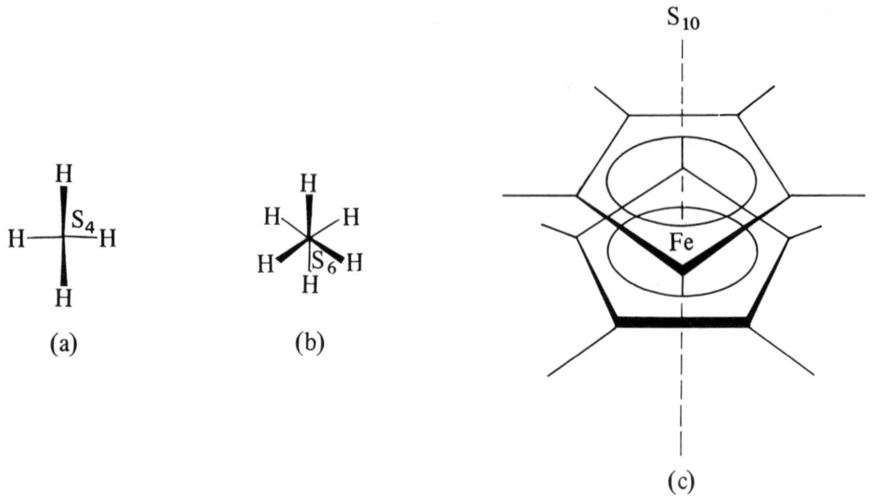

Abbildung 2.4
Moleküle mit Drehspiegelachsen S_n (Erläuterung im Text)

me. Die zwei C_5H_5-Ringe sind planar und symmetrisch (C_5-Achse senkrecht zur Ringebene). Da die C-Atome der beiden Ringe „auf Lücke" stehen, besitzt das Ferrocenmolekül eine Drehspiegelachse S_{10}.
Das Symbol S_n wird auch benutzt, um die Symmetrieoperation einer Drehung um $2\pi/n$, gefolgt von einer Spiegelung an einer Ebene senkrecht zur Drehachse und durch den Molekülmittelpunkt, zu bezeichnen.
Das H-M-System unterscheidet sich vom Schoenflies-System darin, daß anstelle einer Drehspiegelung eine Kombination von Drehung und Inversion als Symmetrieoperation verwendet wird. Wenn ein Molekül eine n-zählige Drehinversionsachse besitzt, läßt eine Drehung um $2\pi/n$, gefolgt von einer Inversion am Molekülmittelpunkt, der kein Inversionszentrum zu sein braucht, die Lage des Moleküls unverändert. Das H-M-Symbol für dieses Symmetrieelement ist $\bar{n}$.
Wenn man die oben diskutierten Verbindungen betrachtet, kann man erkennen, daß beim Bortrifluorid (Abb. 2.2.b) S_3 gleichbedeutend ist mit $\bar{6}$, daß beim Allen (Abb. 2.4.a) S_4 gleichbedeutend ist mit $\bar{4}$, beim Äthan (Abb. 2.4.b) entspricht S_6 dem Symmetrieelement $\bar{3}$ und beim Ferrocen (Abb. 2.4.c) ist S_{10} äquivalent mit $\bar{5}$. Allgemein ist S_{2n+1} gleichbedeutend mit $\overline{4n+2}$ und S_{2n} entspricht $\bar{n}$, wenn n ungerade ist, und $\overline{2n}$, wenn n gerade ist.

2.5 Die Identität (I)

Alle Moleküle besitzen die Identität I als Symmetrieelement. I ist identisch mit einer Drehachse C_1, d. h. die Drehung eines Moleküls um 2π läßt seine Lage unverändert. Dieses Symmetrieelement erscheint an dieser Stelle trivial, seine Nützlichkeit wird aber im Abschnitt 2.7 deutlich werden.
Das Symbol I steht ebenfalls wieder für die „Symmetrieoperation", die darin besteht, das Molekül unverändert zu lassen.
In der Literatur wird anstelle von I oft auch das Symbol E für die Identität verwendet. Da E aber in der Gruppentheorie auch in anderem Zusammenhang verwendet wird (vgl. Kapitel 4), ziehen wir hier das Symbol I vor. Das H-M-Symbol für die Identität ist 1.

2.6 Korrelation der Schoenflies- und Hermann-Mauguin-Symbole für Symmetrieelemente

Tabelle 2.1: Korrelation der Schoenflies- und der Hermann-Mauguin-Symbole für Symmetrieelemente

Schoenflies	*Hermann-Mauguin*	*Schoenflies*	*Hermann-Mauguin*
$I = C_1$	1	$S_1 = \sigma$	$\bar{2} \equiv m$
C_2	2	$S_2 = i$	$\bar{1}$
C_3	3	S_3	$\bar{6}$
C_4	4	S_4	$\bar{4}$
C_5	5	S_5	$\overline{10}$
C_6	6	S_6	$\bar{3}$
⋮	⋮	S_7	$\overline{14}$
C_n	n	S_8	$\bar{8}$
$\sigma_{v,h,d}$	m	⋮	⋮
i	$\bar{1}$	S_{2n+1}	$\overline{4n+2}$
		S_{2n}	$\bar{n}$ (n gerade) $\overline{2n}$ (n ungerade)

Die beiden Sätze von Symbolen, die in den Abschnitten 2.1 bis 2.5 eingeführt und diskutiert wurden, sind in Tabelle 2.1 einander gegenübergestellt.

2.7 Multiplikation von Symmetrieoperationen und Symmetrieelementen

Wenn man zwei Symmetrieoperationen A und B nacheinander ausführt, dann schreibt man für diese mehrfache Operation B×A. Das bedeutet, daß zuerst die Operation A und dann die Operation B ausgeführt wird. Im Falle des Difluormethans (Abb. 2.2.a) ist das Ergebnis einer Drehung C_2 gefolgt von einer Spiegelung σ_v äquivalent mit der einfachen Operation σ_v'(vgl. Abb. 2.5). Diese Äquivalenz kann man durch die Gleichung

$$\sigma_v \times C_2 = \sigma_v \qquad (2.1)$$

ausdrücken. Wenn σ_v und C_2 als Symbole für Symmetrieelemente stehen, dann bedeutet Gleichung 2.1, daß ein Molekül mit einer C_2-Achse und einer σ_v-Ebene notwendigerweise eine zweite σ_v-Ebene besitzen

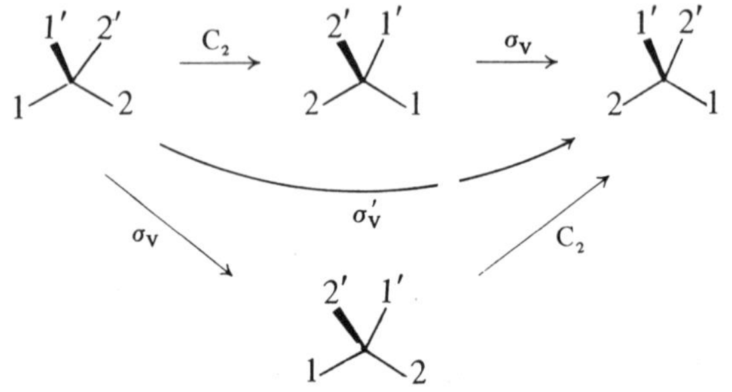

Abbildung 2.5
Beweis, daß beim CH_2F_2-Molekül gilt $\sigma_v \times C_2 = C_2 \times \sigma_v = \sigma_v'$

muß. Man sagt, die Symmetrieelemente C_2 und σ_v *erzeugen* das Element σ'_v. In Abbildung 2.5 ist außerdem gezeigt, daß bei CH_2F_2 gilt:

$$\sigma_v \times C_2 = C_2 \times \sigma_v \qquad (2.2)$$

Wenn allgemein für zwei Symmetrieoperationen A und B der Zusammenhang A x B = B x A besteht, dann sagt man, A und B *kommutieren* oder sind *kommutativ*. Wenn A x B ≠ B x A dann kommutieren A und B nicht, das heißt sie sind *nicht-kommutativ*. Ein Beispiel für zwei Operationen, die nicht kommutieren, ist das Paar C_3 und σ_v beim Bortrifluorid (Abb. 2.2.b). In Abbildung 2.6 ist angezeigt, daß

$$C_3 \times \sigma_v \neq \sigma_v \times C_3 \tag{2.3}$$

Symmetrieoperationen können mehr als einmal ausgeführt werden. Das

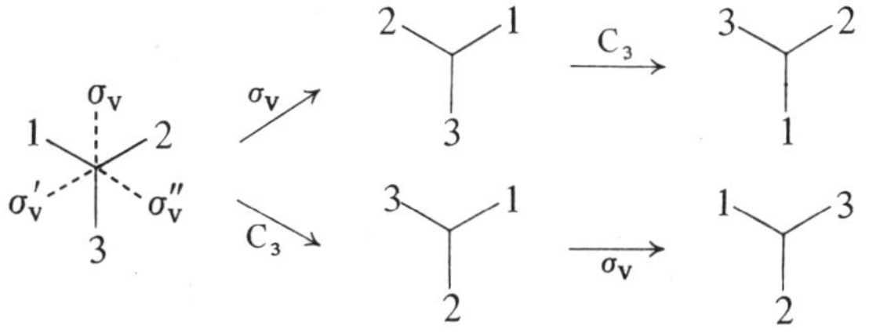

Abbildung 2.6
Beweis, daß beim BF_3-Molekül gilt $C_3 \times \sigma_v \neq \sigma_v \times C_3$

wird dadurch symbolisiert, daß man die Operation zur entsprechenden Potenz erhebt. Beispielsweise bedeutet C_2^2 zwei im Uhrzeigersinn ausgeführte Drehungen um $2\pi/2$ um die C_2-Achse. Das Ergebnis ist eine Drehung um 2π und damit erhält man

$$C_2^2 = I \tag{2.4}$$

Ähnlich gilt

$$\sigma_{h,v,d}^2 = i^2 = I \tag{2.5}$$

Bei Drehungen um C_n-Achsen mit $n > 2$ ist die Richtung der Drehung von Bedeutung. In Abbildung 2.7 ist als Beispiel die Operation C_3^2 beim BF_3 dargestellt. Man erkennt, daß diese Operation nicht mit einer entgegen dem Uhrzeigersinn ausgeführten Drehung um $2\pi/3$ identisch ist.

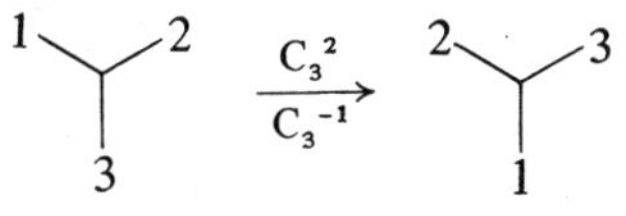

Abbildung 2.7
Darstellung der Symmetrieoperation C_3^2 (bzw. C_3^{-1}) beim BF_3

Die Operation S_n kann ebenfalls zu einer Potenz erhoben werden. Das Beispiel des Allens (Abb. 2.8) zeigt, daß

$$S_4^2 = C_2 \tag{2.6}$$

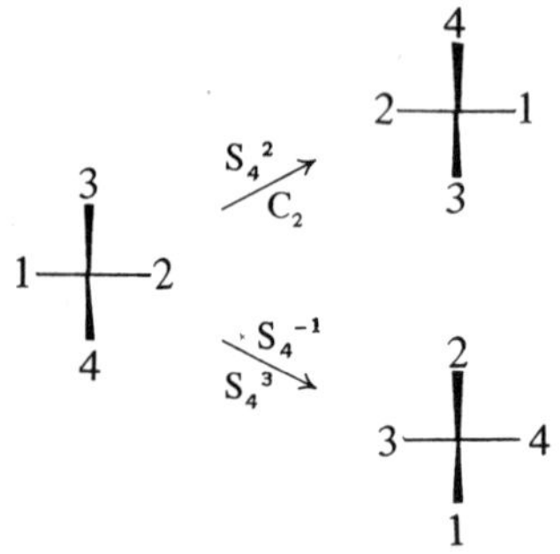

Abbildung 2.8
Darstellung der Symmetrieoperationen S_4^2 und S_4^3 beim Allen

Offensichtlich gilt allgemein

$$\left.\begin{array}{ll} S_n^n = I & \text{für gerade Werte von } n \\ S_n^n = \sigma_h & \text{für ungerade Werte von } n \end{array}\right\} \tag{2.7}$$

Zu jeder Symmetrieoperation A gibt es eine *inverse Operation* A^{-1}, die die Wirkung von A rückgängig macht. Es ist klar, daß die Operationen σ und i mit ihren inversen Operationen identisch sind:

$$\sigma^{-1} = \sigma; \quad i^{-1} = i \tag{2.8}$$

Außerdem gilt:

$$C_2^{-1} = C_2 \tag{2.9}$$

wobei C_2^{-1} eine entgegen dem Uhrzeigersinn ausgeführte Drehung um π um die C_2-Achse bedeutet. Für $n > 2$ ist dagegen die Operation C_n nicht mehr gleich der inversen Operation. Das ist am Beispiel des Bortrifluorids in Abbildung 2.7 gezeigt, aus der hervorgeht, daß

$$C_3^{-1} = C_3^2 \tag{2.10}$$

und daß allgemein gilt

$$C_n^{-1} = C_n^{n-1} \tag{2.11}$$

Die inverse Operation S_n^{-1} bedeutet eine entgegen dem Uhrzeigersinn ausgeführte Drehung um $2\pi/n$, gefolgt von einer Spiegelung an einer

Ebene, die senkrecht zur S_n-Achse steht und durch den Molekülmittelpunkt geht. Da die Spiegelung mit ihrer eigenen Umkehrung identisch ist, braucht nur die Umkehrung der Rotation berücksichtigt zu werden. Die Operation S_4^{-1} ist in Abbildung 2.8 dargestellt. In diesem speziellen Fall des Allenmoleküls gilt

$$S_4^{-1} = S_4^3 \tag{2.12}$$

Allgemein findet man

$$\begin{aligned} S_n^{-1} &= S_n^{2n-1} \quad &\text{(gilt immer)} \\ S_n^{-1} &= S_n^{n-1} \quad &\text{(für gerade Werte von } n\text{)} \end{aligned} \tag{2.13}$$

3. Punktgruppen

Bei jedem Molekül gibt es mindestens einen Punkt, dessen Lage im Raum unverändert bleibt, wieviele Symmetrieoperationen man an diesem Molekül auch ausführt. Ein Beispiel für einen solchen Punkt ist der Mittelpunkt des Benzolmoleküls (Abb. 2.1.c). Aus diesem Grunde wird der vollständige Satz von Symmetrieelementen eines Moleküls eine *Punktgruppe* genannt[6]. Eine Punktgruppe sollte klar unterschieden werden von einer *Raumgruppe*, die einen Satz von Symmetrieelementen beschreibt, der auch Translationselemente enthält. Derartige Elemente sind für die regelmäßige Anordnung von Molekülen in Kristallen von Bedeutung, nicht aber für freie Moleküle.
Eine Punktgruppe ist ein spezielles Beispiel für den Begriff der Gruppe im allgemeinen, der die Grundlage der *Gruppentheorie* darstellt und der im Abschnitt 3.13 näher erläutert wird.
Wenn man alle Symmetrieelemente, die man bei allen bekannten Molekülen antrifft, aufschreiben würde, dann würde sofort klar, daß die Zahl der möglichen Kombinationen begrenzt ist, und das bedeutet, daß auch die Zahl der Punktgruppen begrenzt ist. Daraus folgt, daß viele verschiedene Moleküle zu ein und derselben Punktgruppe gehören können. Zum Beispiel müssen H_2O (Abb. 2.1.a) und CH_2F_2 (Abb. 2.2.a) zur gleichen Punktgruppe gehören, da sie beide nur die Symmetrieelemente I, C_2, σ_v und σ_v' besitzen.
Für jede Punktgruppe gibt es ein bestimmtes Symbol, zum Beispiel C_{2v} für die oben erwähnte Kombination der Symmetrieelemente I, C_2, σ_v und σ_v'. Es ist aber zweckmäßig, Punktgruppen, die bestimmte Typen von Symmetrieelementen gemeinsam besitzen, zusammenzufassen. Zum Beispiel steht das Symbol C_{nv} für die Punktgruppen, die die Symmetrieelemente I, C_n und $n\sigma_v$ besitzen. Im folgenden werden die Punktgruppen in dieser Weise zu Klassen zusammengefaßt diskutiert. Dabei wird bei der Aufzählung der Symmetrieelemente die Identität I, die notwendigerweise in allen Punktgruppen vorhanden ist, weggelassen.

[6] Oft wird statt Punktgruppe auch der äquivalente Begriff Symmetriegruppe verwendet.

3.1 Punktgruppen C_n

Eine Punktgruppe $\mathbf{C}_n$ *enthält das Symmetrieelement* C_n. Sie enthält außerdem die Elemente C_n^2, C_n^3, C_n^4, ... C_n^{n-1}, die zwar keine Symmetrieelemente sind, aber durch die Definition einer Gruppe gefordert werden. Ihre Bedeutung wird im Abschnitt 3.13 erklärt. Da wir im gegenwärtigen Stadium primär damit beschäftigt sind, ein beliebiges Molekül einer Punktgruppe zuzuordnen, brauchen wir diese zusätzlichen Elemente vorläufig nicht weiter zu beachten.

(a) $\mathbf{C}_1$. Diese Punktgruppe enthält nur das Element $C_1 = I$, das heißt eine Rotation um den Winkel 2π läßt die Konfiguration unverändert. Dies ist die geringste Symmetrie, die ein Molekül besitzen kann. Ein Beispiel ist das in Abbildung 3.1 dargestellte substituierte Methan CHFClBr.

(b) $\mathbf{C}_2$. Abgesehen von I ist das einzige Symmetrieelement in dieser Punktgruppe eine Drehachse C_2. Es gibt nicht viele Moleküle, die zu dieser Gruppe gehören. Ein bekanntes Beispiel ist Wasserstoffperoxid (Abb. 3.2): der Winkel zwischen den beiden Ebenen, die durch die Atome OOH definiert werden, beträgt 94° und die C_2-Achse halbiert diesen Winkel. Andere Beispiele sind die analogen Moleküle O_2F_2, H_2S_2 und S_2Cl_2 sowie die *gauche*-Form von N_2H_4 und ähnlichen X_2Y_4-Molekülen, in denen die beiden Molekülhälften um einen von Null und 180° verschiedenen Winkel gegeneinander verdreht sind.

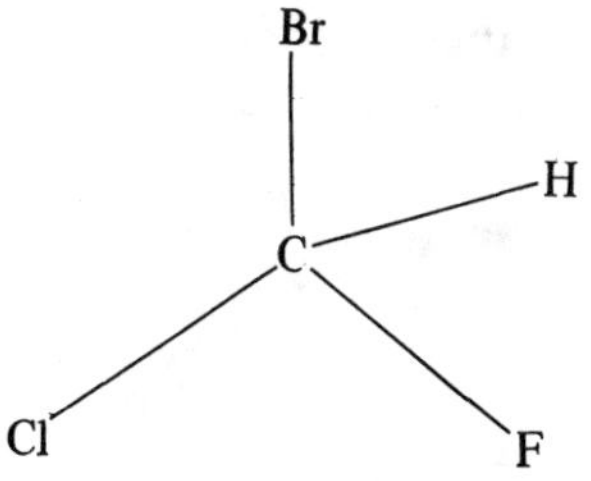

Abbildung 3.1
Beispiel für die Punktgruppe $\mathbf{C}_1$

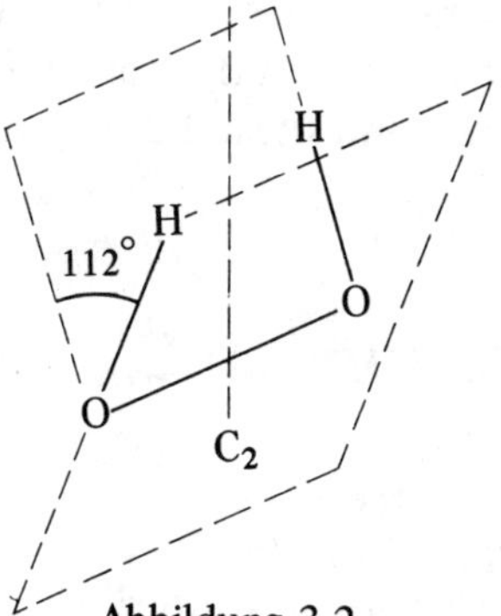

Abbildung 3.2
H_2O_2 als Beispiel für die Punktgruppe $\mathbf{C}_2$

Moleküle, die zu Punktgruppen C_n mit $n > 2$ gehören, sind sehr selten.

3.2 Punktgruppen S_n

Eine Punktgruppe $\mathbf{S}_n$ *enthält das Symmetrieelement* S_n. Außerdem enthält sie die Elemente S_n^2, S_n^3, S_n^4, ... S_n^{n-1}. Senkrecht zur S_n-Achse darf keine Spiegelebene vorhanden sein; daher muß n in diesen Punktgruppen immer eine gerade Zahl sein.

(a) $\mathbf{S}_2 \equiv \mathbf{C}_i$. Das einzige Element dieser Gruppe ist eine Drehspiegelachse S_2, die einem Inversionszentrum i äquivalent ist. Ein Beispiel für ein Molekül, das zu dieser Punktgruppe gehört, ist ein Isomer des FClHC-CHClF, in dem die Substituenten H, F und Cl an den beiden C-Atomen auf Lücke stehen und in dem alle Paare identischer Atome *trans*-ständig sind. Dieses Molekül ist in Abbildung 3.3 dargestellt. $\mathbf{C}_i$ ist ein alternatives Symbol für diese Punktgruppe.

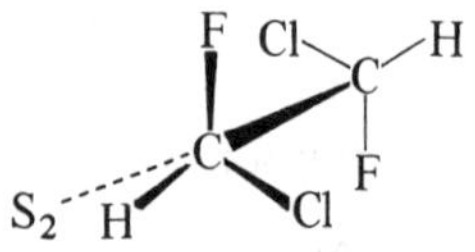

Abbildung 3.3
Beispiel für die Punktgruppe $\mathbf{C}_i$

(b) $\mathbf{S}_4$. Die Elemente dieser Punktgruppe sind S_4, S_4^2 (= C_2) und S_4^3. Moleküle, die zu den Punktgruppen $\mathbf{S}_n$ mit $n > 2$ gehören sind ziemlich selten; daher sind diese Punktgruppen von geringer Bedeutung.

3.3 Punktgruppen C_{nv}

Eine Punktgruppe $\mathbf{C}_{nv}$ *enthält eine Drehachse* C_n *und n Spiegelebenen σ, die alle* C_n *enthalten.* Weiterhin enthält eine derartige Punktgruppe alle Elemente, die dadurch entstehen, daß C_n zur 2., 3., 4., ... (n-1). Potenz erhoben wird.

(a) $\mathbf{C_{1v}} \equiv \mathbf{C_s}$. Das einzige Element dieser Punktgruppe ist eine Spiegelebene. $\mathbf{C_s}$, wie diese Punktgruppe gewöhnlich bezeichnet wird, ist eine außerordentlich häufige Gruppe, da jedes planare Molekül, das keine weiteren Symmetrieelemente besitzt, zu ihr gehört. Ein Beispiel dafür ist Phenol (Abb. 3.4.a). Auch einige nicht-planare Moleküle gehören zu dieser Gruppe, zum Beispiel Anilin (Abb. 2.2.c) und Oktaschwefeloxid (Abb. 3.4.b) sowie Nitrosylchlorid ClNO, Thionylchlorid ($SOCl_2$) und Cyansäure (HOCN).

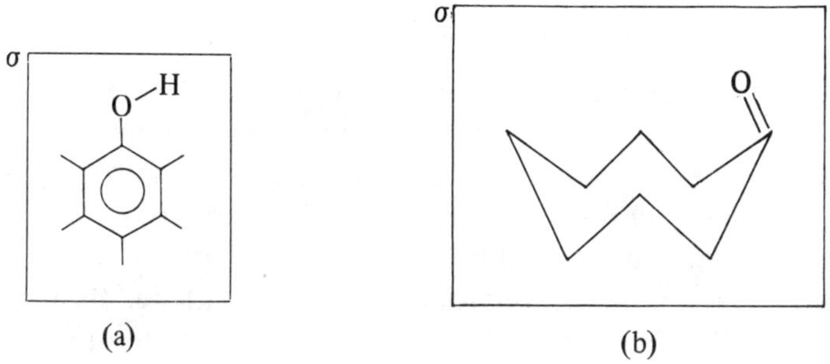

Abbildung 3.4
C_6H_5OH (a) und S_8O (b) als Beispiele für die Punktgruppe $\mathbf{C_s}$. Bei (b) befindet sich an jeder Ecke des Ringes ein S-Atom.

(b) $\mathbf{C_{2v}}$. Diese Punktgruppe enthält eine Drehachse C_2 und zwei Spiegelebenen σ_v. Zu dieser außerordentlich häufigen Gruppe gehören zum Beispiel H_2O, *ortho*- und *meta*-Dichlorbenzol (Abb. 3.5.b und c), CH_2F_2 und viele andere Moleküle.

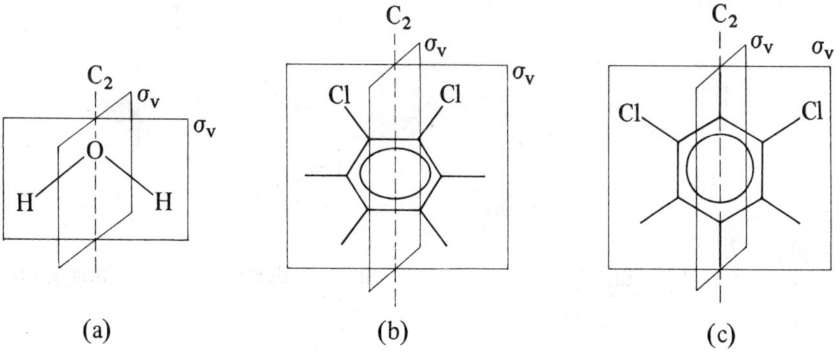

Abbildung 3.5
Beispiele für die Punktgruppe $\mathbf{C_{2v}}$

(c) C_{3v}. Diese Punktgruppe enthält die Symmetrieelemente C_3 und drei σ_v sowie das Element C_3^2, das von C_3 erzeugt wird. So wie die Punktgruppe C_{2v} oft als Musterbeispiel für eine Punktgruppe mit nur zweizähliger Drehachse benutzt wird, so wird die Punktgruppe C_{3v} andererseits oft als Modell für jene mit einer höherzähligen Achse verwendet.
Alle trigonal-pyramidalen Moleküle wie Ammoniak, Phosphin (PH_3), Arsin (AsH_3), Stickstofftrifluorid (NF_3) sowie die Methylhalogenide (CH_3X), Phosphoroxidchlorid ($POCl_3$), das Thiosulfation ($S_2O_3^{2-}$) und PCl_4F gehören zur Punktgruppe C_{3v}.

(d) C_{4v}. Die Symmetrieelemente dieser Punktgruppe sind eine C_4-Achse (sowie $C_4^2 = C_2$ und $C_4^3 = C_4^{-1}$) und vier Spiegelebenen σ, und zwar zwei σ_v und zwei σ_d. Moleküle, die zu dieser Punktgruppe gehören, sind beispielsweise $XeOF_4$ (Abb. 3.7) und JF_5, das eine quadratisch-pyramidale Struktur besitzt, wobei sich 4 Fluoratome an den Ecken und das Jodatom im Mittelpunkt der Basisfläche befinden, während das fünfte F-Atom die Pyramidenspitze bildet.

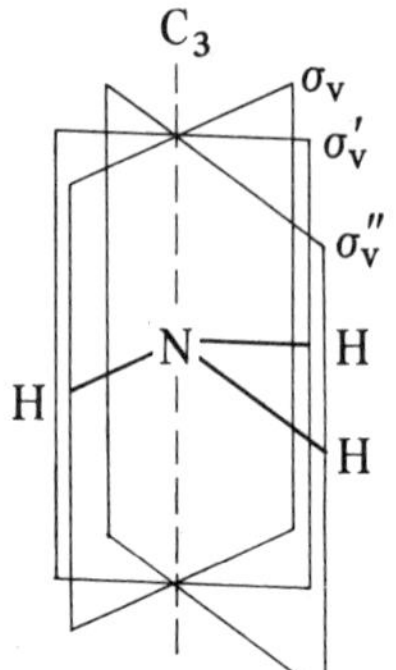

Abbildung 3.7
$XeOF_4$ als Beispiel für die Punktgruppe $\mathbf{C_{4v}}$

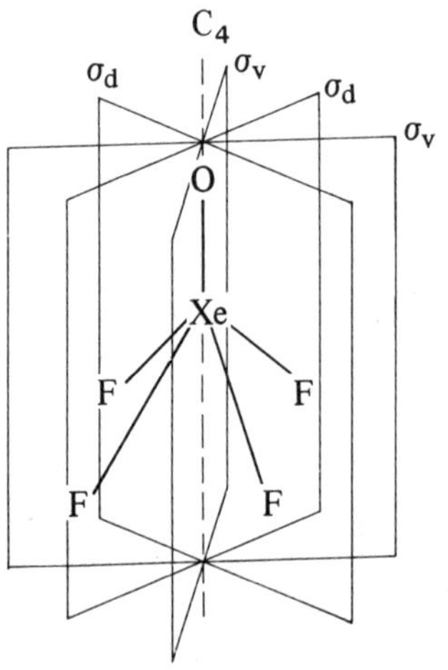

Abbildung 3.6
NH_3 als Beispiel für die Punktgruppe $\mathbf{C_{3v}}$

Moleküle, die zu Punktgruppen $\mathbf{C_{nv}}$ mit $n > 4$ gehören, sind mit Ausnahme der wichtigen Punktgruppe $\mathbf{C_{\infty v}}$ sehr selten.

(e) $\mathbf{C_{\infty v}}$. Diese Punktgruppe enthält eine unendliche Zahl von Spiegelebenen σ_v und eine C_∞^ϕ-Achse, wobei ϕ ein beliebiger Drehwinkel ist. (Außerdem sind die Achsen $C_\infty^{2\phi}$, $C_\infty^{3\phi}$, ... und $C_\infty^{-2\phi}$, $C_\infty^{-3\phi}$, ... Elemente dieser Gruppe.) Alle linearen unsymmetrischen Moleküle wie zum Beispiel HCN (Abb. 2.1.e) und OCS gehören zu dieser Punktgruppe. Jede Ebene, die die C_∞-Achse enthält, ist eine Spiegelebene σ_v des Moleküls.

3.4 Punktgruppen D_n

Eine Punktgruppe $\mathbf{D}_n$ *enthält die Symmetrieelemente* C_n *und* n C_2-*Achsen. Die* C_2-*Achsen stehen senkrecht zu* C_n *und schließen untereinander gleiche Winkel ein.* Weiterhin enthält eine Punktgruppe $\mathbf{D}_n$ die Elemente, die dadurch erzeugt werden, daß C_n zur 2., 3., 4., ... (n-1). Potenz erhoben wird.

(a) $\mathbf{D_1} \equiv \mathbf{C_2}$. Diese Punktgruppe enthält C_1 (= I) und eine C_2-Achse. Sie ist daher äquivalent der Punktgruppe $\mathbf{C_2}$.

(b) $\mathbf{D_2}$. Diese Punktgruppe enthält drei zueinander senkrechte C_2-Achsen.

Im allgemeinen erhält man ein $\mathbf{D}_n$-Molekül dadurch, daß man zwei identische $\mathbf{C}_{nv}$-Moleküle oder -Fragmente Rücken an Rücken so zusammensetzt, daß die eine Hälfte gegenüber der anderen um irgendeinen Winkel außer $m\pi/n$ verdreht ist, wobei m eine gerade Zahl und n die Zähligkeit der C_{nv}-Achse in den Ausgangsmolekülen sind. Beispielsweise gehören die beiden Fragmente CH_2 des Äthylens ($H_2C = CH_2$) zur Punktgruppe C_{2v}. Wenn diese beiden Fragmente so zum Äthylenmolekül zusammengesetzt werden, daß der Winkel zwischen den zwei CH_2-Ebenen verschieden von $m\pi/2$ ist, dann gehört das Molekül zur Punktgruppe $\mathbf{D_2}$ (Abb. 3.8). Im Grundzustand ist das Äthylenmolekül selbstverständlich planar, aber in einem seiner angeregten Zustände sind die CH_2-Gruppen um einen Winkel von weniger als $\pi/2$ gegeneinander verdreht, und dieser Zustand gehört zur Punktgruppe $\mathbf{D_2}$.

(c) $\mathbf{D_3}$. Wenn zwei CH_3-Gruppen, die jede für sich zur Punktgruppe C_{3v} gehören, so zum Äthanmolekül zusammengesetzt werden, daß

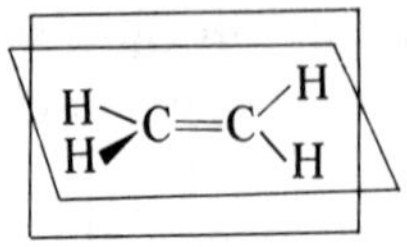

Abbildung 3.8
Ein angeregter, nicht-planarer Zustand des Äthylens als Beispiel für die Punktgruppe $\mathbf{D}_2$

beide Gruppen um einen von $m\pi/3$ verschiedenen Winkel gegeneinander verdreht sind, dann gehört das Molekül C_2H_6 zur Punktgruppe $\mathbf{D}_3$. Man kennt jedoch keinen Zustand des Äthans, der diese Konfiguration besitzt.

Die Punktgruppe $\mathbf{D}_3$ enthält eine C_3-Achse und drei C_2-Achsen (sowie $C_3^2 = C_3^{-1}$). Die C_2-Achsen stehen senkrecht zu C_3 und bilden miteinander Winkel von 120°.

Moleküle, die zu Punktgruppen $\mathbf{D}_n$ mit $n > 3$ gehören, sind noch schwieriger zu finden als solche mit $n = 3$.

3.5 Punktgruppen $\mathbf{C}_{nh}$

Eine Punktgruppe $\mathbf{C}_{nh}$ *enthält die Symmetrieelemente* C_n *und senkrecht zu* C_n *eine Spiegelebene* σ_h. *Wenn n gerade ist, enthält die Punktgruppe notwendigerweise auch ein Inversionszentrum.* Weiterhin enthält eine $\mathbf{C}_{nh}$-Punktgruppe alle die Elemente, die durch Erhebung von C_n zur 2., 3., ... (n-1). Potenz erzeugt werden und darüberhinaus die Elemente S_n^q, die durch Multiplikation von C_n^r (r = 2, 3, 4, ... n-1) mit σ_h erzeugt werden. Beispielsweise enthält die Punktgruppe $\mathbf{C}_{5h}$ die Elemente C_5, C_5^2, C_5^3, und C_5^4 und daher auch

$$\sigma_h \times C_5 = S_5$$
$$\sigma_h \times C_5^2 = S_5^7$$
$$\sigma_h \times C_5^3 = S_5^3$$
$$\sigma_h \times C_5^4 = S_5^9$$

Die Punktgruppe $\mathbf{C_{6h}}$ enthält die Elemente C_6, $C_3(= C_6^2)$, $C_2(= C_6^3)$, $C_3^2(= C_6^4)$, C_6^5 und außerdem

$$\begin{aligned}
\sigma_h \times C_6 &= S_6\\
\sigma_h \times C_3 &= S_3\\
\sigma_h \times C_2 &= i\\
\sigma_h \times C_3^2 &= S_3^5\\
\sigma_h \times C_6^5 &= S_6^5
\end{aligned}$$

(a) $\mathbf{C_{1h}} \equiv \mathbf{C_{1v}} \equiv \mathbf{C_s}$. Ein Molekül, das zur Punktgruppe $\mathbf{C_{1h}}$ gehört, besitzt nur eine Spiegelebene. Es ist gleichgültig, ob man diese als σ_h oder als σ_v bezeichnet. Daher gilt $\mathbf{C_{1h}} \equiv \mathbf{C_{1v}}$, gewöhnlich wird aber das Symbol $\mathbf{C_s}$ verwendet (vgl. Abschnitt 3.2).

(b) $\mathbf{C_{2h}}$. Die Moleküle dieser Punktgruppe besitzen eine C_2-Achse, eine Spiegelebene σ_h und ein Inversionszentrum i. Entsprechende Beispiele sind Glyoxal (Abb. 3.9), *trans*-Difluoräthylen (Abb. 2.3.c) und die *trans*-Formen von Molekülen wie N_2F_4, P_2Cl_4 und $S_2O_4^{2-}$.

(c) $\mathbf{C_{3h}}$. Zu dieser ziemlich seltenen Punktgruppe gehört zum Beispiel Orthoborsäure $B(OH)_3$, die in Abbildung 3.10 dargestellt ist. Die Punktgruppe enthält eine C_3-Achse und eine Spiegelebene σ_h (sowie C_3^2, S_3 und S_3^5).

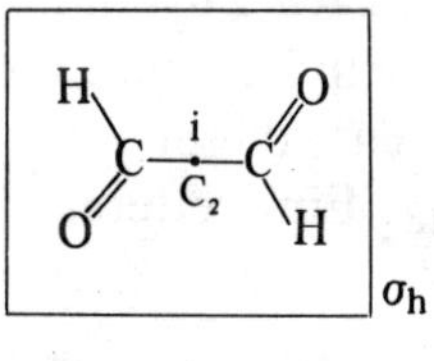

Abbildung 3.9
Glyoxal als Beispiel für die Punktgruppe $\mathbf{C_{2h}}$

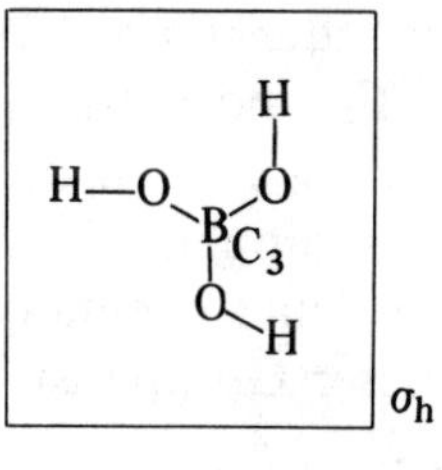

Abbildung 3.10
Orthoborsäure als Beispiel für die Punktgruppe $\mathbf{C_{3h}}$

Moleküle, die zu Punktgruppen $\mathbf{C_{nh}}$ mit $n > 3$ gehören, sind äußerst selten.

3.6 Punktgruppen D_{nd}

Eine Punktgruppe $\mathbf{D}_{nd}$ *enthält die Symmetrieelemente* C_n, S_{2n}, *n* C_2-*Achsen senkrecht zu* C_n *und unter gleichen Winkeln zueinander sowie n Spiegelebenen* σ_d, *die die Winkel zwischen den* C_2-*Achsen halbieren. Wenn n ungerade ist, enthält die Punktgruppe notwendigerweise auch ein Inversionszentrum* i.
Weiterhin gehören zu jeder Punktgruppe $\mathbf{D}_{nd}$ die Elemente, die durch Erhebung von C_n zur 2., 3., ... (n-1). Potenz erzeugt werden sowie die Elemente, die durch Erhebung von S_{2n} zur 3., 5., ... ($2n$-1). Potenz erzeugt werden. Wenn n ungerade ist, dann ist S_{2n}^n identisch mit i.

Ein Molekül, das zu einer Punktgruppe D_{nd} gehört, kann als zusammengesetzt aus zwei identischen Fragmenten mit C_{nv}-Symmetrie aufgefaßt werden, wenn diese Fragmente um einen Winkel von π/n gegeneinander verdreht sind.

(a) $\mathbf{D}_{2d}$. Moleküle dieser Punktgruppe besitzen drei C_2-Achsen, von denen zwei äquivalent sind. Diese werden mit C_2' bezeichnet. Weiterhin sind eine S_4-Achse und zwei Spiegelebenen σ_d vorhanden, die die Winkel zwischen den C_2'-Achsen halbieren. Die C_2'-Achsen stehen senkrecht zueinander und zur S_4-Achse. (Auch S_4^3 ist ein Element dieser Gruppe.)
Allen (Abb. 2.2.d) ist ein Beispiel für ein Molekül der Punktgruppe $\mathbf{D}_{2d}$. Es besteht formal aus zwei Fragmenten von $\mathbf{C}_{2v}$-Symmetrie, die gegeneinander um $\pi/2$ verdreht sind. Das gleiche gilt für die Moleküle B_2F_4 und B_2Cl_4 im gasförmigen und flüssigen Zustand. In einem der angeregten Elektronenzustände des Äthylens sind die beiden CH_2- Gruppen um $\pi/2$ gegeneinander verdreht; dieser Zustand gehört daher ebenfalls zur Punktgruppe $\mathbf{D}_{2d}$. Ein weiterer Vertreter dieser Gruppe ist das käfigartige Molekül S_4N_4.

(b) $\mathbf{D}_{3d}$. Diese Punktgruppe enthält eine C_3-Achse, eine S_6-Achse, drei C_2-Achsen, die gleiche Winkel miteinander einschließen, sowie drei Spiegelebenen σ_d, die diese Winkel halbieren. (Außerdem gibt es die Elemente C_3^2, S_6^3 = i und S_6^5.) Äthan (Abb. 3.11) gehört zu dieser Punktgruppe, da die beiden CH_3-Gruppen, die jede für sich $\mathbf{C}_{3v}$-Symmetrie besitzen, um $\pi/3$ gegeneinander verdreht sind. Das gleiche gilt für die analogen Moleküle Si_2H_6, $N_2H_6^{2+}$ und $S_2O_6^{2-}$.

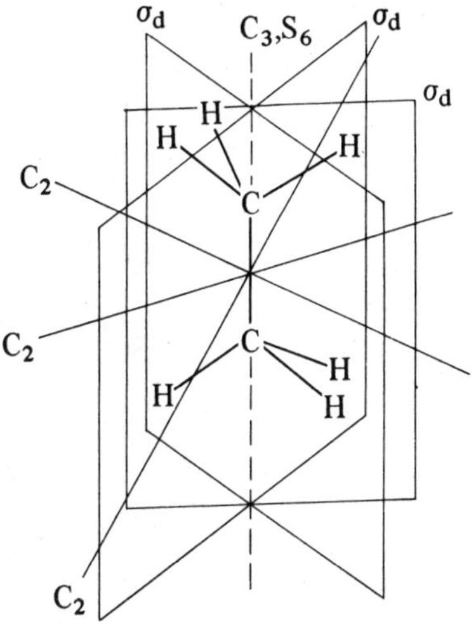

Abbildung 3.11
Symmetrieelemente der Punktgruppe **D_{3d}** (Beispiel: Äthan)

(c) **D_{4d}**. Ein Molekül dieser Punktgruppe besitzt eine C_4-Achse, eine S_8-Achse, vier C_2-Achsen, die wieder gleiche Winkel miteinander bilden, sowie vier Spiegelebenen σ_d, die diese Winkel halbieren. (Außerdem gibt es die Elemente $C_4^2 = C_2$, C_4^3, S_8^5 und S_8^7.) Ein bekanntes Beispiel für diese Punktgruppe ist das Molekül S_8, aus dem die thermodynamisch stabile Modifikation des Schwefels aufgebaut ist (Abb. 3.12).

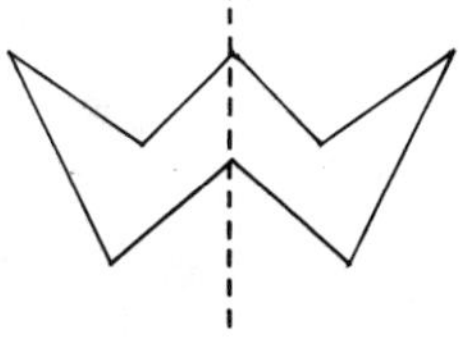

Abbildung 3.12
Oktaschwefel als Vertreter der Punktgruppe **D_{4d}** (an jeder Ecke des Ringes befindet sich ein S-Atom)

(d) $\mathbf{D}_{5d}$. Ferrocen (Abb. 2.4.c) ist ein Beispiel für ein Molekül, das zur Punktgruppe $\mathbf{D}_{5d}$ gehört. Diese Gruppe enthält eine C_5-Achse, eine S_{10}-Achse, fünf C_2-Achsen unter gleichen Winkeln zueinander und fünf σ_d-Spiegelebenen, die diese Winkel halbieren. (Außerdem sind die Elemente C_5^2, C_5^3, C_5^4, S_{10}^3, $S_{10}^5 = i$, S_{10}^7 und S_{10}^9 vorhanden.) Man beachte, daß einer der C_5H_5-Ringe des Ferrocens um $\pi/5$ gegen den anderen verdreht ist.

Moleküle, die zu Punktgruppen $\mathbf{D}_{nd}$ mit $n > 5$ gehören, sind selten.

3.7 Punktgruppen $\mathbf{D}_{nh}$

Eine Punktgruppe $\mathbf{D}_{nh}$ *enthält die Symmetrieelemente* C_n, *n* C_2*-Achsen senkrecht zu* C_n *und unter gleichen Winkeln zueinander, eine Spiegelebene* σ_h *und n weitere Spiegelebenen* σ. *Wenn n gerade ist, enthält die Punktgruppe notwendigerweise auch ein Inversionszentrum* i. Darüberhinaus enthält jede Punktgruppe $\mathbf{D}_{nh}$ die Elemente, die durch Erhebung von C_n zur 2., 3., ... (n-1). Potenz erzeugt werden und, wie in den C_{nh}-Punktgruppen, alle Elemente S_n^q, die durch die Multiplikation $\sigma_h \times C_n^r$ ($r = 1, 2, \ldots n$-1) entstehen. Eine Punktgruppe $\mathbf{D}_{nh}$ unterscheidet sich von der entsprechenden Punktgruppe $\mathbf{C}_{nv}$ hauptsächlich durch die zusätzliche Spiegelebene σ_h.

(a) $\mathbf{D}_{2h}$. Diese Punktgruppe umfaßt drei zueinander senkrecht stehende C_2-Achsen, drei Spiegelebenen σ und ein Inversionszentrum i. Da alle drei C_2-Achsen äquivalent sind, besitzen die Indices „v"

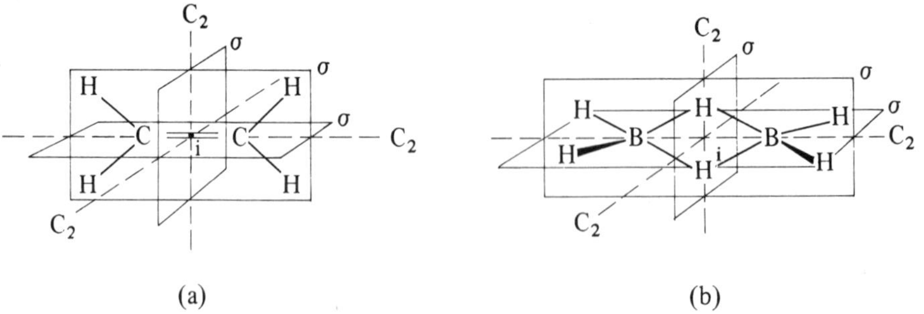

Abbildung 3.13
C_2H_4 (a) und B_2H_6 (b) als Beispiele für die Punktgruppe $\mathbf{D}_{2h}$

oder „h", mit denen man die Symbole für die Spiegelebene gewöhnlich spezifiziert, keine Bedeutung. Zur Punktgruppe D_{2h} gehören das im Grundzustand planare Äthylen (Abb. 3.13.a), Naphthalin (Abb. 2.3.b), p-Difluorbenzol, Diboran (Abb. 3.13.b) und viele andere Moleküle.

(b) $\mathbf{D_{3h}}$. Diese Punktgruppe enthält eine C_3-Achse, drei C_2-Achsen senkrecht zu C_3, drei σ_v- und eine σ_h-Spiegelebene. (Zusätzlich sind die Elemente C_3^2, S_3 und S_3^2 vorhanden.) Bortrifluorid (Abb. 2.2.b), Borazol $B_3N_3H_6$ und 1,3,5-Trifluorbenzol (Abb. 3.14) gehören beispielsweise zu dieser Punktgruppe, aber auch nicht-planare Moleküle wie das trigonal-bipyramidale PF_5 und das komplexe Anion ReH_9^{2-}.

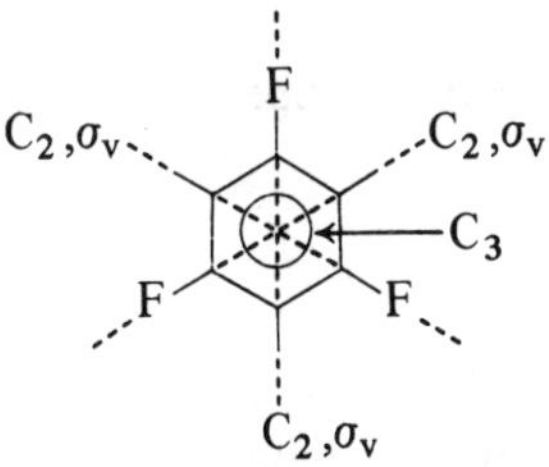

Abbildung 3.14
Ein Beispiel für die Punktgruppe $\mathbf{D_{3h}}$
(1,3,5-Trifluorbenzol)

(c) $\mathbf{D_{4h}}$. Jedes Molekül, das die Geometrie eines Quadrates besitzt, gehört zu dieser Punktgruppe, die eine C_4-Achse, vier C_2-Achsen senkrecht zu C_4 und fünf Spiegelebenen enthält, und zwar zwei σ_v, zwei σ_d und eine σ_h. (Dazu kommen noch die Elemente $C_4^2 = C_2$, C_4^3, S_4, $S_4^2 = i$ und S_4^3.) Die planaren Moleküle XeF_4 und $PtCl_4^{2-}$ (Abb. 3.15) sind Beispiele für diese Punktgruppe.

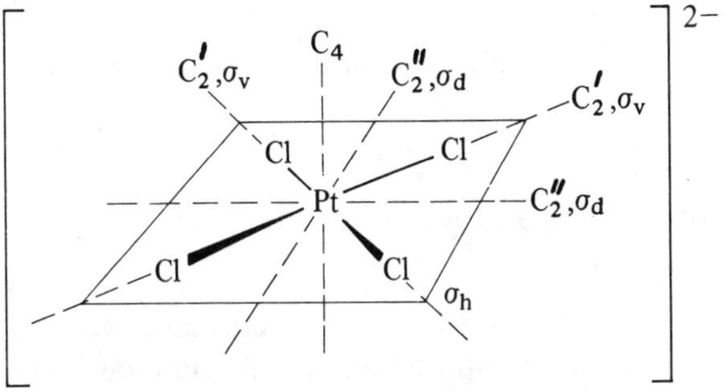

Abbildung 3.15
Das Ion $PtCl_4^{2-}$ als Vertreter
der Punktgruppe $\mathbf{D_{4h}}$

(d) $\mathbf{D_{5h}}$. Das planare Cyclopentadienyl-Anion $C_5H_5^-$, das aus dem Cyclopentadienmolekül durch Abspaltung eines Protons der Methylengruppe entsteht, gehört zur Punktgruppe $\mathbf{D_{5d}}$ (Abb. 3.16). Diese enthält eine C_5-Achse, fünf C_2-Achsen, fünf Spiegelebenen σ_v und eine σ_h-Ebene. (Außerdem sind die Elemente C_5^2, C_5^3, C_5^4, S_5, S_5^2, S_5^3 und S_5^4 vorhanden.) Ein nicht-planares Molekül der Symmetrie D_{5h} ist das pentagonal-bipyramidale JF_7.

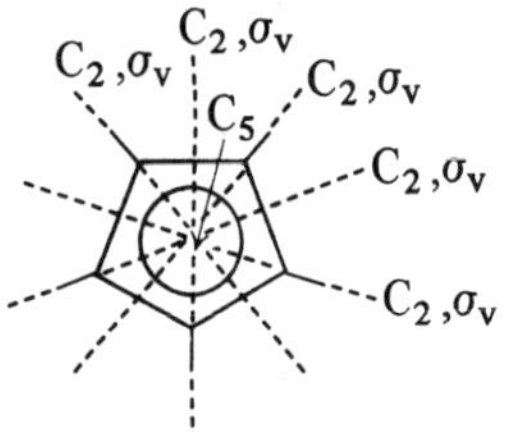

Abbildung 3.16
$C_5H_5^-$ als Beispiel für die Punktgruppe $\mathbf{D_{5h}}$

(e) $\mathbf{D_{6h}}$. Diese Punktgruppe ist von besonderer Bedeutung, da Benzol, eines der wichtigsten aromatischen Moleküle, zu ihr gehört (Abb. 3.17). Die Punktgruppe $\mathbf{D_{6h}}$ enthält die Symmetrieelemente C_6, drei σ_v, drei σ_d, sechs C_2 und eine σ_h (sowie C_6^2, $C_6^3 = C_2$, C_6^4, C_6^5, S_6, S_6^2, $S_6^3 = i$, S_6^4 und S_6^5).

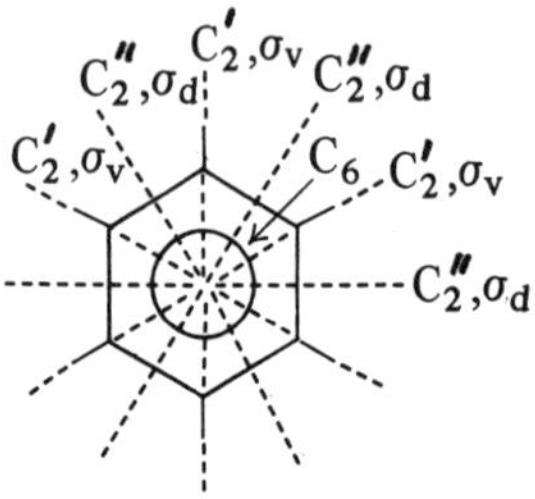

Abbildung 3.17
Benzol als Vertreter der Punktgruppe $\mathbf{D_{6h}}$

Moleküle, die zu Punktgruppen $\mathbf{D_{nh}}$ mit $n > 6$ gehören, sind mit Ausnahme der Punktgruppe $\mathbf{D_{\infty h}}$ selten.

(f) $\mathbf{D_{\infty h}}$. Diese Punktgruppe enthält eine C_∞^ϕ-Achse, eine unendlich große Zahl von C_2-Achsen und σ_v-Spiegelebenen, sowie eine Spiegelebene σ_h und ein Inversionszentrum i. (Darüberhinaus sind die Elemente $C_\infty^{2\phi}$, $C_\infty^{3\phi}$ ..., $C_\infty^{-\phi}$, $C_\infty^{-2\phi}$, $C_\infty^{-3\phi}$ ..., S_∞^{ϕ}, $S_\infty^{2\phi}$, $S_\infty^{3\phi}$ ..., und $S_\infty^{-\phi}$, $S_\infty^{-2\phi}$, $S_\infty^{-3\phi}$ ... vorhanden). Alle homonuklearen zweiatomigen Moleküle wie N_2 und alle linearen polyatomigen Moleküle, die wie Acetylen (Abb. 3.18) ein Inversionszentrum besitzen, gehören zur Punktgruppe $\mathbf{D}_{\infty h}$, also auch Hg_2Cl_2 und $(CN)_2$.

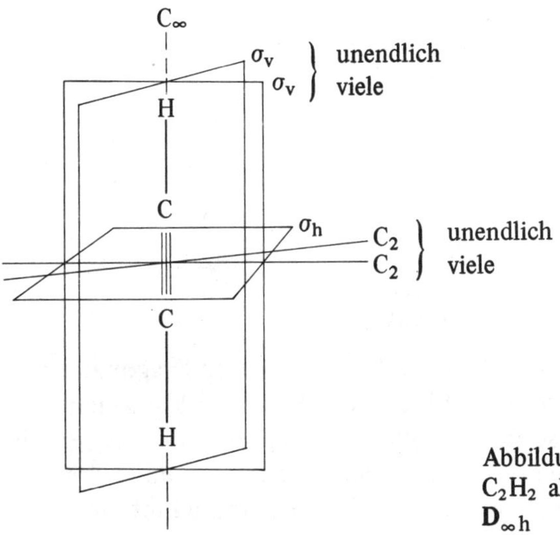

Abbildung 3.18
C_2H_2 als Beispiel für die Punktgruppe $\mathbf{D}_{\infty h}$

3.8 Die Punktgruppen T_d und T

Die Punktgruppe $\mathbf{T}_d$ *enthält vier* C_3*-Achsen, drei* C_2*-Achsen und sechs Spiegelebenen* σ_d. Desweiteren sind in dieser Punktgruppe vier C_3^2, vier S_4 und vier S_4^3 als Elemente der Gruppe vorhanden.
Alle Moleküle, die die Symmetrie eines Tetraeders besitzen, wie CCl_4, $Ni(CO)_4$ oder CH_4 (Abb. 3.19), gehören zur Punktgruppe $\mathbf{T}_d$. Die Symmetrieelemente des Methans zum Beispiel erkennt man am besten, wenn man einen Würfel betrachtet, der das Molekül CH_4 so enthält, daß sich die H-Atome an vier jeweils gegenüberliegenden Ecken befin-

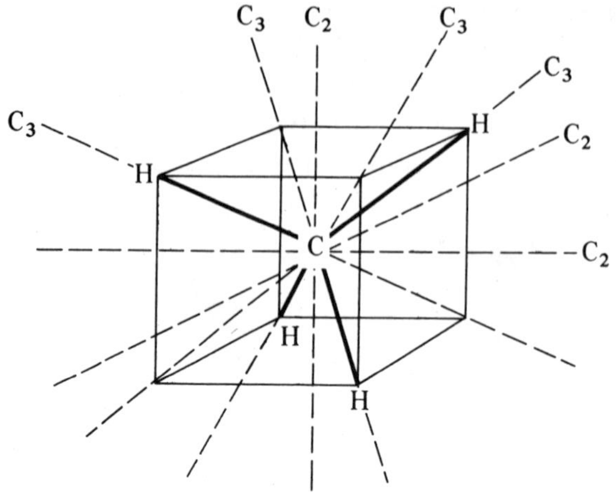

Abbildung 3.19
CH_4 besitzt die Symmetrie der Punktgruppe $\mathbf{T_d}$

den (Abb. 3.19). Die vier C_3-Achsen sind dann die vier Diagonalen des Würfels, die drei C_2-Achsen verbinden die Mittelpunkte gegenüberliegender Flächen und die sechs Spiegelebenen σ_d sind die Ebenen, die vom Mittelpunkt des Würfels (C-Atom) und jeweils zwei auf einer Würfelfläche diagonal gegenüberliegenden Ecken aufgespannt werden.

Die Punktgruppe **T** *enthält vier* C_3*-Achsen und drei* C_2*-Achsen.* Außerdem sind in dieser Gruppe vier C_3^2 als Elemente enthalten. Ein zu dieser Punktgruppe gehörendes Molekül hätte zwar im wesentlichen die Gestalt eines Tetraeders, aber an jeder Ecke des Tetraeders müßten sich identische Gruppen von Atomen befinden, wobei jede Gruppe so orientiert sein müßte, daß die Spiegelebenen σ_d der Punktgruppe T_d verloren gehen, während die C_2-Achsen erhalten bleiben. Derartige Moleküle sind jedoch nicht bekannt.

3.9 Die Punktgruppen O_h und O

Die Punktgruppe $\mathbf{O_h}$ *enthält drei* C_4*-Achsen, vier* C_3*-Achsen, sechs* C_2*-Achsen, drei* σ_h*-Spiegelebenen, sechs* σ_d*-Ebenen und ein Inversionszentrum* i. Darüberhinaus enthält diese Gruppe folgende Elemente: drei $C_4^2 = C_2$, drei C_4^3, drei S_4, drei S_4^3, vier S_6 und vier S_6^5.
Jedes regulär-oktaedrische Molekül, wie $Fe(CN)_6^{3-}$(Abb. 2.3.a) und

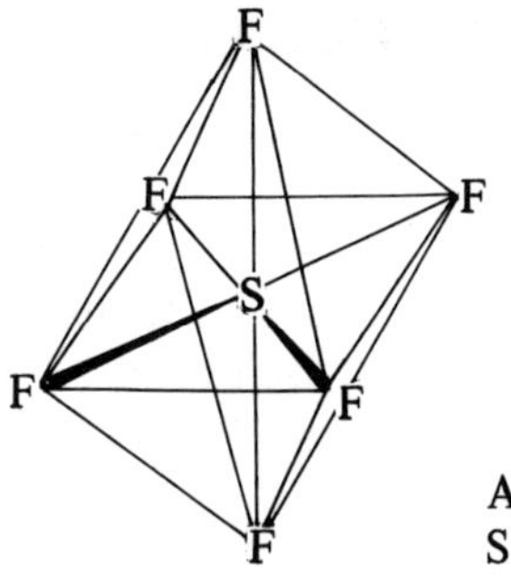

Abbildung 3.20
SF_6 als Beispiel für die Punktgruppe O_h

SF_6 (Abb. 3.20), gehört zu dieser Punktgruppe. Die wichtigsten Symmetrieelemente kann man am besten dadurch erkennen, daß man das Oktaeder so von einem Würfel umschrieben betrachtet, daß jede Oktaederecke auf der Mitte einer Würfelfläche liegt. Die vier C_4-Achsen verbinden dann die Mittelpunkte gegenüberliegender Würfelflächen, die vier C_3-Achsen sind die Raumdiagonalen und die sechs C_2-Achsen verbinden die Mittelpunkte gegenüberliegender Kanten. Die drei σ_h-Ebenen liegen in der Mitte zwischen gegenüberliegenden Würfelflächen und die sechs σ_d-Ebenen verbinden diagonal gegenüberliegende Kanten des Würfels.
Auch ein Würfel selbst gehört zur Punktgruppe $\mathbf{O_h}$.

Die Punktgruppe **O** *enthält drei* C_4*-Achsen, vier* C_3*-Achsen und sechs* C_2*-Achsen.* Darüberhinaus sind vier C_4^3, drei $C_4^2 = C_2$ und vier C_3^2 Elemente der Gruppe **O**.
Ein zu dieser Punktgruppe gehörendes Molekül hätte im wesentlichen die Gestalt eines Oktaeders, aber an jeder Ecke des Okateders müßten Atomgruppen vorhanden sein, deren besondere Lage zum Verlust der Spiegelebenen und des Inversionszentrums der Punktgruppe O_h führen müßte. Derartige Moleküle sind nicht bekannt.

3.10 Die Punktgruppe K_h

Die Punktgruppe $\mathbf{K_h}$ *enthält unendlich viele Drehachsen* C_∞^ϕ *sowie ein Inversionszentrum.*
Darüberhinaus sind auch die Elemente Bestandteil der Gruppe, die durch Erhebung aller C_∞^ϕ zur 2., 3., 4., ... Potenz erzeugt werden, sowie eine unendlich große Zahl von Drehspiegelachsen S_∞^ϕ und die durch Potenzieren dieser Elemente entstehenden Elemente.
Die Punktgruppe $\mathbf{K_h}$ besitzt sphärische Symmetrie und ist insofern wichtig, als alle Atome zu ihr gehören.

3.11 Methoden zur Bestimmung der Punktgruppen von Molekülen

Obwohl der ständige Umgang mit Punktgruppen zu einer fast instinktiven Fähigkeit bei der Einordnung von Molekülen führt, ist es am Anfang notwendig, einer Art Rezept zu folgen. Das auf Seite 51 dargestellte Fließschema dient diesem Zweck:

(a) Zunächst kann ein Molekül einer der speziellen Punktgruppen angehören. Ist es linear und besitzt kein Inversionszentrum, so gehört es zu $\mathbf{C}_{\infty v}$, besitzt es aber ein Inversionszentrum, so ist die Punktgruppe $\mathbf{D}_{\infty h}$. Ein offensichtlich regulär-tetraedrisches Molekül gehört zu $\mathbf{T}_d$, ein oktaedrisches zu $\mathbf{O}_h$ und ein Ikosaeder[7] gehört zur Punktgruppe $\mathbf{I}_h$.

(b) Wenn keine der unter (a) genannten speziellen Gruppen in Frage kommt, muß als nächstes geprüft werden, ob das Molekül irgendeine Drehachse C_n mit $n > 1$ besitzt. Wenn nicht, dann liegt bei Vorhandensein nur einer Spiegelebene die Symmetrie $\mathbf{C}_s$ vor. Gibt es keine Spiegelebene aber ein Inversionszentrum, so ist die Punktgruppe $\mathbf{C}_i$. Sind außer I und C_1 keinerlei Symmetrieelemente vorhanden, so ist die Punktgruppe $\mathbf{C}_1$.

(c) Besitzt das Molekül eine oder mehrere Drehachsen C_n mit $n > 1$, so wählt man jene mit der höchsten Zähligkeit n aus und prüft, ob das Molekül als einziges weiteres Symmetrieelement eine $2n$-zählige Drehspiegelachse S_{2n} oder außer dieser allenfalls noch ein Inversionszentrum besitzt. Wenn ja, ist die Punktgruppe $\mathbf{S}_n$.

(d) Besitzt das Molekül dagegen weitere Symmetrieelemente, so ist zu prüfen, ob die sogenannte Diedersymmetrie vorliegt, das heißt ob senkrecht zur höchstzähligen Drehachse C_n gerade n zweizählige Achsen (C_2) vorhanden sind. Wenn dies der Fall ist und außerdem eine horizontale Spiegelebene σ_h (senkrecht zu C_n) vorliegt, so ist die Punktgruppe $\mathbf{D}_{nh}$. Fehlt die σ_h-Ebene und sind dafür aber n diagonale Spiegelebenen vorhanden, die die C_n-Achse enthalten

[7] Die nur bei einigen Borverbindungen anzutreffende Punktgruppe I_h wurde bisher nicht besprochen. Daher sei hier erwähnt, daß ein Ikosaeder 12 äquivalente Ecken besitzt und von 20 gleichseitigen Dreiecken umhüllt wird. Ein typischer Vertreter dieser Punktgruppe ist das Ion $B_{12}H_{12}^{2-}$.

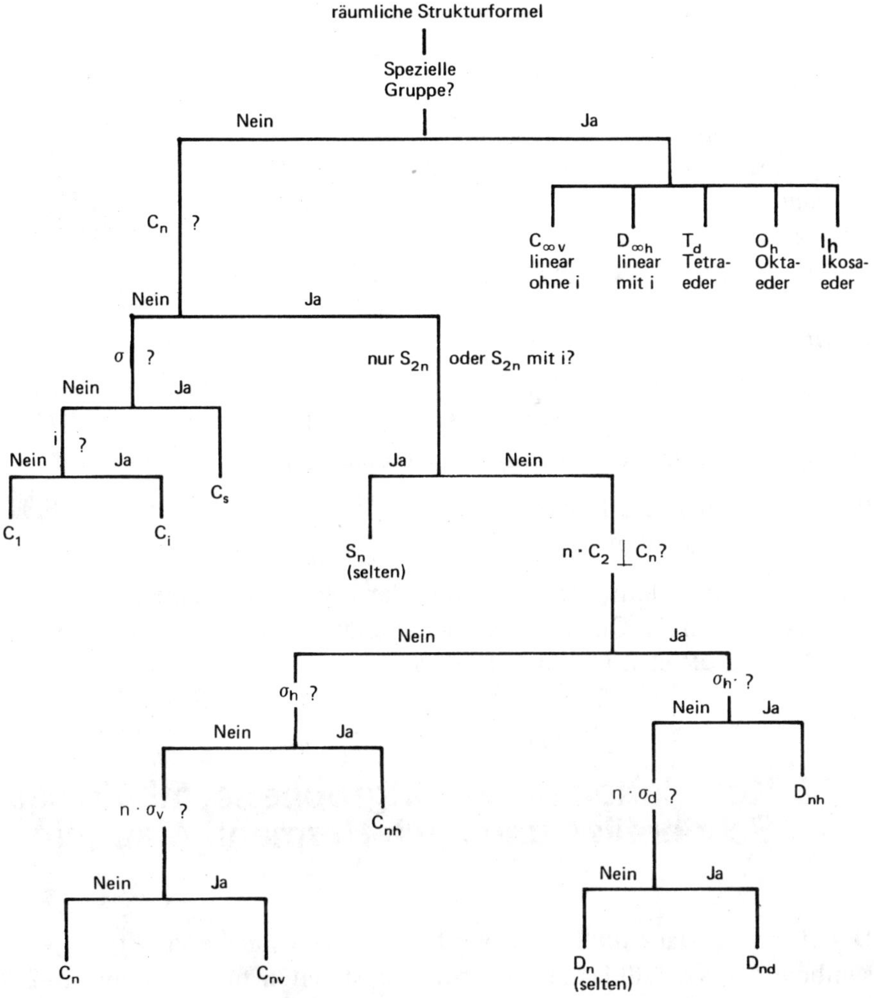

Schema zur Ermittlung von Punktgruppensymbolen.

und die Winkel zwischen den C_2-Achsen halbieren, so ist die Punktgruppe D_{nd}. Sind weder σ_h noch $n\ \sigma_d$ vorhanden, so bleibt nur die Punktgruppe D_n übrig.

(e) Liegt keine Diedersymmetrie vor, ist aber eine horizontale Spiegelebene σ_h vorhanden, so ist die Punktgruppe C_{nh}. Fehlt die σ_h, sind aber n vertikale Spiegelebenen vorhanden, die die höchstzählige Drehachse enthalten, so ist die Punktgruppe C_{nv}. Sind weder σ_h noch $n\ \sigma_v$ vorhanden, so muß die Punktgruppe C_n sein.

Übungen:

(a) Zu welchen Punktgruppen gehören folgende Moleküle und Ionen: CO, O_2^+, O_3, NO_2^+, P_4, Te_4^{2+}, SO_4^{2-}, NH_2Cl, $HgCl_2$, $BClF_2$, B_2H_6, $S_2O_3^{2-}$ und das sesselförmige Ringmolekül S_6.

(b) Man ermittle die Punktgruppen, zu denen die Buchstaben A, F, H, N und X gehören.

(c) Man bestimme die Punktgruppen der folgenden geometrischen Figuren: Kreis, Quadrat, Parallelogramm, Trapez, gleichseitiges Dreieck, gleichschenkliges Dreieck.

3.12 Korrelation der Punktgruppensymbole nach Schoenflies und nach Hermann-Mauguin

Das Hermann-Mauguin-System wird gewöhnlich für die Punktgruppensymbole der Kristallklassen und nur höchst selten für die freier Moleküle benutzt. Trotzdem ist manchmal eine Korrelation der Symbole nach Schoenflies und nach Hermann-Mauguin nützlich. Diese Korrelation ist für die wichtigeren Punktgruppen in Tabelle 3.1 enthalten.
Das Hermann-Mauguin-System basiert auf der Tatsache, daß nur bestimmte Symmetrieelemente, nämlich die „erzeugenden Elemente" (vgl. Abschnitt 3.13), notwendig sind, um eine Punktgruppe zu definieren. Die Hermann-Mauguin-Symbole bestehen aus diesen Elementen. Ein Schrägstrich wird benutzt, um das Symbol für eine Drehachse von dem einer Spiegelebene, die senkrecht zu dieser Achse steht, zu trennen (z. B. $4/m$, das heißt C_4 senkrecht auf σ_h).

Tabelle 3.1: Korrelation der Symbole nach Schoenflies und nach Hermann-Mauguin für die häufigsten Punktgruppen

Schoenflies	***Hermann-Mauguin***	*Schoenflies*	***Hermann-Mauguin***
$\mathbf{C_1}$	1	$\mathbf{C_{6v}}$	6*mm*
$\mathbf{C_i}$	$\bar{1}$	$\mathbf{D_2}$	222
$\mathbf{C_s}$	*m*	$\mathbf{D_3}$	32
$\mathbf{C_2}$	2	$\mathbf{D_4}$	422
$\mathbf{C_3}$	3	$\mathbf{D_6}$	622
$\mathbf{C_4}$	4	$\mathbf{D_{2h}}$	*mmm*
$\mathbf{C_6}$	6	$\mathbf{D_{3h}}$	$\bar{6}m2$
$\mathbf{S_4}$	$\bar{4}$	$\mathbf{D_{4h}}$	$4/mmm$
$\mathbf{C_{2h}}$	$2/m$	$\mathbf{D_{6h}}$	$6/mmm$
$\mathbf{C_{3h}}$	$\bar{6}$	$\mathbf{D_{2d}}$	$\bar{4}\,2m$
$\mathbf{C_{4h}}$	$4/m$	$\mathbf{D_{3d}}$	$\bar{3}\,m$
$\mathbf{C_{6h}}$	$6/m$	$\mathbf{T_d}$	$\bar{4}\,3m$
$\mathbf{C_{2v}}$	2*mm*	**T**	23
$\mathbf{C_{3v}}$	3*m*	$\mathbf{O_h}$	*m*3*m*
$\mathbf{C_{4v}}$	4*mm*	**O**	432

3.13 Eigenschaften von Gruppen und Definitionen in der Gruppentheorie

3.13.1. Eigenschaften einer Gruppe

Eine Punktgruppe ist ein spezielles Beispiel einer Gruppe im allgemeinen. Eine Gruppe besteht aus Elementen, und die Elemente aller Gruppen gehorchen einem Satz von relativ einfachen Regeln. Diese Regeln werden im folgenden an Hand von Beispielen aus den Punktgruppen erläutert.

(a) das Produkt zweier beliebiger Elemente einer Gruppe muß ebenfalls ein Element der Gruppe sein. Beispielsweise gilt in der Punktgruppe C_{2v}:

$$\sigma_v{}' \times \sigma_v = C_2 \tag{3.1}$$

(b) Produkte von Elementen sind assoziativ. Beispielsweise gilt in der Punktgruppe $\mathbf{C_{2v}}$:

$$(\sigma_v' \times \sigma_v)C_2 = \sigma_v'(\sigma_v \times C_2) \tag{3.2}$$

wobei üblicherweise die in Klammern stehende Multiplikation zuerst ausgeführt wird.

(c) Jede Gruppe enthält ein Element, das mit irgendeinem anderen Element multipliziert dieses unverändert läßt und das mit allen anderen Elementen der Gruppe kommutiert. Zwei Elemente kommutieren, wenn das Ergebnis einer Multiplikation der beiden Elemente unabhängig von der Reihenfolge ist ($a \times b = b \times a$). In der allgemeinen Gruppentheorie wird das fragliche Element Einheitselement (E) genannt, bei den Punktgruppen spricht man jedoch vom Identitätselement (I). Es gilt also beispielsweise:

$$C_2 \times I = I \times C_2 = C_2 \tag{3.3}$$

(d) Zu jedem Element einer Gruppe gibt es ein inverses Element, das ebenfalls ein Element der Gruppe ist. In der Punktgruppe C_{3v} gibt es beispielsweise zu C_3 das inverse Element C_3^{-1}, wobei gilt:

$$C_3^{-1} = C_3^2 \tag{3.4}$$

3.13.2 Abelsche und nicht-abelsche Gruppen

Eine abelsche Gruppe ist eine Gruppe, bei der alle Elemente miteinander kommutieren, das heißt für zwei beliebige Elemente P und Q gilt $P \times Q = Q \times P$. Dieses Problem ist bereits im Abschnitt 2.7 am Beispiel der Elemente C_3 und σ_v der Punktgruppe $\mathbf{D_{3h}}$ des Bortrifluorids diskutiert worden. C_3 und σ_v kommutieren nicht, und die Punktgruppe $\mathbf{D_{3h}}$ ist daher nicht-abelsch. Nur die Punktgruppen $\mathbf{C}_n$, $\mathbf{S}_n$, $\mathbf{C}_{n\mathrm{h}}$, $\mathbf{D}_2$ und $\mathbf{D_{2h}}$ sind abelsch, alle anderen sind nicht-abelsch.

3.13.3 Ordnung einer Gruppe

Die Ordnung einer Gruppe ist einfach die Gesamtzahl der Elemente, die die Gruppe bilden. Beispielsweise ist die Punktgruppe $\mathbf{C_{2v}}$ von der Ordnung vier (I, C_2, σ_v, σ_v') und die Punktgruppe $\mathbf{C_{3v}}$ ist von der Ordnung sechs (I, C_3, C_3^2, σ_v, σ_v', σ_v'').

3.13.4 Erzeugende Elemente einer Gruppe

Wenn bei der Multiplikation zweier Elemente einer Gruppe ein drittes Element dieser Gruppe entsteht, so sagt man die beiden Elemente *erzeugen* das dritte Element. Gleichung 3.1 zeigt, daß die Elemente σ_v und σ_v' der Punktgruppe C_{2v} das Element C_2 erzeugen. Das bedeutet, daß ein Molekül, das zwei senkrecht zueinander stehende Spiegelebenen besitzt, auch eine C_2-Achse besitzen muß, eine Tatsache, die leicht einzusehen ist. Da das Identitätselement I folgendermaßen erzeugt werden kann

$$\sigma_v \times \sigma_v = I \tag{3.5}$$

erzeugen σ_v und σ_v' alle Elemente der Punktgruppe C_{2v}. Daher nennt man sie *erzeugende Elemente* dieser Gruppe. Man kann aber auch σ_v und C_2 als erzeugende Elemente betrachten, da

$$\begin{aligned} \sigma_v \times C_2 &= \sigma_v' \\ \sigma_v \times \sigma_v &= I \end{aligned} \tag{3.6}$$

In der Punktgruppe C_{3v} kann man C_3 und σ_v als erzeugende Elemente ansehen, da

$$C_3 \times C_3 = C_3^2 \tag{3.7}$$

und, wie in Abbildung 2.6 gezeigt ist,

$$\begin{aligned} \sigma_v \times C_3 &= \sigma_v' \\ C_3 \times \sigma_v &= \sigma_v'' \end{aligned} \tag{3.8}$$

und schließlich, wie in Gleichung 3.5,

$$\sigma_v \times \sigma_v = I$$

In vielen Texten über die Anwendung der Gruppentheorie auf das Problem Molekülsymmetrie gibt es ein gewisses Durcheinander in der Frage, welche Elemente für die Definition einer bestimmten Punktgruppe herangezogen werden sollen. Beispielsweise wird gewöhnlich festgestellt, daß ein Molekül mit einer C_3-Achse und drei σ_v-Ebenen zur Punktgruppe C_{3v} gehört. Obwohl diese Art der Definition brauchbar ist, sollte sich der Leser darüber im klaren sein, daß die erwähnten Elemente in diesem Fall weder die erzeugenden Elemente noch die Gesamtheit der Elemente darstellen, sondern einen Kompromiß, der notwendigerweise willkürlich ist. Da einerseits die erzeugenden Elemente allein im allgemeinen kein vollständiges Bild der Molekülsymmetrie vermitteln, andererseits die oben erwähnte Art von Kompromiß willkürlich ist, wurden in diesem Kapitel *alle* Elemente der einzelnen Punktgruppen aufgeführt, wobei die wichtigsten jeweils zuerst erwähnt wurden.

3.13.5 Klassen von Elementen

Zwei Elemente P und Q einer Gruppe gehören zur gleichen Klasse, wenn es ein drittes Element R der Gruppe so gibt, daß

$$P = R^{-1} \times Q \times R \tag{3.9}$$

P und Q werden in diesem Falle außerdem als *konjugierte* Elemente bezeichnet. Mit der durch Gleichung 3.9 formulierten Bedingung kann man zeigen, daß die Elemente der Punktgruppe $\mathbf{C_{3v}}$, nämlich I, C_3, C_3^2, σ_v, σ_v' und σ_v'', drei verschiedenen Klassen angehören. Eine Klasse wird von den drei Spiegelebenen gebildet, eine zweite von den Elementen C_3 und C_3^2 und die dritte vom Identitätselement I. Abbildung 3.21 illustriert die Gleichung

$$C_3 = \sigma_v^{-1} \times C_3^2 \times \sigma_v \tag{3.10}$$

die zeigt, daß C_3 und C_3^2 zur gleichen Klasse gehören.
In Abbildung 3.22 sind die Gleichungen

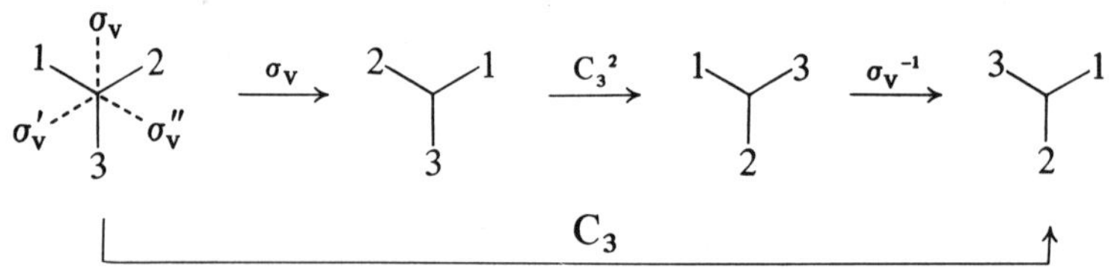

Abbildung 3.21
Beweis, daß in der Punktgruppe $\mathbf{C_{3v}}$ gilt: $C_3 = \sigma_v^{-1} \times C_3^2 \times \sigma_v$

$$\begin{aligned} \sigma_v'' &= C_3^{-1} \times \sigma_v' \times C_3 \\ \sigma_v &= C_3^{-2} \times \sigma_v' \times C_3^2 \end{aligned} \tag{3.11}$$

erläutert, die zeigen, daß σ_v, σ_v' und σ_v'' zur gleichen Klasse gehören.
Als weitere Beispiele seien die Elemente der Punktgruppe $\mathbf{C_{2v}}$ genannt (I, C_2, σ_v, σ_v'), die alle zu verschiedenen Klassen gehören, sowie die Elemente der Punktgruppe $\mathbf{D_{2d}}$ (I, S_4, S_4^3, C_2, $2C_2'$, $2\,\sigma_d$), die in folgender Weise fünf Klassen bilden: I; S_4, S_4^3; C_2; $2C_2'$; $2\,\sigma_d$.
Wenn eine Punktgruppe keine mehr als zweizählige Drehachse besitzt, gehören alle Elemente verschiedenen Klassen an. Außerdem gilt allgemein, daß ein Inversionszentrum i, eine σ_h-Ebene und das Identitätselement I immer jeweils eine Klasse für sich bilden.

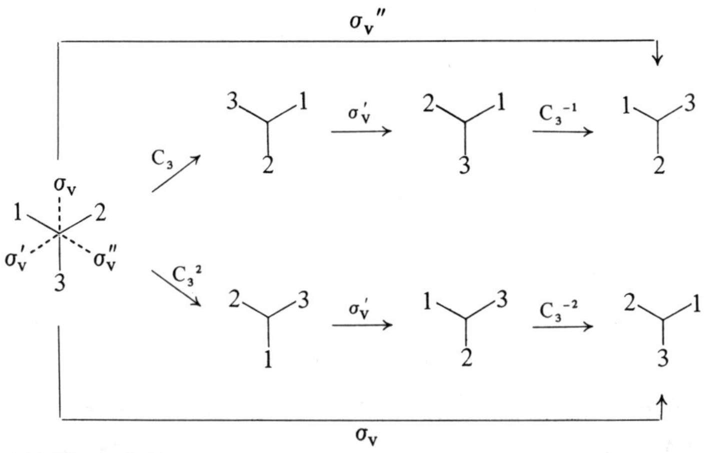

Abbildung 3.22
Beweis, daß in der Punktgruppe $\mathbf{C}_{3v}$ gilt: $\sigma_v'' = C_3^{-1} \times \sigma_v' \times C_3$ und $\sigma_v = C_3^{-2} \times \sigma_v' \times C_3^2$

3.13.6 Vergleich zwischen einer Punktgruppe und einer numerischen Gruppe

Die Punktgruppe $\mathbf{C}_4$ ist eine abelsche Gruppe der Ordnung 4. Die vollständige Multiplikationstafel für alle Elemente der Gruppe, die man entsprechend den im Abschnitt 2.7 gegebenen Erläuterungen erhält, ist in Tabelle 3.2 dargestellt. In dieser Tabelle sind die Ergebnisse aller

Tabelle 3.2: Multiplikationstafel für die Punktgruppe C_4

	I	C_2	C_4	C_4^3
I	I	C_2	C_4	C_4^3
C_2	C_2	I	C_4^3	C_4
C_4	C_4	C_4^3	C_2	I
C_4^3	C_4^3	C_4	I	C_2

überhaupt möglichen Multiplikationen von je zwei Elementen der Gruppe enthalten.

Der Satz von Elementen 1, -1, i, -i bildet ebenfalls eine abelsche Gruppe der Ordnung 4 ($i = \sqrt{-1}$). Die Multiplikationstafel für die Elemente

Tabelle 3.3: Multiplikationstafel für die Gruppe 1, –1, i, –i

	1	-1	i	$-i$
1	1	-1	i	$-i$
-1	-1	1	$-i$	i
i	i	$-i$	-1	1
$-i$	$-i$	i	1	-1

dieser Gruppe ist in Tabelle 3.3 dargestellt. Aus dieser Tabelle geht hervor, daß die Multiplikation zweier beliebiger Elemente stets ein Element der Gruppe erzeugt. Die Elemente sind eindeutig assoziativ und kommutieren miteinander. 1 ist das Einheitselement dieser Gruppe.

Wegen der eindeutigen Korrelation der Elemente der Gruppen $\mathbf{C}_4$ einerseits und 1, -1, i, -i andererseits, die aus den beiden Multiplikationstafeln hervorgeht, sagt man, die beiden Gruppen sind *isomorph*.

4. Charaktertafeln der Punktgruppen

Bisher haben wir uns nur mit den Symmetrieeigenschaften von Molekülen oder genauer mit denen der Gleichgewichtsanordnung der Atomkerne beschäftigt. Viele Moleküleigenschaften, wie die Wellenfunktionen für Rotationen, Schwingungen, Elektronenbewegungen oder für den Kernspin und den Elektronenspin, die Komponenten des Dipolmomentes und die Translationen eines Moleküls, können aber eine geringere Symmetrie als die der Gleichgewichtslage der Kerne besitzen. Wir fordern daher, derartige Eigenschaften entsprechend ihrem Verhalten gegenüber den Elementen der Punktgruppe des Moleküls zu klassifizieren. Eine solche Klassifizierung ist für Punktgruppen, die keine mehr als zweizählige Drehachse besitzen („*nicht-entartete* Punktgruppen", z. B. $\mathbf{C}_{2v}$) wesentlich leichter als für Punktgruppen, die eine solche Achse besitzen („*entartete* Punktgruppen", z. B. $\mathbf{C}_{3v}$). Aus diesem Grunde werden diese beiden Typen von Punktgruppen getrennt behandelt.

4.1 Nicht-entartete Punktgruppen

Die höchste Symmetrie, die eine Moleküleigenschaft besitzen kann, ist die der Gleichgewichtsanordnung der Atomkerne. Bei Molekülen, die zu nicht-entarteten Punktgruppen gehören, *ändern* Eigenschaften, die eine geringere Symmetrie als das Molekül besitzen, ihr *Vorzeichen,* wenn man eine oder mehrere Symmetrieoperationen der Gruppe ausführt. Beispielsweise kann eine Wellenfunktion ψ_v, die eine Schwingungsbewegung beschreibt, bei einer Spiegelung σ ihr Vorzeichen ändern:

$$\psi_v \xrightarrow{\sigma} (-1)\psi_v \tag{4.1}$$

In diesem Fall sagt man, ψ_v ist *asymmetrisch* bezüglich der Operation σ. -1 wird der *Charakter* der Wellenfunktion bezüglich σ genannt. Wenn ψ_v bei der Ausführung der Operation σ unverändert bleibt, so daß gilt

$$\psi_v \xrightarrow{\sigma} (+1)\psi_v \quad (4.2)$$

nennt man ψ_v *symmetrisch* bezüglich σ, und ihr Charakter ist dann +1.
Es ist eine charakteristische Eigenschaft der nicht-entarteten Punktgruppen, daß die Charaktere nur +1 und -1 sein können. Im Abschnitt 4.2 wird gezeigt, daß dies bei den entarteten Punktgruppen nicht gilt.

Wir können nun jede beliebige Eigenschaft entsprechend ihrem symmetrischen oder asymmetrischen Verhalten gegenüber allen Elementen der Gruppe klassifizieren. Eine bestimmte Kombination der Charaktere +1 und -1 bezüglicher der Elemente der Punktgruppe wird *Symmetriespezies* oder allgemeiner *irreduzible Darstellung* der Punktgruppe genannt (nur in nicht-entarteten Punktgruppen). Um was für Kombinationen es sich dabei handelt, wird bei der im folgenden angestellten Betrachtung einzelner Punktgruppen deutlich werden. Wenn alle Charaktere einer Symmetriespezies +1 sind, spricht man von einer *totalsymmetrischen* Spezies, andernfalls von einer *nicht-totalsymmetrischen* Spezies. Eine Aufstellung der Charaktere aller Symmetriespezies bezüglich aller Elemente nennt man die *Charaktertafel* der Punktgruppe.

(a) $\mathbf{C_s}$. Die Charaktertafel der Punktgruppe $\mathbf{C_s}$ ist sehr einfach und leicht abzuleiten. Diese Punktgruppe enthält nur zwei Elemente, nämlich I und σ. Bezüglich I müssen alle Eigenschaften symmetrisch sein, das heißt die Charaktere bezüglich I müssen in allen Symmetriespezies +1 sein. Das gilt für alle Symmetriespezies in sämtlichen nicht-entarteten Punktgruppen. Bezüglich σ können irgendwelche Eigenschaften den Charakter +1 oder -1 haben. Es gibt daher in dieser Punktgruppe nur zwei Symmetriespezies, nämlich die Kombinationen +1,+1 und +1,-1. Diese werden mit A′ bzw. A″ bezeichnet, wobei die erste bezüglich σ symmetrisch (+1) und die zweite asymmetrisch (-1) ist. Die für die Symmetriespezies benutzten Symbole sind international einheitlich und einigermaßen systematisch. Die Striche an den Buchstaben bezeichnen das symmetrische (′) bzw. asymmetrische (″) Verhalten gegenüber einer Spiegelebene, die senkrecht zur höchstzähligen Achse C_n steht (in diesem Fall C_1).

Die Charaktertafel der Punktgruppe $\mathbf{C_s}$ ist in Tabelle 4.1 dargestellt. Zusätzlich zu den Informationen über die irreduziblen Darstellungen enthält diese wie alle anderen hier wiedergegebenen Charaktertafeln in den beiden rechten Spalten eine Zuordnung der Komponenten des Polarisierbarkeitstensors α sowie der Rotationen R um die Achsen x, y und z des cartesischen Koordinatensystems sowie der Translationen in Richtung dieser Achsen. Die Methoden, nach denen man die Symmetriespezies von Rotationen und Translationen ermittelt, werden im Abschnitt 4.4 diskutiert. Die Polarisierbarkeit α, die für den Raman-Effekt von Bedeutung ist, wird im Abschnitt 7.5 behandelt. Es sei jedoch schon hier darauf hingewiesen, daß man der z-Achse eine bevorzugte Stellung einräumt, indem man sie mit der höchstzähligen Achse des Moleküls zusammenlegt (sofern eine derartige Drehachse vorhanden ist). In der Punktgruppe $\mathbf{C_s}$ legt man sie senkrecht zur Spiegelebene σ des Moleküls.

Tabelle 4.1

$\mathbf{C_s}$	I	σ		
A′	1	1	T_x, T_y, R_z	$\alpha_{x^2}, \alpha_{y^2}, \alpha_{z^2}, \alpha_{xy}$
A″	1	−1	T_z, R_x, R_y	α_{yz}, α_{xz}

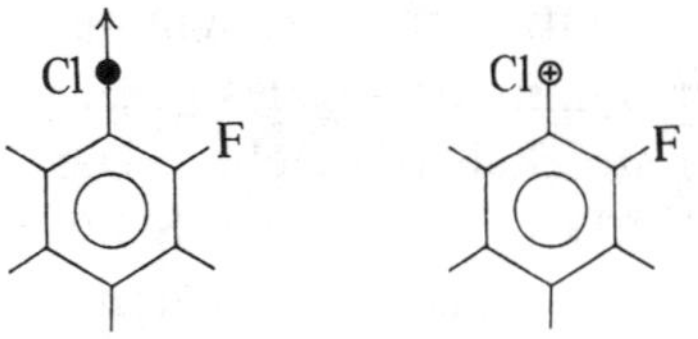

$\Gamma(\Psi_v) = A'$ $\Gamma(\Psi_v) = A''$

(a) (b)

Abbildung 4.1
Symmetrie zweier Normalschwingungen des o-Fluorchlorbenzols
(a) CCl-Valenzschwingung, (b) nicht-ebene Deformationsschwingung

Als Beispiele für die Zuordnung einer Symmetriespezies zu einer bestimmten Eigenschaft sind in Abbildung 4.1 zwei Normalschwingungen des ortho-Fluorchlorbenzols (Punktgruppe $\mathbf{C_s}$) dargestellt, die die irreduziblen Darstellungen a′ bzw. a″ besitzen. Die kleinen Buchstaben werden hier benutzt, um die Symmetriespezies einer Normalschwingung anzugeben, während große Buchstaben für die Symmetriespezies von Wellenfunktionen verwendet werden. Noch ein weiteres Symbol soll hier eingeführt werden, und zwar steht Γ für: „die Symmetriespezies von ...". Γ (ψ_v) heißt folglich: die Symmetriespezies der Schwingungs-Wellenfunktion ψ_v.

(b) $\mathbf{C_i}$. Diese Punktgruppe ähnelt der Punktgruppe $\mathbf{C_s}$ darin, daß sie nur zwei Symmetriespezies besitzt. In diesem Falle beruhen sie auf dem Inversionszentrum, das neben I das einzige Element der Gruppe ist. Die Symmetriespezies werden mit A_g und A_u bezeichnet, je nachdem ob sie symmetrisch oder asymmetrisch bezüglich der Operation i sind. Die Indices g und u kommen von „gerade" und „ungerade". Man benutzt sie für die Symmetriespezies aller Punktgruppen, die ein Inversionszentrum enthalten. Die Charaktertafel ist in Tabelle 4.2 dargestellt.

(c) $\mathbf{C_1}$. Diese Punktgruppe ist trivial und enthält nur das Element I. Es gibt daher nur eine Symmetriespezies, nämlich A. Die Charaktertafel findet sich in Tabelle 4.3.

(d) $\mathbf{C_2}$. Neben I ist in dieser Punktgruppe nur noch das Element C_2 vorhanden, weswegen nur zwei Symmetriespezies existieren. Diese werden mit A und B bezeichnet, je nachdem ob sie symmetrisch oder asymmetrisch bezüglich der Achse C_2 sind.
Die Buchstaben A und B werden allgemein benutzt, um das symmetrische bzw. asymmetrische Verhalten einer Symmetriespezies gegenüber einer Drehung um die Hauptachse des Moleküls anzugeben. Das führt allerdings in den Punktgruppen $\mathbf{D_2}$ und $\mathbf{D_{2h}}$ zu gewissen Schwierigkeiten, da hier drei zueinander senkrechte C_2-Achsen vorhanden sind. In diesen Fällen steht A für die Symmetriespezies, die zu *allen* Operationen C_2 symmetrisch sind, während B das asymmetrische Verhalten gegenüber *irgendeiner* Operation C_2 angibt.
Die Charaktertafel für die Punktgruppe $\mathbf{C_2}$ ist in Tabelle 4.4 angegeben; dabei wurde die C_2-Achse als z-Achse angesehen.

(e) $\mathbf{C_{2v}}$. Die Punktgruppe $\mathbf{C_{2v}}$ enthält die Elemente I, C_2, σ_v und σ_v'. Ebenso wie man die Elemente I und σ'_v aus C_2 und σ_v erzeugen kann (Abschnitt 3.13.d), lassen sich auch die Charaktere aller Symmetriespezies aus den Charakteren bezüglicher der Operationen C_2 und σ_v erzeugen. Wenn zum Beispiel eine Symmetriespezies symmetrisch zu C_2 (Charakter +1) und asymmetrisch zu σ_v ist (Charakter -1), dann

Index zu den Charaktertafeln

Tabelle 4.2

C_i	I	i		
A_g	1	1	R_x, R_y, R_z	$\alpha_{x^2}, \alpha_{y^2}, \alpha_{z^2}, \alpha_{xy}, \alpha_{xz}, \alpha_{yz}$
A_u	1	−1	T_x, T_y, T_z	

Tabelle 4.3

C_1	I	
A	1	Alle R, T, α

Tabelle 4.4

C_2	I	C_2		
A	1	1	T_z, R_z	α_{x^2}, α_{y^2}, α_{z^2}, α_{xy}
B	1	−1	T_x, T_y, R_x, R_y	α_{yz}, α_{xz}

Tabelle 4.5

C_3	I	C_3	C_3^2		
A	1	1	1	T_z, R_z	$\alpha_{x^2+y^2}$, α_{z^2}
E	$\left\{\begin{matrix}1\\1\end{matrix}\right.$	$\begin{matrix}\epsilon\\\epsilon^*\end{matrix}$	$\left.\begin{matrix}\epsilon^*\\\epsilon\end{matrix}\right\}$	(T_x, T_y), (R_x, R_y)	$(\alpha_{x^2-y^2}, \alpha_{xy})$, $(\alpha_{yz}, \alpha_{xz})$

$\epsilon = \exp(2\pi i/3)$, $\epsilon^* = \exp(-2\pi i/3)$

Tabelle 4.6

C_4	I	C_4	C_2	C_4^3		
A	1	1	1	1	T_z, R_z	$\alpha_{x^2+y^2}$, α_{z^2}
B	1	−1	1	−1		$\alpha_{x^2-y^2}$, α_{xy}
E	$\left\{\begin{matrix}1\\1\end{matrix}\right.$	$\begin{matrix}i\\-i\end{matrix}$	$\begin{matrix}-1\\-1\end{matrix}$	$\left.\begin{matrix}-i\\i\end{matrix}\right\}$	(T_x, T_y), (R_x, R_y)	$(\alpha_{yz}, \alpha_{xz})$

Tabelle 4.7

C_5	I	C_5	C_5^2	C_5^3	C_5^4		
A	1	1	1	1	1	T_z, R_z	$\alpha_{x^2+y^2}$, α_{z^2}
E_1	1	ϵ	ϵ^2	ϵ^{2*}	ϵ^*	(T_x, T_y), (R_x, R_y)	$(\alpha_{yz}, \alpha_{xz})$
	1	ϵ^*	ϵ^{2*}	ϵ^2	ϵ		
E_2	1	ϵ^2	ϵ^*	ϵ	ϵ^{2*}		$(\alpha_{x^2-y^2}, \alpha_{xy})$
	1	ϵ^{2*}	ϵ	ϵ^*	ϵ^2		

$\epsilon = \exp(2\pi i/5)$, $\epsilon^* = \exp(-2\pi i/5)$

Tabelle 4.8

C_6	I	C_6	C_3	C_2	C_3^2	C_6^5		
A	1	1	1	1	1	1	T_z, R_z	$\alpha_{x^2+y^2}$, α_{z^2}
B	1	−1	1	−1	1	−1		
E_1	1	ϵ	$-\epsilon^*$	−1	$-\epsilon$	ϵ^*	(T_x, T_y), (R_x, R_y)	$(\alpha_{xz}, \alpha_{yz})$
	1	ϵ^*	$-\epsilon$	−1	$-\epsilon^*$	ϵ		
E_2	1	$-\epsilon^*$	$-\epsilon$	1	$-\epsilon^*$	$-\epsilon$		$(\alpha_{x^2-y^2}, \alpha_{xy})$
	1	$-\epsilon$	$-\epsilon^*$	1	$-\epsilon$	$-\epsilon^*$		

$\epsilon = \exp(2\pi i/6)$, $\epsilon^* = \exp(-2\pi i/6)$

Tabelle 4.9

C_7	I	C_7	C_7^2	C_7^3	C_7^4	C_7^5	C_7^6		
A	1	1	1	1	1	1	1	T_z, R_z	$\alpha_{x^2+y^2}$, α_{z^2}
E_1	1	ϵ	ϵ^2	ϵ^3	ϵ^{3*}	ϵ^{2*}	ϵ^*	(T_x, T_y), (R_x, R_y)	$(\alpha_{xz}, \alpha_{yz})$
	1	ϵ^*	ϵ^{2*}	ϵ^{3*}	ϵ^3	ϵ^2	ϵ		
E_2	1	ϵ^2	ϵ^{3*}	ϵ^*	ϵ	ϵ^3	ϵ^{2*}		$(\alpha_{x^2-y^2}, \alpha_{xy})$
	1	ϵ^{2*}	ϵ^3	ϵ	ϵ^*	ϵ^{3*}	ϵ^2		
E_3	1	ϵ^3	ϵ^*	ϵ^2	ϵ^{2*}	ϵ	ϵ^{3*}		
	1	ϵ^{3*}	ϵ	ϵ^{2*}	ϵ^2	ϵ^*	ϵ^3		

$\epsilon = \exp(2\pi i/7)$, $\epsilon^* = \exp(-2\pi i/7)$

Tabelle 4.10

C_8	I	C_8	C_4	C_8^3	C_2	C_8^5	C_4^3	C_8^7		
A	1	1	1	1	1	1	1	1	T_z, R_z	$\alpha_{x^2+y^2}$, α_{z^2}
B	1	−1	1	−1	1	−1	1	−1		
E_1	$\left\{\begin{matrix}1\\1\end{matrix}\right.$	$\begin{matrix}\epsilon\\\epsilon^*\end{matrix}$	$\begin{matrix}i\\-i\end{matrix}$	$\begin{matrix}-\epsilon^*\\-\epsilon\end{matrix}$	$\begin{matrix}-1\\-1\end{matrix}$	$\begin{matrix}-\epsilon\\-\epsilon^*\end{matrix}$	$\begin{matrix}-i\\i\end{matrix}$	$\left.\begin{matrix}\epsilon^*\\\epsilon\end{matrix}\right\}$	(T_x, T_y), (R_x, R_y)	$(\alpha_{xz}, \alpha_{yz})$
E_2	$\left\{\begin{matrix}1\\1\end{matrix}\right.$	$\begin{matrix}i\\-i\end{matrix}$	$\begin{matrix}-1\\-1\end{matrix}$	$\begin{matrix}-i\\i\end{matrix}$	$\begin{matrix}1\\1\end{matrix}$	$\begin{matrix}i\\-i\end{matrix}$	$\begin{matrix}-1\\-1\end{matrix}$	$\left.\begin{matrix}-i\\i\end{matrix}\right\}$		$(\alpha_{x^2-y^2}, \alpha_{xy})$
E_3	$\left\{\begin{matrix}1\\1\end{matrix}\right.$	$\begin{matrix}-\epsilon^*\\-\epsilon\end{matrix}$	$\begin{matrix}-i\\i\end{matrix}$	$\begin{matrix}\epsilon\\\epsilon^*\end{matrix}$	$\begin{matrix}-1\\-1\end{matrix}$	$\begin{matrix}\epsilon^*\\\epsilon\end{matrix}$	$\begin{matrix}i\\-i\end{matrix}$	$\left.\begin{matrix}-\epsilon\\-\epsilon^*\end{matrix}\right\}$		

$\epsilon = \exp(2\pi i/8)$, $\epsilon^* = \exp(-2\pi i/8)$

Tabelle 4.11

C_{2v}	I	C_2	$\sigma_v(xz)$	$\sigma_v'(yz)$		
A_1	1	1	1	1	T_z	α_{x^2}, α_{y^2}, α_{z^2}
A_2	1	1	−1	−1	R_z	α_{xy}
B_1	1	−1	1	−1	T_x, R_y	α_{xz}
B_2	1	−1	−1	1	T_y, R_x	α_{yz}

Tabelle 4.12

C_{3v}	I	$2C_3$	$3\sigma_v$		
A_1	1	1	1	T_z	$\alpha_{x^2+y^2}$, α_{z^2}
A_2	1	1	−1	R_z	
E	2	−1	0	(T_x, T_y), (R_x, R_y)	$(\alpha_{x^2-y^2}, \alpha_{xy})$, $(\alpha_{xz}, \alpha_{yz})$

Tabelle 4.13

C_{4v}	I	$2C_4$	C_2	$2\sigma_v$	$2\sigma_d$		
A_1	1	1	1	1	1	T_z	$\alpha_{x^2+y^2}, \alpha_{z^2}$
A_2	1	1	1	−1	−1	R_z	
B_1	1	−1	1	1	−1		$\alpha_{x^2-y^2}$
B_2	1	−1	1	−1	1		α_{xy}
E	2	0	−2	0	0	$(T_x, T_y), (R_x, R_y)$	$(\alpha_{xz}, \alpha_{yz})$

Tabelle 4.14

C_{5v}	I	$2C_5$	$2C_5^2$	$5\sigma_v$		
A_1	1	1	1	1	T_z	$\alpha_{x^2+y^2}, \alpha_{z^2}$
A_2	1	1	1	−1	R_z	
E_1	2	2 cos 72°	2 cos 144°	0	$(T_x, T_y), (R_x, R_y)$	$(\alpha_{xz}, \alpha_{yz})$
E_2	2	2 cos 144°	2 cos 72°	0		$(\alpha_{x^2-y^2}, \alpha_{xy})$

Tabelle 4.15

C_{6v}	I	$2C_6$	$2C_3$	C_2	$3\sigma_v$	$3\sigma_d$		
A_1	1	1	1	1	1	1	T_z	$\alpha_{x^2+y^2}, \alpha_{z^2}$
A_2	1	1	1	1	−1	−1	R_z	
B_1	1	−1	1	−1	1	−1		
B_2	1	−1	1	−1	−1	1		
E_1	2	1	−1	−2	0	0	$(T_x, T_y), (R_x, R_y)$	$(\alpha_{xz}, \alpha_{yz})$
E_2	2	−1	−1	2	0	0		$(\alpha_{x^2-y^2}, \alpha_{xy})$

Tabelle 4.16

$\mathbf{C_{\infty v}}$	I	$2C_\infty^\phi$ ...	$\infty\sigma_v$		
$A_1 \equiv \Sigma^+$	1	1 ...	1	T_z	$\alpha_{x^2+y^2}, \alpha_{z^2}$
$A_2 \equiv \Sigma^-$	1	1 ...	−1	R_z	
$E_1 \equiv \Pi$	2	$2\cos\phi$ ...	0	$(T_x, T_y), (R_x, R_y)$	$(\alpha_{xz}, \alpha_{yz})$
$E_2 \equiv \Delta$	2	$2\cos 2\phi$ ...	0		$(\alpha_{x^2-y^2}, \alpha_{xy})$
$E_3 \equiv \Phi$	2	$2\cos 3\phi$ ...	0		
. . .	.	. ...	.		
. . .	.	. ...	.		
. . .	.	. ...	.		

Tabelle 4.17

$\mathbf{D_2}$	I	$C_2(z)$	$C_2(y)$	$C_2(x)$		
A	1	1	1	1		$\alpha_{x^2}, \alpha_{y^2}, \alpha_{z^2}$
B_1	1	1	−1	−1	T_z, R_z	α_{xy}
B_2	1	−1	1	−1	T_y, R_y	α_{xz}
B_3	1	−1	−1	1	T_x, R_x	α_{yz}

Tabelle 4.18

$\mathbf{D_3}$	I	$2C_3$	$3C_2$		
A_1	1	1	1		$\alpha_{x^2+y^2}, \alpha_{z^2}$
A_2	1	1	−1	T_z, R_z	
E	2	−1	0	$(T_x, T_y), (R_x, R_y)$	$(\alpha_{x^2-y^2}, \alpha_{xy}), (\alpha_{xz}, \alpha_{yz})$

Tabelle 4.19

D_4	I	$2C_4$	$C_2(=C_4^2)$	$2C_2'$	$2C_2''$		
A_1	1	1	1	1	1		$\alpha_{x^2+y^2}, \alpha_{z^2}$
A_2	1	1	1	−1	−1	T_z, R_z	
B_1	1	−1	1	1	−1		$\alpha_{x^2-y^2}$
B_2	1	−1	1	−1	1		α_{xy}
E	2	0	−2	0	0	$(T_x, T_y), (R_x, R_y)$	$(\alpha_{xz}, \alpha_{yz})$

Tabelle 4.20

D_5	I	$2C_5$	$2C_5^2$	$5C_2$		
A_1	1	1	1	1		$\alpha_{x^2+y^2}, \alpha_{z^2}$
A_2	1	1	1	−1	T_z, R_z	
E_1	2	2 cos 72°	2 cos 144°	0	$(T_x, T_y), (R_x, R_y)$	$(\alpha_{xz}, \alpha_{yz})$
E_2	2	2 cos 144°	2 cos 72°	0		$(\alpha_{x^2-y^2}, \alpha_{xy})$

Tabelle 4.21

D_6	I	$2C_6$	$2C_3$	C_2	$3C_2'$	$3C_2''$		
A_1	1	1	1	1	1	1		$\alpha_{x^2+y^2}, \alpha_{z^2}$
A_2	1	1	1	1	−1	−1	T_z, R_z	
B_1	1	−1	1	−1	1	−1		
B_2	1	−1	1	−1	−1	1		
E_1	2	1	−1	−2	0	0	$(T_x, T_y), (R_x, R_y)$	$(\alpha_{xz}, \alpha_{yz})$
E_2	2	−1	−1	2	0	0		$(\alpha_{x^2-y^2}, \alpha_{xy})$

Tabelle 4.22

C_{2h}	I	C_2	i	σ_h		
A_g	1	1	1	1	R_z	$\alpha_{x^2}, \alpha_{y^2}, \alpha_{z^2}, \alpha_{xy}$
B_g	1	−1	1	−1	R_x, R_y	α_{xz}, α_{yz}
A_u	1	1	−1	−1	T_z	
B_u	1	−1	−1	1	T_x, T_y	

Tabelle 4.23

C_{3h}	I	C_3	C_3^2	σ_h	S_3	S_3^5		
A′	1	1	1	1	1	1	R_z	$\alpha_{x^2+y^2}, \alpha_{z^2}$
A″	1	1	1	−1	−1	−1	T_z	
E′	1	ϵ	ϵ^*	1	ϵ	ϵ^*	(T_x, T_y)	$(\alpha_{x^2-y^2}, \alpha_{xy})$
	1	ϵ^*	ϵ	1	ϵ^*	ϵ		
E″	1	ϵ	ϵ^*	−1	$-\epsilon$	$-\epsilon^*$	(R_x, R_y)	$(\alpha_{xz}, \alpha_{yz})$
	1	ϵ^*	ϵ	−1	$-\epsilon^*$	$-\epsilon$		

$\epsilon = \exp(2\pi i/3)$, $\epsilon^* = \exp(-2\pi i/3)$

Tabelle 4.24

C_{4h}	I	C_4	C_2	C_4^3	i	S_4^3	σ_h	S_4		
A_g	1	1	1	1	1	1	1	1	R_z	$\alpha_{x^2+y^2}, \alpha_{z^2}$
B_g	1	−1	1	−1	1	−1	1	−1		$\alpha_{x^2-y^2}, \alpha_{xy}$
E_g	1	i	−1	$-i$	1	i	−1	$-i$	(R_x, R_y)	$(\alpha_{xz}, \alpha_{yz})$
	1	$-i$	−1	i	1	$-i$	−1	i		
A_u	1	1	1	1	−1	−1	−1	−1	T_z	
B_u	1	−1	1	−1	−1	1	−1	1		
E_u	1	i	−1	$-i$	−1	$-i$	1	i	(T_x, T_y)	
	1	$-i$	−1	i	−1	i	1	$-i$		

Tabelle 4.25

C_{5h}	I	C_5	C_5^2	C_5^3	C_5^4	σ_h	S_5	S_5^7	S_5^3	S_5^9		
A'	1	1	1	1	1	1	1	1	1	1	R_z	$\alpha_{x^2+y^2}, \alpha_{z^2}$
E_1'	1	ϵ	ϵ^2	ϵ^{2*}	ϵ^*	1	ϵ	ϵ^2	ϵ^{2*}	ϵ^*	(T_x, T_y)	
	1	ϵ^*	ϵ^{2*}	ϵ^2	ϵ	1	ϵ^*	ϵ^{2*}	ϵ^2	ϵ		
E_2'	1	ϵ^2	ϵ^*	ϵ	ϵ^{2*}	1	ϵ^2	ϵ^*	ϵ	ϵ^{2*}		$(\alpha_{x^2-y^2}, \alpha_{xy})$
	1	ϵ^{2*}	ϵ	ϵ^*	ϵ^2	1	ϵ^{2*}	ϵ	ϵ^*	ϵ^2		
A''	1	1	1	1	1	–1	–1	–1	–1	–1	T_z	
E_1''	1	ϵ	ϵ^2	ϵ^{2*}	ϵ^*	–1	$-\epsilon$	$-\epsilon^2$	$-\epsilon^{2*}$	$-\epsilon^*$	(R_x, R_y)	$(\alpha_{xz}, \alpha_{yz})$
	1	ϵ^*	ϵ^{2*}	ϵ^2	ϵ	–1	$-\epsilon^*$	$-\epsilon^{2*}$	$-\epsilon^2$	$-\epsilon$		
E_2''	1	ϵ^2	ϵ^*	ϵ	ϵ^{2*}	–1	$-\epsilon^2$	$-\epsilon^*$	$-\epsilon$	$-\epsilon^{2*}$		
	1	ϵ^{2*}	ϵ	ϵ^*	ϵ^2	–1	$-\epsilon^{2*}$	$-\epsilon$	$-\epsilon^*$	$-\epsilon^2$		

$\epsilon = \exp(2\pi i/5)$, $\epsilon^* = \exp(-2\pi i/5)$

Tabelle 4.26

C_{6h}	I	C_6	C_3	C_2	C_3^2	C_6^5	i	S_3^5	S_6^5	σ_h	S_6	S_3		
A_g	1	1	1	1	1	1	1	1	1	1	1	1	R_z	$\alpha_{x^2+y^2}, \alpha_{z^2}$
B_g	1	–1	1	–1	1	–1	1	–1	1	–1	1	–1		
E_{1g}	1	ϵ	$-\epsilon^*$	–1	$-\epsilon$	ϵ^*	1	ϵ	$-\epsilon^*$	–1	$-\epsilon$	ϵ^*	(R_x, R_y)	$(\alpha_{xz}, \alpha_{yz})$
	1	ϵ^*	$-\epsilon$	–1	$-\epsilon^*$	ϵ	1	ϵ^*	$-\epsilon$	–1	$-\epsilon^*$	ϵ		
E_{2g}	1	$-\epsilon^*$	$-\epsilon$	1	$-\epsilon^*$	$-\epsilon$	1	$-\epsilon^*$	$-\epsilon$	1	$-\epsilon^*$	$-\epsilon$		$(\alpha_{x^2-y^2}, \alpha_{xy})$
	1	$-\epsilon$	$-\epsilon^*$	1	$-\epsilon$	$-\epsilon^*$	1	$-\epsilon$	$-\epsilon^*$	1	$-\epsilon$	$-\epsilon^*$		
A_u	1	1	1	1	1	1	–1	–1	–1	–1	–1	–1	T_z	
B_u	1	–1	1	–1	1	–1	–1	1	–1	1	–1	1		
E_{1u}	1	ϵ	$-\epsilon^*$	–1	$-\epsilon$	ϵ^*	–1	$-\epsilon$	ϵ^*	1	ϵ	$-\epsilon^*$	(T_x, T_y)	
	1	ϵ^*	$-\epsilon$	–1	$-\epsilon^*$	ϵ	–1	$-\epsilon^*$	ϵ	1	ϵ^*	$-\epsilon$		
E_{2u}	1	$-\epsilon^*$	$-\epsilon$	1	$-\epsilon^*$	$-\epsilon$	–1	ϵ^*	ϵ	–1	ϵ^*	ϵ		
	1	$-\epsilon$	$-\epsilon^*$	1	$-\epsilon$	$-\epsilon^*$	–1	ϵ	ϵ^*	–1	ϵ	ϵ^*		

$\epsilon = \exp(2\pi i/6)$, $\epsilon^* = \exp(-2\pi i/6)$

Tabelle 4.27

$\mathbf{D_{2d}}$	I	$2S_4$	C_2	$2C_2'$	$2\sigma_d$		
A_1	1	1	1	1	1		$\alpha_{x^2+y^2}, \alpha_{z^2}$
A_2	1	1	1	−1	−1	R_z	
B_1	1	−1	1	1	−1		$\alpha_{x^2-y^2}$
B_2	1	−1	1	−1	1	T_z	α_{xy}
E	2	0	−2	0	0	$(T_x, T_y), (R_x, R_y)$	$(\alpha_{xz}, \alpha_{yz})$

Tabelle 4.28

$\mathbf{D_{3d}}$	I	$2C_3$	$3C_2$	i	$2S_6$	$3\sigma_d$		
A_{1g}	1	1	1	1	1	1		$\alpha_{x^2+y^2}, \alpha_{z^2}$
A_{2g}	1	1	−1	1	1	−1	R_z	
E_g	2	−1	0	2	−1	0	(R_x, R_y)	$(\alpha_{x^2-y^2}, \alpha_{xy}), (\alpha_{xz}, \alpha_{yz})$
A_{1u}	1	1	1	−1	−1	−1		
A_{2u}	1	1	−1	−1	−1	1	T_z	
E_u	2	−1	0	−2	1	0	(T_x, T_y)	

Tabelle 4.29

$\mathbf{D_{4d}}$	I	$2S_8$	$2C_4$	$2S_8^3$	C_2	$4C_2'$	$4\sigma_d$		
A_1	1	1	1	1	1	1	1		$\alpha_{x^2+y^2}, \alpha_{z^2}$
A_2	1	1	1	1	1	−1	−1	R_z	
B_1	1	−1	1	−1	1	1	−1		
B_2	1	−1	1	−1	1	−1	1	T_z	
E_1	2	$\sqrt{2}$	0	$-\sqrt{2}$	−2	0	0	(T_x, T_y)	
E_2	2	0	−2	0	2	0	0		$(\alpha_{x^2-y^2}, \alpha_{xy})$
E_3	2	$-\sqrt{2}$	0	$\sqrt{2}$	−2	0	0	(R_x, R_y)	$(\alpha_{xz}, \alpha_{yz})$

Tabelle 4.30

D_{5d}	I	$2C_5$	$2C_5^2$	$5C_2$	i	$2S_{10}^3$	$2S_{10}$	$5\sigma_d$		
A_{1g}	1	1	1	1	1	1	1	1		$\alpha_{x^2+y^2}, \alpha_{z^2}$
A_{2g}	1	1	1	−1	1	1	1	−1	R_z	
E_{1g}	2	2 cos 72°	2 cos 144°	0	2	2 cos 72°	2 cos 144°	0	(R_x, R_y)	$(\alpha_{xz}, \alpha_{yz})$
E_{2g}	2	2 cos 144°	2 cos 72°	0	2	2 cos 144°	2 cos 72°	0		$(\alpha_{x^2-y^2}, \alpha_{xy})$
A_{1u}	1	1	1	1	−1	−1	−1	−1		
A_{2u}	1	1	1	−1	−1	−1	−1	1	T_z	
E_{1u}	2	2 cos 72°	2 cos 144°	0	−2	−2 cos 72°	−2 cos 144°	0	(T_x, T_y)	
E_{2u}	2	2 cos 144°	2 cos 72°	0	−2	−2 cos 144°	−2 cos 72°	0		

Tabelle 4.31

D_{6d}	I	$2S_{12}$	$2C_6$	$2S_4$	$2C_3$	$2S_{12}^5$	C_2	$6C_2'$	$6\sigma_d$		
A_1	1	1	1	1	1	1	1	1	1		$\alpha_{x^2+y^2}, \alpha_{z^2}$
A_2	1	1	1	1	1	1	1	−1	−1	R_z	
B_1	1	−1	1	−1	1	−1	1	1	−1		
B_2	1	−1	1	−1	1	−1	1	−1	1	T_z	
E_1	2	$\sqrt{3}$	1	0	−1	$-\sqrt{3}$	−2	0	0	(T_x, T_y)	
E_2	2	1	−1	−2	−1	1	2	0	0		$(\alpha_{x^2-y^2}, \alpha_{xy})$
E_3	2	0	−2	0	2	0	−2	0	0		
E_4	2	−1	−1	2	−1	−1	2	0	0		
E_5	2	$-\sqrt{3}$	1	0	−1	$\sqrt{3}$	−2	0	0	(R_x, R_y)	$(\alpha_{xz}, \alpha_{yz})$

Tabelle 4.32

D_{2h}	I	$C_2(z)$	$C_2(y)$	$C_2(x)$	i	$\sigma(xy)$	$\sigma(xz)$	$\sigma(yz)$		
A_g	1	1	1	1	1	1	1	1		$\alpha_{x^2}, \alpha_{y^2}, \alpha_{z^2}$
B_{1g}	1	1	−1	−1	1	1	−1	−1	R_z	α_{xy}
B_{2g}	1	−1	1	−1	1	−1	1	−1	R_y	α_{xz}
B_{3g}	1	−1	−1	1	1	−1	−1	1	R_x	α_{yz}
A_u	1	1	1	1	−1	−1	−1	−1		
B_{1u}	1	1	−1	−1	−1	−1	1	1	T_z	
B_{2u}	1	−1	1	−1	−1	1	−1	1	T_y	
B_{3u}	1	−1	−1	1	−1	1	1	−1	T_x	

Tabelle 4.33

D_{3h}	I	$2C_3$	$3C_2$	σ_h	$2S_3$	$3\sigma_v$		
A'_1	1	1	1	1	1	1		$\alpha_{x^2+y^2}, \alpha_{z^2}$
A'_2	1	1	−1	1	1	−1	R_z	
E'	2	−1	0	2	−1	0	(T_x, T_y)	$(\alpha_{x^2-y^2}, \alpha_{xy})$
A''_1	1	1	1	−1	−1	−1		
A''_2	1	1	−1	−1	−1	1	T_z	
E''	2	−1	0	−2	1	0	(R_x, R_y)	$(\alpha_{xz}, \alpha_{yz})$

Tabelle 4.34

D_{4h}	I	$2C_4$	C_2	$2C_2'$	$2C_2''$	i	$2S_4$	σ_h	$2\sigma_v$	$2\sigma_d$		
A_{1g}	1	1	1	1	1	1	1	1	1	1		$\alpha_{x^2+y^2}, \alpha_{z^2}$
A_{2g}	1	1	1	–1	–1	1	1	1	–1	–1	R_z	
B_{1g}	1	–1	1	1	–1	1	–1	1	1	–1		$\alpha_{x^2-y^2}$
B_{2g}	1	–1	1	–1	1	1	–1	1	–1	1		α_{xy}
E_g	2	0	–2	0	0	2	0	–2	0	0	(R_x, R_y)	$(\alpha_{xz}, _{yz})$
A_{1u}	1	1	1	1	1	–1	–1	–1	–1	–1		
A_{2u}	1	1	1	–1	–1	–1	–1	–1	1	1	T_z	
B_{1u}	1	–1	1	1	–1	–1	1	–1	–1	1		
B_{2u}	1	–1	1	–1	1	–1	1	–1	1	–1		
E_u	2	0	–2	0	0	–2	0	2	0	0	(T_x, T_y)	

Tabelle 4.35

D_{5h}	I	$2C_5$	$2C_5^2$	$5C_2$	σ_h	$2S_5$	$2S_5^3$	$5\sigma_v$		
A_1'	1	1	1	1	1	1	1	1		$\alpha_{x^2+y^2}, \alpha_{z^2}$
A_2'	1	1	1	–1	1	1	1	–1	R_z	
E_1'	2	2 cos 72°	2 cos 144°	0	2	2 cos 72°	2 cos 144°	0	(T_x, T_y)	
E_2'	2	2 cos 144°	2 cos 72°	0	2	2 cos 144°	2 cos 72°	0		$(\alpha_{x^2-y^2}, \alpha_{xy})$
A_1''	1	1	1	1	–1	–1	–1	–1		
A_2''	1	1	1	–1	–1	–1	–1	1	T_z	
E_1''	2	2 cos 72°	2 cos 144°	0	–2	–2 cos 72°	–2 cos 144°	0	(R_x, R_y)	$(\alpha_{xz}, \alpha_{yz})$
E_2''	2	2 cos 144°	2 cos 72°	0	–2	–2 cos 144°	–2 cos 72°	0		

Tabelle 4.36

D_{6h}	I	$2C_6$	$2C_3$	C_2	$3C_2'$	$3C_2''$	i	$2S_3$	$2S_6$	σ_h	$3\sigma_d$	$3\sigma_v$		
A_{1g}	1	1	1	1	1	1	1	1	1	1	1	1		$\alpha_{x^2+y^2}, \alpha_{z^2}$
A_{2g}	1	1	1	1	−1	−1	1	1	1	1	−1	−1	R_z	
B_{1g}	1	−1	1	−1	1	−1	1	−1	1	−1	1	−1		
B_{2g}	1	−1	1	−1	−1	1	1	−1	1	−1	−1	1		
E_{1g}	2	1	−1	−2	0	0	2	1	−1	−2	0	0	(R_x, R_y)	$(\alpha_{xz}, \alpha_{yz})$
E_{2g}	2	−1	−1	2	0	0	2	−1	−1	2	0	0		$(\alpha_{x^2-y^2}, \alpha_{xy})$
A_{1u}	1	1	1	1	1	1	−1	−1	−1	−1	−1	−1		
A_{2u}	1	1	1	1	−1	−1	−1	−1	−1	−1	1	1	T_z	
B_{1u}	1	−1	1	−1	1	−1	−1	1	−1	1	−1	1		
B_{2u}	1	−1	1	−1	−1	1	−1	1	−1	1	1	−1		
E_{1u}	2	1	−1	−2	0	0	−2	−1	1	2	0	0	(T_x, T_y)	
E_{2u}	2	−1	−1	2	0	0	−2	1	1	−2	0	0		

Tabelle 4.37

$D_{\infty h}$	I	$2C_\infty^\phi$	....	$\infty\sigma_v$	i	$2S_\infty^\phi$	....	∞C_2		
$A_{1g} \equiv \Sigma_g^+$	1	1	...	1	1	1	...	1		$\alpha_{x^2+y^2}, \alpha_{z^2}$
$A_{2g} \equiv \Sigma_g^-$	1	1	...	−1	1	1	...	−1	R_z	
$E_{1g} \equiv \Pi_g$	2	$2\cos\phi$	..	0	2	$-2\cos\phi$	..	0	(R_x, R_y)	$(\alpha_{xz}, \alpha_{yz})$
$E_{2g} \equiv \Delta_g$	2	$2\cos 2\phi$	..	0	2	$2\cos 2\phi$	..	0		$(\alpha_{x^2-y^2}, \alpha_{xy})$
$E_{3g} \equiv \Phi_g$	2	$2\cos 3\phi$	..	0	2	$-2\cos 3\phi$	..	0		
⋮	⋮	⋮		⋮	⋮					
$A_{2u} \equiv \Sigma_u^+$	1	1	...	1	−1	−1	...	−1	T_z	
$A_{1u} \equiv \Sigma_u^-$	1	1	...	−1	−1	−1	...	1		
$E_{1u} \equiv \Pi_u$	2	$2\cos\phi$	..	0	−2	$2\cos\phi$	..	0	(T_x, T_y)	
$E_{2u} \equiv \Delta_u$	2	$2\cos 2\phi$	..	0	−2	$-2\cos 2\phi$	..	0		
$E_{3u} \equiv \Phi_u$	2	$2\cos 3\phi$	..	0	−2	$2\cos 3\phi$	..	0		
⋮	⋮	⋮		⋮	⋮	⋮		⋮		

Tabelle 4.38

S_4	I	S_4	C_2	S_4^3		
A	1	1	1	1	R_z	$\alpha_{x^2+y^2}, \alpha_{z^2}$
B	1	−1	1	−1	T_z	$\alpha_{x^2-y^2}, \alpha_{xy}$
E	$\begin{Bmatrix} 1 \\ 1 \end{Bmatrix}$	$\begin{matrix} i \\ -i \end{matrix}$	$\begin{matrix} -1 \\ -1 \end{matrix}$	$\begin{matrix} -i \\ i \end{matrix}$	$(T_x, T_y), (R_x, R_y)$	$(\alpha_{xz}, \alpha_{yz})$

Tabelle 4.39

S_6	I	C_3	C_3^2	i	S_6^5	S_6		
A_g	1	1	1	1	1	1	R_z	$\alpha_{x^2+y^2}, \alpha_{z^2}$
E_g	$\begin{matrix} 1 \\ 1 \end{matrix}$	$\begin{matrix} \epsilon \\ \epsilon^* \end{matrix}$	$\begin{matrix} \epsilon^* \\ \epsilon \end{matrix}$	$\begin{matrix} 1 \\ 1 \end{matrix}$	$\begin{matrix} \epsilon \\ \epsilon^* \end{matrix}$	$\begin{matrix} \epsilon^* \\ \epsilon \end{matrix}$	(R_x, R_y)	$(\alpha_{x^2-y^2}, \alpha_{xy}), (\alpha_{xz}, \alpha_{yz})$
A_u	1	1	1	−1	−1	−1	T_z	
E_u	$\begin{matrix} 1 \\ 1 \end{matrix}$	$\begin{matrix} \epsilon \\ \epsilon^* \end{matrix}$	$\begin{matrix} \epsilon^* \\ \epsilon \end{matrix}$	$\begin{matrix} -1 \\ -1 \end{matrix}$	$\begin{matrix} -\epsilon \\ -\epsilon^* \end{matrix}$	$\begin{matrix} -\epsilon^* \\ -\epsilon \end{matrix}$	(T_x, T_y)	

$\epsilon = \exp(2\pi i/3)$, $\epsilon^* = \exp(-2\pi i/3)$

Tabelle 4.40

S_8	I	S_8	C_4	S_8^3	C_2	S_8^5	C_4^3	S_8^7		
A	1	1	1	1	1	1	1	1	R_z	$\alpha_{x^2+y^2}, \alpha_{z^2}$
B	1	−1	1	−1	1	−1	1	−1	T_z	
E_1	$\begin{matrix} 1 \\ 1 \end{matrix}$	$\begin{matrix} \epsilon \\ \epsilon^* \end{matrix}$	$\begin{matrix} i \\ -i \end{matrix}$	$\begin{matrix} -\epsilon^* \\ -\epsilon \end{matrix}$	$\begin{matrix} -1 \\ -1 \end{matrix}$	$\begin{matrix} -\epsilon \\ -\epsilon^* \end{matrix}$	$\begin{matrix} -i \\ i \end{matrix}$	$\begin{matrix} \epsilon^* \\ \epsilon \end{matrix}$	$(T_x, T_y), (R_x, R_y)$	
E_2	$\begin{matrix} 1 \\ 1 \end{matrix}$	$\begin{matrix} i \\ -i \end{matrix}$	$\begin{matrix} -1 \\ -1 \end{matrix}$	$\begin{matrix} -i \\ i \end{matrix}$	$\begin{matrix} 1 \\ 1 \end{matrix}$	$\begin{matrix} i \\ -i \end{matrix}$	$\begin{matrix} -1 \\ -1 \end{matrix}$	$\begin{matrix} -i \\ i \end{matrix}$		$(\alpha_{x^2-y^2}, \alpha_{xy})$
E_3	$\begin{matrix} 1 \\ 1 \end{matrix}$	$\begin{matrix} -\epsilon^* \\ -\epsilon \end{matrix}$	$\begin{matrix} -i \\ i \end{matrix}$	$\begin{matrix} \epsilon \\ \epsilon^* \end{matrix}$	$\begin{matrix} -1 \\ -1 \end{matrix}$	$\begin{matrix} \epsilon^* \\ \epsilon \end{matrix}$	$\begin{matrix} i \\ -i \end{matrix}$	$\begin{matrix} -\epsilon \\ -\epsilon^* \end{matrix}$		$(\alpha_{xz}, \alpha_{yz})$

$\epsilon = \exp(2\pi i/8)$, $\epsilon^* = \exp(-2\pi i/8)$

Tabelle 4.41

T_d	I	$8C_3$	$3C_2$	$6S_4$	$6\sigma_d$		
A_1	1	1	1	1	1		$\alpha_{x^2+y^2+z^2}$
A_2	1	1	1	−1	−1		
E	2	−1	2	0	0		$(\alpha_{2z^2-x^2-y^2}, \alpha_{x^2-y^2})$
$T_1 \equiv F_1$	3	0	−1	1	−1	(R_x, R_y, R_z)	
$T_2 \equiv F_2$	3	0	−1	−1	1	(T_x, T_y, T_z)	$(\alpha_{xy}, \alpha_{xz}, \alpha_{yz})$

Tabelle 4.42

T	I	$4C_3$	$4C_3^2$	$3C_2$		
A	1	1	1	1		$\alpha_{x^2+y^2+z^2}$
E	$\begin{Bmatrix}1\\1\end{Bmatrix}$	$\begin{matrix}\epsilon\\\epsilon^*\end{matrix}$	$\begin{matrix}\epsilon^*\\\epsilon\end{matrix}$	$\begin{Bmatrix}1\\1\end{Bmatrix}$		$(\alpha_{2z^2-x^2-y^2}, \alpha_{x^2-y^2})$
$T \equiv F$	3	0	0	−1	$(T_x, T_y, T_z), (R_x, R_y, R_z)$	$(\alpha_{xy}, \alpha_{xz}, \alpha_{yz})$

$\epsilon = \exp(2\pi i/3)$, $\epsilon^* = \exp(-2\pi i/3)$

Tabelle 4.43

O_h	I	$8C_3$	$6C_2$	$6C_4$	$3C_2'(=3C_4^2)$	i	$6S_4$	$8S_6$	$3\sigma_h$	$6\sigma_d$		
A_{1g}	1	1	1	1	1	1	1	1	1	1		$\alpha_{x^2+y^2+z^2}$
A_{2g}	1	1	–1	–1	1	1	–1	1	1	–1		
E_g	2	–1	0	0	2	2	0	–1	2	0		$(\alpha_{2z^2-x^2-y^2}, \alpha_{x^2-y^2})$
$T_{1g} \equiv F_{1g}$	3	0	–1	1	–1	3	1	0	–1	–1	(R_x, R_y, R_z)	
$T_{2g} \equiv F_{2g}$	3	0	1	–1	–1	3	–1	0	–1	1		$(\alpha_{xz}, \alpha_{yz}, \alpha_{xy})$
A_{1u}	1	1	1	1	1	–1	–1	–1	–1	–1		
A_{2u}	1	1	–1	–1	1	–1	1	–1	–1	1		
E_u	2	–1	0	0	2	–2	0	1	–2	0		
$T_{1u} \equiv F_{1u}$	3	0	–1	1	–1	–3	–1	0	1	1	(T_x, T_y, T_z)	
$T_{2u} \equiv F_{2u}$	3	0	1	–1	–1	–3	1	0	1	–1		

Tabelle 4.44

O	I	$8C_3$	$6C_2$	$6C_4$	$3C_2'(=3C_4^2)$		
A_1	1	1	1	1	1		$\alpha_{x^2+y^2+z^2}$
A_2	1	1	–1	–1	1		
E	2	–1	0	0	2		$(\alpha_{2z^2-x^2-y^2}, \alpha_{x^2-y^2})$
$T_1 \equiv F_1$	3	0	–1	1	–1	$(T_x, T_y, T_z), (R_x, R_y, R_z)$	
$T_2 \equiv F_2$	3	0	1	–1	–1		$(\alpha_{xy}, \alpha_{xz}, \alpha_{yz})$

Tabelle 4.45

K_h	I	$\infty C_\infty^\phi \ldots$	$\infty S_\infty^\phi \ldots$	i		
S_g	1	1	1	1		$\alpha_{x^2} + \alpha_{y^2} + \alpha_{z^2}$
S_u	1	1	−1	−1		
P_g	3	$1 + 2\cos\phi$	$1 - 2\cos\phi$	1	(R_x, R_y, R_z)	
P_u	3	$1 + 2\cos\phi$	$-1 + 2\cos\phi$	−1	(T_x, T_y, T_z)	
D_g	5	$1 + 2\cos\phi + 2\cos 2\phi$	$1 - 2\cos\phi + 2\cos 2\phi$	1		$(\alpha_{2z^2-x^2-y^2}, \alpha_{x^2-y^2}, \alpha_{xy}, \alpha_{xz}, \alpha_{yz})$
D_u	5	$1 + 2\cos\phi + 2\cos 2\phi$	$-1 + 2\cos\phi - 2\cos 2\phi$	−1		
F_g	7	$1 + 2\cos\phi + 2\cos 2\phi + 2\cos 3\phi$	$1 - 2\cos\phi + 2\cos 2\phi - 2\cos 3\phi$	1		
F_u	7	$1 + 2\cos\phi + 2\cos 2\phi + 2\cos 3\phi$	$-1 + 2\cos\phi - 2\cos 2\phi + 2\cos 3\phi$	−1		
.	.	.	.	.		
.	.	.	.	.		
.	.	.	.	.		
.	.	.	.	.		
.	.	.	.	.		

muß sie asymmetrisch zu σ_v' sein, da $C_2 \times \sigma_v = \sigma_v'$ und daher $(+1) \times (-1) = -1$. Man sieht also, daß die Anzahl der Symmetriespezies in der Punktgruppe C_{2v} bestimmt wird durch die Anzahl der Kombinationen der Charaktere +1 und -1 bezüglich der beiden erzeugenden Elemente, und das sind vier (+1,+1; +1,-1; -1,+1; -1,-1). Diese Symmetriespezies werden mit A_1, A_2, B_1 bzw. B_2 bezeichnet, wobei die Indices 1 und 2 (bei dieser Punktgruppe) die Symmetrie bzw. Asymmetrie bezüglich der Operation $\sigma_v(xz)$ angeben (vgl. Tab. 4.11).
Bei den nicht-entarteten Punktgruppen gilt allgemein die Regel, daß die Zahl der Symmetriespezies durch die Zahl der möglichen Kombinationen der Charaktere +1 und -1 gegenüber den erzeugenden Elementen gegeben ist. Eine im allgemeinen noch nützlichere Regel besagt, daß die Anzahl der Symmetriespezies in einer Punktgruppe genauso groß ist wie die Zahl der Klassen von Elementen. Dies gilt für alle Punktgruppen.
In der Punktgruppe C_{2v} taucht ein neues Problem auf, das in der Vergangenheit viel Verwirrung gestiftet hat und dies zum Teil heute noch tut. Die Symmetriespezies B_1 und B_2 sind durch ihre Symmetrie bzw. Asymmetrie bezüglich einer Spiegelung an der Spiegelebene $\sigma_v(xz)$ unterschieden, und die Bedeutung der Indices 1 und 2 hängt völlig von der Bezeichnung der Achsen x, y und z ab. In einem Bericht hat R. S. Mulliken[8] hinsichtlich der Wahl der Achsen Empfehlungen gegeben, die sich die Internationale Union für Reine und Angewandte Physik und die Internationale Astronomische Union im Juli 1954 zu eigen gemacht haben. Während es bei den Punktgruppen, mit denen wir uns bisher beschäftigt haben, ausreichend ist, die z-Achse mit der höchstzähligen oder sonst irgendwie ausgezeichneten Achse, sofern es eine solche gibt, zusammenzulegen, muß man bei einigen Punktgruppen auch die Achsen x und y durch Konvention definieren. Die Empfehlung für die Punktgruppe C_{2v} lautet, daß entsprechend der allgemeinen Übereinkunft die C_2-Achse als z-Achse bezeichnet wird und daß bei einem planaren Molekül die zur Molekülebene senkrechte Achse als x-Achse bezeichnet wird. Dies ist in Abbildung 4.2 am Beispiel des Formaldehydmoleküls illustriert. Die Wichtigkeit der Achsendefinition kann man zum Beispiel daran erkennen, daß eine Schwingung des Moleküls CH_2O, bei der sich ein oder mehrere Atome aus der Molekülebene heraus bewegen (nicht-ebene Deformationsschwingung), nach

[8] R. S. Mulliken, Report on Notation for the Spectra of Polyatomic Molecules, J. chem. Physics **23**, 1997 (1955).

dem Vorschlag von Mulliken die Symmetriespezies b_1 besitzt, während eine Vertauschung der Achsen x und y zur Symmetriespezies b_2 führen würde. Diese Art von Durcheinander ist in der Literatur weit verbreitet, und daß die Wahl der Achsen oft nicht angegeben wird, macht alles noch schlimmer. *Mulliken hat daher empfohlen, daß Autoren stets die Wahl der Achsen klarstellen sollen, selbst dann, wenn sie mit der von ihm empfohlenen übereinstimmt.*
Im Falle nicht-planarer $\mathbf{C}_{2v}$-Moleküle wie SiH_2Cl_2 ist die Wahl der Achsen notwendigerweise willkürlich und es ist daher besonders wichtig, die getroffene Wahl anzugeben.
Die Charaktertafel der Punktgruppe C_{2v} findet sich in Tabelle 4.11.

(f) $\mathbf{D}_2$. Von den vier Elementen dieser Punktgruppe, nämlich I und drei zueinander senkrechten Achsen C_2, kann man zwei beliebige C_2-Achsen als erzeugende Elemente ansehen. Zwei erzeugende Elemente führen zu vier Symmetriespezies, und diese werden hier mit A, B_1, B_2 und B_3 bezeichnet.
Im Prinzip taucht auch hier wieder das Problem der Achsenwahl auf. Allerdings sind Moleküle dieser Punktgruppe so selten, daß dieses Problem in der Praxis nicht sehr oft gelöst zu werden braucht. Im Fall des bereits im Abschnitt 3.4.b erwähnten Äthylenmoleküls, bei dem die beiden CH_2-Ebenen um einen von Null und 90° verschiedenen Winkel gegeneinander verdreht sind, wird man die CC-Kernverbindungslinie als z-Achse ansehen, zumal diese Achse auch im planaren Äthylenmolekül, das zur Punktgruppe $\mathbf{D}_{2h}$ gehört, die z-Achse ist (vgl. Abschnitt 4.1.h). Da die x-Achse bei der Punktgruppe $\mathbf{D}_{2h}$ senkrecht zur Ebene eines planaren Moleküls angenommen wird, sollte man die Achsen beim nicht-planaren Äthylenmolekül in der Weise festlegen, wie es in Abbildung 4.3 dargestellt ist.

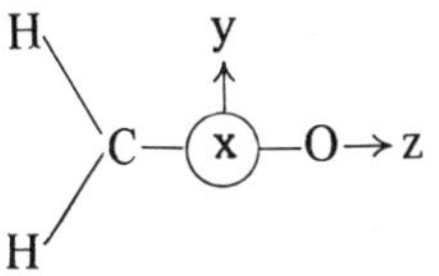

Abbildung 4.2
Achsendefinition beim Molekül CH_2O

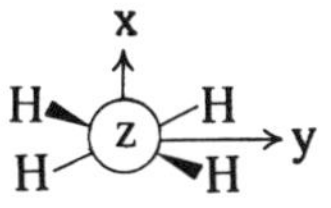

Abbildung 4.3
Achsendefinition beim schwach verdrillten Äthylenmolekül

Die Charaktertafel der Punktgruppe $\mathbf{D}_2$ ist in Tabelle 4.17 angegeben. Aus dieser Tabelle kann man ersehen, daß die Spezies B_1, B_2 bzw. B_3 symmetrisch zu $C_2(z)$, $C_2(y)$ bzw. $C_2(x)$ sind.

(g) $\mathbf{C_{2h}}$. Diese Punktgruppe besteht aus den Elementen I, C_2, i und σ_h. Zwei davon sind erzeugende Elemente, zum Beispiel C_2 und i, und folglich gibt es vier Symmetriespezies, nämlich A_g, B_g, A_u und B_u. Die Bezeichnungsweise entspricht den in den Abschnitten 4.1.b und d erwähnten Regeln.
Die Charaktertafel der Punktgruppe $\mathbf{C_{2h}}$, in der die C_2-Achse als z-Achse angesehen wird, ist in Tabelle 4.22 angegeben.

(h) $\mathbf{D_{2h}}$. Die Punktgruppe $\mathbf{D_{2h}}$ enthält die Elemente I, $C_2(z)$, $C_2(y)$, $C_2(x)$, i, $\sigma(xy)$, $\sigma(xz)$ und $\sigma(yz)$, aus denen man zum Beispiel $C_2(z)$, $C_2(y)$ und i als erzeugende Elemente auswählen kann. Es gibt acht mögliche Kombinationen von Charakteren gegenüber diesen drei erzeugenden Elementen und daher gibt es acht Symmetriespezies. Diese sind: A_g, B_{1g}, B_{2g}, B_{3g}, A_u, B_{1u}, B_{2u} und B_{3u}. Die Buchstaben A, B, g und u haben die in den Abschnitten 4.1.b und d erwähnte Bedeutung, und die Indices 1, 2 und 3 besitzen die gleiche Bedeutung wie bei den Symmetriespezies der Punktgruppe $\mathbf{D_2}$.

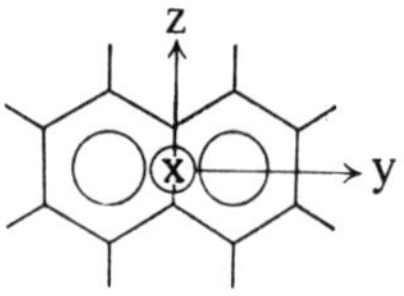

Abbildung 4.4
Achsendefinition beim Naphthalin

Der Vorschlag von Mulliken sieht für planare $\mathbf{D_{2h}}$-Moleküle vor, daß die x-Achse senkrecht auf der Molekülebene steht und daß die z-Achse durch die größtmögliche Zahl von Atomen oder, wenn dies nicht eindeutig ist, durch die größtmögliche Zahl von Bindungen geht. Abbildung 4.4 veranschaulicht diese Art der Achsenwahl beim Naphthalin: die z-Achse geht durch zwei Atome, während die y-Achse durch kein Atom geht.
Die Charaktertafel der Punktgruppe $\mathbf{D_{2h}}$ ist in Tabelle 4.32 angegeben.

4.2 Entartete Punktgruppen

Bei Molekülen, die zu entarteten Punktgruppen gehören, das heißt zu Punktgruppen, die eine mehr als zweizählige Achse enthalten, kommt es insofern zu Schwierigkeiten, als sich einige Symmetriespezies bezüglich einer Symmetrieoperation nicht einfach symmetrisch oder asymmetrisch verhalten. Beispielsweise besitzt die Symmetriespezies, die in der Charaktertafel für die Punktgruppe $\mathbf{C_{3v}}$ (Tab. 4.12) mit E bezeichnet ist, bezüglich der Operation I den Charakter +2 und bezüglich der Operation σ_v den Charakter 0. In der Punktgruppe $\mathbf{D_{5h}}$ besitzt die Symmetriespezies E_1' (Tab. 4.35) bezüglich der Operation C_5 den Charakter 2cos72°.

(a) $\mathbf{C_{3v}}$. Wie im Abschnitt 3.13.5 gezeigt wurde, bilden die Elemente I, C_3, C_3^2, σ_v, σ_v' und σ_v'' der Punktgruppe $\mathbf{C_{3v}}$ drei Klassen, und zwar folgendermaßen: I; $2C_3$; $3\sigma_v$. Die Einteilung in Klassen ist deswegen wichtig, weil der Charakter irgendeiner Symmetriespezies gegenüber allen Operationen der gleichen Klasse der gleiche sein muß. Aus diesem Grunde wurden in der Charaktertafel für die Punktgruppe $\mathbf{C_{3v}}$ (Tab. 4.12) alle Elemente einer Klasse zusammengefaßt.
Eine entartete Punktgruppe besitzt ebenso wie eine nicht-entartete genau so viel Symmetriespezies wie Klassen von Elementen. Daher gibt es in der Punktgruppe $\mathbf{C_{3v}}$ drei Symmetriespezies, und diese werden mit A_1, A_2 und E bezeichnet. Wie gewöhnlich steht **A** für symmetrisches Verhalten gegenüber einer Drehung um die Hauptachse des Moleküls, und die Indices 1 und 2 zeigen das symmetrische bzw. asymmetrische Verhalten gegenüber σ_v an. E ist eine *zweifach entartete* Symmetriespezies. Als ein Beispiel für eine Moleküleigenschaft, die zweifach entartet ist, seien zwei Schwingungen genannt, die die gleiche Energie besitzen, aber durch verschiedene Wellenfunktionen beschrieben werden. Dreifache und vor allem höhere Entartungen von Symmetriespezies sind relativ selten. Wir werden ihnen nur in einigen wenigen Punktgruppen begegnen, während zweifach entartete Symmetriespezies in allen entarteten Punktgruppen vorkommen.
Die Bedeutung der Spezies E und im besonderen die Ableitung der Charaktere von E gegenüber den verschiedenen Elementen der Gruppe kann man am besten an Hand von Beispielen erläutern. Dazu benutzen wir die Normalschwingungen des Ammoniakmoleküls, das zur Punktgruppe $\mathbf{C_{3v}}$ gehört. Ammoniak besitzt $3n$-$6 = 6$ Normalschwingungen, die in Abbildung 4.5 dargestellt sind. Man kann sich leicht davon überzeugen, daß die mit ν_1 und ν_2 bezeichneten Schwingungen beide a_1-Schwingungen sind, da sie symmetrisch bezüglich I, C_3 und σ_v sind. a_2-Schwingungen sind beim NH_3-Molekül nicht vorhanden, jedoch ist in Abbildung 4.6 eine Elektronen-Wellenfunktion der Symmetriespezies

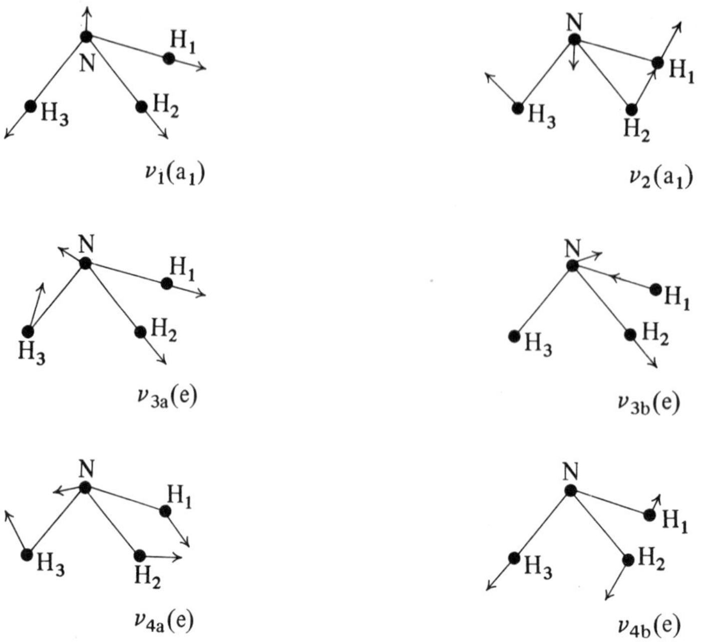

Abbildung 4.5
Die Normalschwingungen des NH_3-Moleküls

A_2 dargestellt. (Man beachte die Verwendung großer Buchstaben für die Spezies von Wellenfunktionen.) Die mit ν_{3a} und ν_{3b} bezeichneten Schwingungen (Abb. 4.5) sind entartet. Sie sind energetisch äquivalent (auch wenn dies nicht ohne weiteres einzusehen ist), jedoch sind ihre Wellenfunktionen, wie man aus der Form der Schwingungen erkennen kann, nicht identisch.

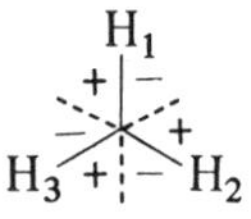

Abbildung 4.6
Eine Elektronen-Wellenfunktion des NH_3-Moleküls. Die Funktion hat die Symmetrie A_2, die gestrichelten Linien sind Knotenflächen

Die Symmetrieeigenschaften einer Normalschwingung sind die gleichen wie die der entsprechenden Normalkoordinate Q. Daher können wir zum Beispiel schreiben:

$$\begin{aligned} Q_1 &\xrightarrow{C_3} Q_1' = (+1)Q_1 \\ Q_2 &\xrightarrow{\sigma_v} Q_2' = (+1)Q_2 \end{aligned} \tag{4.3}$$

Das bedeutet, daß die den Normalschwingungen ν_1 und ν_2 entsprechenden Normalkoordinaten Q_1 und Q_2 durch die Operationen C_3 bzw. σ_v nicht verändert werden. Die Normalkoordinaten einer entarteten Schwingung bleiben jedoch nicht immer einfach unverändert oder ändern ihr Vorzeichen, wenn man eine Symmetrieoperation ausführt. Im allgemeinen werden sie in eine *Linearkombination* der Normalkoordinaten transformiert. Im Falle der zweifach entarteten Schwingung ν_3 können wir schreiben:

$$\begin{aligned} Q_{3a} &\xrightarrow{S} Q'_{3a} = d_{aa} Q_{3a} + d_{ab} Q_{3b} \\ Q_{3b} &\xrightarrow{S} Q'_{3b} = d_{ba} Q_{3a} + d_{bb} Q_{3b} \end{aligned} \tag{4.4}$$

Darin bedeutet S irgendeine Symmetrieoperation, und die Faktoren d_{aa}, d_{ab} usw. sind Koeffizienten. Wenn man die Koeffizienten wie folgt in Form einer 2×2-Matrix schreibt

$$\begin{pmatrix} d_{aa} & d_{ab} \\ d_{ba} & d_{bb} \end{pmatrix} \tag{4.5}$$

dann nennt man die Summe $d_{aa} + d_{bb}$ gewöhnlich die *Spur* der Matrix. Diese Spur der Matrix ist der Charakter der Symmetriespezies der betreffenden Schwingung oder irgendeiner anderen Eigenschaft. Im Falle einer nichtentarteten Symmetriespezies ist die Matrix von der Form 1×1, und die Spur ist einfach der einzige Koeffizient, zum Beispiel +1 in Gleichung 4.3. Im allgemeinen Fall einer n-fach entarteten Symmetriespezies ist der Charakter gegenüber einer Symmetrieoperation die Spur einer $n \times n$-Matrix, vorausgesetzt daß die Operation die betreffende Eigenschaft in eine Linearkombination überführt.

Der Charakter der Spezies E gegenüber der Operation I ist leicht abzuleiten. Beispielsweise gilt

$$\begin{aligned} Q_{3a} &\xrightarrow{I} Q'_{3a} = 1 \cdot Q_{3a} + 0 \cdot Q_{3b} \\ Q_{3b} &\xrightarrow{I} Q'_{3b} = 0 \cdot Q_{3a} + 1 \cdot Q_{3b} \end{aligned} \tag{4.6}$$

Die Matrix der Koeffizienten ist

$$\begin{pmatrix} 1 & 0 \\ 0 & 1 \end{pmatrix} \tag{4.7}$$

und die Spur, die den Charakter von E gegenüber der Operation I angibt, ist 2. Allgemein ist der Charakter einer n-fach entarteten Symmetriespezies gegenüber der Operation I gleich n.

Bei Molekülen, die zu einer entarteten Punktgruppe mit einer Spiegelebene σ_v gehören, zeigt sich, daß man es immer so einrichten kann, daß eine der beiden Komponenten der zweifach entarteten Schwingung (oder einer anderen Eigenschaft) bezüglich einer Spiegelung an einer der Ebenen σ_v symmetrisch und die andere asymmetrisch ist. Beispielsweise kann man aus Abbildung 4.5 erkennen, daß

$$\begin{aligned} Q_{3a} &\xrightarrow{\sigma_v} Q'_{3a} = 1 \cdot Q_{3a} + 0 \cdot Q_{3b} \\ Q_{3b} &\xrightarrow{\sigma_v} Q'_{3b} = 0 \cdot Q_{3a} - 1 \cdot Q_{3b} \end{aligned} \tag{4.8}$$

wobei σ_v die Ebene zwischen den Atomen H_1 und H_2 ist. Die Matrix der Koeffizienten ist

$$\begin{pmatrix} 1 & 0 \\ 0 & -1 \end{pmatrix} \tag{4.9}$$

und die Spur ist 0, was den Charakter von E gegenüber der Operation σ_v darstellt.

Der Charakter der Spezies E gegenüber der Operation C_3 ist nicht so einfach zu erhalten. Tatsächlich sind die Transformationen der entarteten Normalkoordinaten Q_{3a} und Q_{3b} gegenüber der Operation C_3 durch folgende Gleichungen gegeben:

$$\begin{aligned} Q_{3a} &\xrightarrow{C_3} Q'_{3a} = Q_{3a} \cos 2\pi/3 + Q_{3b} \sin 2\pi/3 \\ Q_{3b} &\xrightarrow{C_3} Q'_{3b} = -Q_{3a} \sin 2\pi/3 + Q_{3b} \cos 2\pi/3 \end{aligned} \tag{4.10}$$

Die Matrix der Koeffizienten ist

$$\begin{pmatrix} \cos 2\pi/3 & \sin 2\pi/3 \\ -\sin 2\pi/3 & \cos 2\pi/3 \end{pmatrix} \quad \text{oder} \quad \begin{pmatrix} -\frac{1}{2} & \frac{\sqrt{3}}{2} \\ -\frac{\sqrt{3}}{2} & -\frac{1}{2} \end{pmatrix} \tag{4.11}$$

und die Spur ist -1. Folglich ist der Charakter der Spezies E gegenüber der Operation C_3 gleich -1.

Allgemein ist die Transformation von zweifach entarteten Normalkoordinaten Q_{ja} und Q_{jb} gegenüber einer Operation C_n im Fall $n > 2$ gegeben durch die Gleichungen

$$\begin{aligned} Q_{ja} &\xrightarrow{C_n} Q'_{ja} = Q_{ja}\cos 2\pi l/n + Q_{jb}\sin 2\pi l/n \\ Q_{jb} &\xrightarrow{C_n} Q'_{jb} = -Q_{ja}\sin 2\pi l/n + Q_{jb}\cos 2\pi l/n \end{aligned} \tag{4.12}$$

wobei l eine ganze Zahl zwischen 0 und n ist $(0 < l < n)$. Der Charakter einer Spezies E gegenüber einer Operation C_n ist $2\cos 2\pi l/n$. Der Wert von l wird durch einen Index angegeben, zum Beispiel E_2 im Fall $l = 2$.

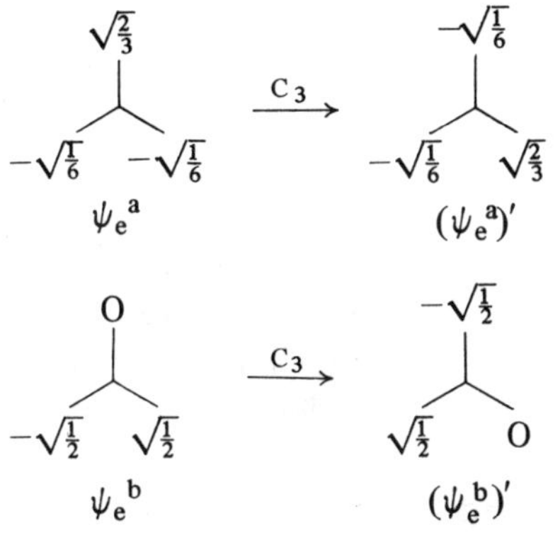

Abbildung 4.7
Auswirkung der Operation C_3 auf eine zweifach entartete Elektronen-Wellenfunktion des NH_3-Moleküls

In Abbildung 4.7 ist ein Beispiel für eine zweifach entartete Elektronen-Wellenfunktion ψ_e des Ammoniaks mit den Komponenten ψ_e^a und ψ_e^b dargestellt. Die anstelle der Wasserstoffatome eingesetzten Zahlen stellen Gewichte der Wellenfunktion dar. Man erkennt, daß

$$\begin{aligned} \psi_e^a &\xrightarrow{C_3} (\psi_e^a)' = -\frac{1}{2}\psi_e^a + \frac{\sqrt{3}}{2}\psi_e^b \\ \psi_e^b &\xrightarrow{C_3} (\psi_e^b)' = -\frac{\sqrt{3}}{2}\psi_e^a - \frac{1}{2}\psi_e^b \end{aligned} \tag{4.13}$$

Beispielsweise erhält man die Gewichte der Wellenfunktion $(\psi_e^b)'$ entsprechend Gleichung 4.13 wie folgt:

$$-\sqrt{\frac{1}{2}} = -\frac{\sqrt{3}}{2}\cdot\sqrt{\frac{2}{3}} \qquad -\frac{1}{2}\cdot 0$$

$$\sqrt{\frac{1}{2}} = -\frac{\sqrt{3}}{2} \cdot \left(-\sqrt{\frac{1}{6}}\right) - \frac{1}{2} \cdot \left(-\sqrt{\frac{1}{2}}\right)$$

$$0 = -\frac{\sqrt{3}}{2} \cdot \left(-\sqrt{\frac{1}{6}}\right) - \frac{1}{2} \left(\sqrt{\frac{1}{2}}\right)$$

Die zu der Transformation 4.13 gehörende Matrix lautet

$$\begin{pmatrix} -\frac{1}{2} & \frac{\sqrt{3}}{2} \\ -\frac{\sqrt{3}}{2} & -\frac{1}{2} \end{pmatrix}$$

und deren Spur ist -1.
Die Festlegung der Koordinatenachsen ist bei den entarteten Punktgruppen ein viel geringeres Problem als bei den nicht-entarteten Gruppen. Die höchstzählige Achse, zum Beispiel C_3 in der Punktgruppe $\mathbf{C_{3v}}$, wird als z-Achse angesehen und die anderen beiden, die nicht unterscheidbar sind, sind x und y. In den kubischen Punktgruppen **T**, $\mathbf{T_d}$, **O** und $\mathbf{O_h}$ sowie in der Gruppe $\mathbf{K_h}$ sind alle drei Achsen des cartesischen Koordinatensystems ununterscheidbar.

(b) $\mathbf{C_{4v}}$. Die Elemente dieser Gruppe können wie folgt in Klassen eingeteilt werden: I, $2C_4$, C_2, $2\sigma_v$ und $2\sigma_d$. Es existieren daher fünf Symmetriespezies, die mit A_1, A_2, B_1, B_2 und E bezeichnet werden. Die Symbole A, B, 1 und 2 haben die übliche Bedeutung. Die Charaktertafel dieser Gruppe findet sich in Tabelle 4.13.

(c) $\mathbf{C_{\infty v}}$. Die Punktgruppe $\mathbf{C_{\infty v}}$ ist ebenso wie die Punktgruppen $\mathbf{D_{\infty h}}$ und $\mathbf{K_h}$ eine unendliche Gruppe, da sie eine unendliche Zahl von Elementen, Klassen und Symmetriespezies besitzt. Die Elemente sind: I, eine unendliche Zahl von Spiegelebenen σ_v sowie unendlich viele Elemente C_∞^{ϕ}, $C_\infty^{2\phi}$, $C_\infty^{3\phi}$, wobei ϕ ein beliebiger Winkel ist, um den die Drehung um die C_∞-Achse erfolgt. Das Element $C_\infty^{-\phi}$ gehört zur gleichen Klasse wie C_∞^{ϕ}, und $C_\infty^{-2\phi}$ gehört zur gleichen Klasse wie $C_\infty^{2\phi}$ usw. Alle σ_v-Ebenen gehören zu einer Klasse.
Die Symmetriespezies dieser Punktgruppe sind A_1, A_2, E_1, E_2, E_3, ... E_∞, sofern man die bisher verwendete Bezeichnungsweise beibehält. Unglücklicherweise wird diese Notation aber nur selten benutzt. Statt-

dessen verwendet man gewöhnlich die Bezeichnungen $\Sigma^+, \Sigma^-, \Pi, \Delta$, $\Phi, \ldots$ Die griechischen Buchstaben geben dabei den Wert einer Quantenzahl an, die mit der Komponente des Bahndrehimpulses in Richtung der Kernverbindungslinie zusammenhängt. Diese Quantenzahl kann die Werte 0, 1, 2, 3, ... annehmen, was durch die Symbole Σ, Π, $\Delta, \Phi, \ldots$ zum Ausdruck gebracht wird. Die Vorzeichen + und - am Buchstaben Σ besitzen die gleiche Bedeutung wie die Indices 1 und 2 an dem alternativen Buchstaben A, das heißt sie geben das symmetrische bzw. asymmetrische Verhalten gegenüber einer Operation σ_v an. Die Charaktertafel der Punktgruppe $\mathbf{C}_{\infty v}$ ist in Tabelle 4.16 angegeben.

(d) $\mathbf{C}_3$. Moleküle, die zu dieser Punktgruppe gehören, sind sehr selten. $H_3C\text{-}CF_3$ wäre ein Beispiel, wenn die C-H- und C-F-Bindungen um einen Winkel von weniger als $\pi/3$ gegeneinander versetzt wären, wie es in Abbildung 4.8 dargestellt ist. Es lohnt sich jedoch, die Charaktertafel der Punktgruppe $\mathbf{C}_3$ hier zu besprechen, da sie die einfachste Charaktertafel ist, in der das Phänomen der *separierbaren Entartung* auftritt.

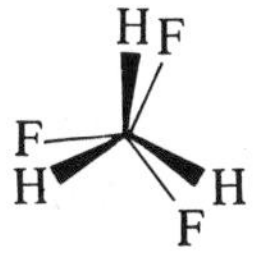

Abbildung 4.8
Projektion des Moleküls $H_3C\text{-}CF_3$ in Richtung der CC-Bindung. Benachbarte CH- und CF-Bindungen sind um einen Winkel von weniger als $\pi/3$ gegeneinander verdreht

Eine separierbare Entartung findet man bei allen Punktgruppen, die eine mehr als zweizählige Achse, aber keine Spiegelebenen σ_v oder C_2-Achsen senkrecht zur Hauptachse besitzen. Beispiele für solche Punktgruppen sind $\mathbf{C}_3, \mathbf{C}_4, \ldots, \mathbf{C}_{3h}, \mathbf{C}_{4h}, \ldots, \mathbf{S}_4, \mathbf{S}_6, \ldots$ Der Grund dafür, daß man die Entartung in solchen Punktgruppen separierbar nennt, ist folgender: obwohl zum Beispiel eine E-Schwingung zweifach entartet ist, werden die Normalkoordinaten Q_{ja} und Q_{jb} durch die Operation C_n $(n > 2)$ jeweils in Vielfache von sich selbst und nicht in eine Linearkombination entsprechend Gleichung 4.12 transformiert. Um diese Eigenschaft von Q_{ja} und Q_{jb} zu beweisen, benutzt man üblicherweise komplexe Linearkombinationen Q_{j+} und Q_{j-}:

$$\begin{aligned} Q_{j+} &= Q_{ja} + iQ_{jb} \\ Q_{j-} &= Q_{ja} - iQ_{jb} \end{aligned} \qquad i = \sqrt{-1} \tag{4.14}$$

(Es gilt allgemein, daß eine Linearkombination entarteter Normalkoordinaten gleichermaßen akzeptabel ist wie eine einfache Normalkoordinate.) Entsprechend Gleichung 4.10 erhalten wir für die Operation C_3:

$$\begin{aligned} Q_{ja} &\xrightarrow{C_3} Q'_{ja} = Q_{ja}\cos 2\pi/3 + Q_{jb}\sin 2\pi/3 \\ Q_{jb} &\xrightarrow{C_3} Q'_{jb} = -Q_{ja}\sin 2\pi/3 + Q_{jb}\cos 2\pi/3 \end{aligned} \quad (4.15)$$

Mit

$$\begin{aligned} Q'_{j+} &= Q'_{ja} + iQ'_{jb} \\ Q'_{j-} &= Q'_{ja} - iQ'_{jb} \end{aligned} \quad (4.16)$$

erhält man daher

$$Q'_{j+} = Q_{ja}\cos 2\pi/3 + Q_{jb}\sin 2\pi/3 + i(-Q_{ja}\sin 2\pi/3 + Q_{jb}\cos 2\pi/3)$$
$$Q'_{j-} = Q_{ja}\cos 2\pi/3 + Q_{jb}\sin 2\pi/3 - i(-Q_{ja}\sin 2\pi/3 + Q_{jb}\cos 2\pi/3)$$

Wenn man die Gleichungen $\cos 2\pi/3 \pm i \sin 2\pi/3 = \exp(\pm 2\pi i/3)$ und $\sin 2\pi/3 \pm i \cos 2\pi/3 = \pm i \exp(\mp 2\pi i/3)$ verwendet, ergibt sich:

$$\begin{aligned} Q'_{j+} &= (Q_{ja} + iQ_{jb})\exp(-2\pi i/3) = Q_{j+}\exp(-2\pi i/3) \\ Q'_{j-} &= (Q_{ja} - iQ_{jb})\exp(2\pi i/3) = Q_{j-}\exp(2\pi i/3) \end{aligned} \quad (4.17)$$

Man erkennt, daß Q_{j+} unter der Operation C_3 nicht in eine Linearkombination von Q_{j+} und Q_{j-} transformiert wird, sondern einfach mit einem Faktor e^x ($x = -2\pi i/3$) multipliziert wird. Entsprechendes gilt für Q_{j-}.

Wegen der separierbaren Entartung werden die Charaktere der beiden Komponenten gewöhnlich getrennt aufgeführt, wie es in der Charaktertafel in Tabelle 4.5 geschehen ist. Es gibt jedoch nur das eine Symbol E für die Symmetriespezies, das heißt dieses gilt für beide Komponenten der zweifach entarteten Spezies.

Ein charakteristisches Merkmal der Punktgruppen mit separierbarer Entartung ist, *daß alle Potenzen des Symmetrieelementes* C_n ($n > 2$) *verschiedenen Klassen angehören.* Beispielsweise gehören die Elemente C_3 und C_3^2 in der Punktgruppe $\mathbf{C_3}$ zu verschiedenen Klassen, während sie in der Punktgruppe $\mathbf{C_{3v}}$ der gleichen Klasse angehören. Man muß daher bei derartigen Punktgruppen beide Komponenten der zweifach entarteten Symmetriespezies getrennt zählen, um weiter die Regel benutzen zu können, daß die Zahl der Symmetriespezies gleich der Zahl der Klassen ist. Die Elemente der Punktgruppe $\mathbf{C_3}$ gehören drei Klassen an (I; C_3; C_3^2), und es gibt dementsprechend drei Symmetriespezies, nämlich A und zwei Komponenten von E.

(e) **D_3**. Bei dieser Punktgruppe gibt es keine separierbare Entartung, da senkrecht zur C_3-Achse drei C_2-Achsen vorhanden sind. Die Elemente der Gruppe gehören drei Klassen an, nämlich I, $3C_3$ und $3C_2$, woraus sich drei Symmetriespezies ergeben, nämlich A_1, A_2 und E.

(f) **C_{3h}**. Alle 6 Elemente dieser Punktgruppe, die separierbare Entartung aufweist, gehören verschiedenen Klassen an (I; C_3; C_3^2; σ_h; S_3; S_3^5). Daher gibt es 6 Symmetriespezies, nämlich A′, A″, E′ (2 Komponenten) und E″ (2 Komponenten). Die Striche an den Buchstaben bezeichnen Spezies, die symmetrisch (′) bzw. asymmetrisch (″) zu σ_h sind.

(g) **D_{2d}**. Die Elemente dieser Punktgruppe bilden 5 Klassen (I; $2S_4$; C_2; $2C_2'$ und $2\,\sigma_d$) und die 5 Symmetriespezies sind A_1, A_2, B_1, B_2 und E. Die Buchstaben A und B bezeichnen wieder die Symmetrie bzw. Asymmetrie bezüglich einer Drehung um die Hauptachse, die in diesem Falle die S_4-Achse ist.

(h) **D_{3d}, D_{4d}, D_{5d}, D_{3h}, D_{4h}, D_{5h}, D_{6h}**. Für diese Punktgruppen kann die Einteilung der Symmetrieelemente in Klassen den Charaktertafeln in den Tabellen 4.28 bis 4.36 entnommen werden.

(i) **$D_{\infty h}$**. Die Punktgruppe **$D_{\infty h}$** besitzt eine unendliche Zahl von Elementen, Klassen und Symmetriespezies. Die Symmetrieelemente kann man wie folgt in Klassen einteilen: I, $\infty\sigma_v$, i, ∞C_2, $2C_\infty^{\Phi}$, $2C_\infty^{2\Phi}$ . . . , $2S_\infty^{\Phi}$, $2S_\infty^{2\Phi}$ . . . . Die Symmetriespezies dieser Punktgruppe sind eigentlich A_{1g}, A_{2g}, E_{1g}, E_{2g}, E_{3g}, . . ., A_{2u}, A_{1u}, E_{1u}, E_{2u}, E_{3u}, . . ., aber ähnlich wie bei der Punktgruppe **$C_{\infty v}$** schreibt man stattdessen Σ_g^+, Σ_g^-, Π_g, Δ_g, Φ_g, . . ., Σ_u^+, Σ_u^-, Π_u, Δ_u, Φ_u, . . .
Die Charaktertafel ist in Tabelle 4.37 angegeben.
Am Beispiel der zweifach entarteten Deformationsschwingung eines linearen dreiatomigen Moleküls, das wie zum Beispiel CO_2 zur Punktgruppe **$D_{\infty h}$** gehört, kann man den Charakter der Symmetriespezies Π_u bezüglich der Operation C_∞^{Φ} leicht ableiten. CO_2 besitzt $3n$-5 = 4 Normalschwingungen, die mit ν_1, ν_{2a}, ν_{2b} und ν_3 bezeichnet werden und die in Abbildung 4.9 dargestellt sind. Anders als im Falle der entarteten Schwingungen ν_{3a} und ν_{3b} des Ammoniaks (Abb. 4.5) erkennt man hier sofort, daß ν_{2a} und ν_{2b} energetisch äquivalent und damit entartet sind. Die Symmetriespezies ist Π_u. Die Bewegungen der drei Atome bei den Normalschwingungen ν_{2a} und ν_{2b} sind identisch, jedoch erfolgen sie in zwei zueinander senkrechten Ebenen. Diese Be-

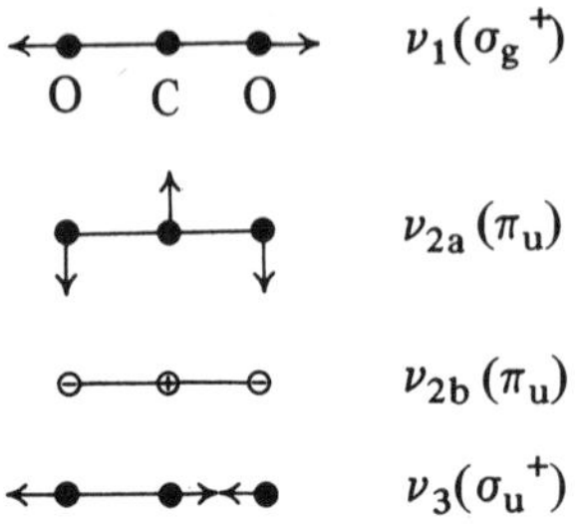

Abbildung 4.9
Die Normalschwingungen des Moleküls CO_2

wegungen kann man im allgemeinen durch Vektoren der Länge r_k^a und r_k^b darstellen, wobei k den jeweiligen Atomkern und a bzw. b die Schwingung ν_{2a} bzw. ν_{2b} bezeichnen. Diese Vektoren sind in Abbildung 4.10 dargestellt, wobei die C_∞-Achse senkrecht zur Zeichenebe-

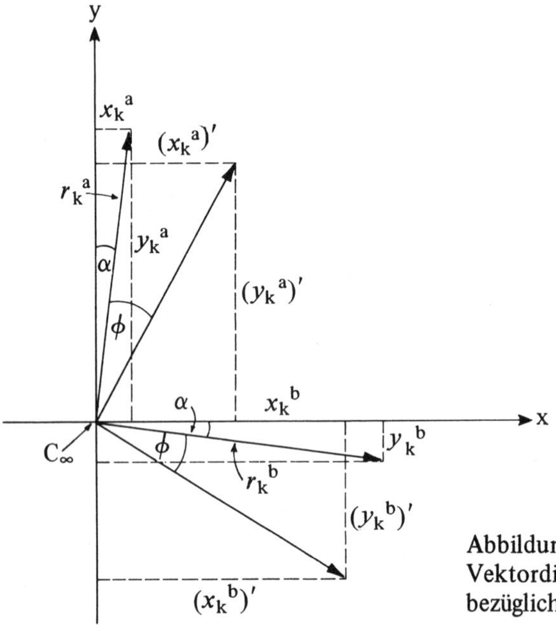

Abbildung 4.10
Vektordiagramm für die Operation C_∞^ϕ bezüglich ν_{2a} und ν_{2b} beim CO_2

ne steht. Die Komponenten des Vektors r_k^a in Richtung der beiden Achsen x und y sind x_k^a bzw. y_k^a; entsprechendes gilt für r_k^b. Wenn nun die beiden Vektoren im Uhrzeigersinn um die C_∞-Achse um den Winkel ϕ gedreht werden, werden die Komponenten des Vektors r_k^a in Richtung der Achsen zu $(x_k^a)'$ und $(y_k^a)'$, wobei gilt:

$$\begin{aligned} (x_k^a)' &= r_k^a \sin(\alpha + \phi) = x_k^a \cos\phi + y_k^a \sin\phi \\ (y_k^a)' &= r_k^a \cos(\alpha + \phi) = y_k^a \cos\phi - x_k^a \sin\phi \end{aligned} \tag{4.18}$$

Da jedoch $y_k^a = x_k^b$ und $x_k^a = -y_k^b$, erhält man:

$$\begin{aligned}(x_k{}^a)' &= x_k{}^a \cos\phi + x_k{}^b \sin\phi \\ (y_k{}^a)' &= y_k{}^a \cos\phi + y_k{}^b \sin\phi\end{aligned} \tag{4.19}$$

Ähnlich ergibt sich für ν_{2b}:

$$\begin{aligned}(x_k{}^b)' &= -x_k{}^a \sin\phi + x_k{}^b \cos\phi \\ (y_k{}^b)' &= -y_k{}^a \sin\phi + y_k{}^b \cos\phi\end{aligned} \tag{4.20}$$

Da die Gleichungen 4.19 und 4.20 für jeden Kern k gelten, der sich bei einer der beiden entarteten Normalschwingungen bewegt, erhält man:

$$\begin{aligned}Q'_{2a} &= Q_{2a} \cos\phi + Q_{2b} \sin\phi \\ Q'_{2b} &= -Q_{2a} \sin\phi + Q_{2b} \cos\phi\end{aligned} \tag{4.21}$$

Die zu dieser Transformation gehörende Matrix ist:

$$\begin{pmatrix} \cos\phi & \sin\phi \\ -\sin\phi & \cos\phi \end{pmatrix} \tag{4.22}$$

Die Spur $2\cos\phi$ dieser Matrix ist der Charakter der Symmetriespezies Π_u bezüglich der Symmetrieoperation C_∞^ϕ.

Es sei daran erinnert, daß wir hier wie in vielen anderen Fällen zwar das spezielle Beispiel einer Normalschwingung verwendet haben, um die Ableitung eines Charakters zu illustrieren, daß wir aber genauso gut eine Elektronen-Wellenfunktion oder irgendeine andere Moleküleigenschaft hätten verwenden können.

(j) $\mathbf{S_4}$, $\mathbf{T_d}$, **T**, $\mathbf{O_h}$, **O**. Die Charaktertafeln dieser Punktgruppen finden sich in den Tabellen 4.38 und 4.41-4.44. In vier dieser fünf Punktgruppen treten dreifach entartete Spezies auf, für die in der Literatur die Symbole T und F benutzt werden. T ist in einigen Fällen vorzuziehen, vor allem in der Kristall- und Ligandenfeldtheorie (Abschnitt 6.5), wenn siebenfach entartete f-Orbitale eine Rolle spielen. In der Schwingungsspektroskopie wird jedoch meistens F verwendet.

(k) $\mathbf{C_4}$, $\mathbf{C_5}$, $\mathbf{C_6}$, $\mathbf{C_7}$, $\mathbf{C_8}$, $\mathbf{C_{4h}}$, $\mathbf{C_{5h}}$, $\mathbf{C_{6h}}$, $\mathbf{S_6}$, $\mathbf{S_8}$, $\mathbf{D_4}$, $\mathbf{D_5}$, $\mathbf{D_6}$, $\mathbf{C_{5v}}$, $\mathbf{C_{6v}}$, $\mathbf{D_{6d}}$. Diese Punktgruppen sind bei Molekülen nur äußerst selten anzutreffen. Aus Gründen der Vollständigkeit wurden jedoch ihre Charaktertafeln zusammen mit denen der anderen Punktgruppen aufgeführt, und man kann die Übersicht auf Seite 63 benutzen, um die entsprechende Tabelle aufzufinden.

(l) $\mathbf{K_h}$. Zu dieser Punktgruppe gehören alle freien Atome aufgrund ihrer Kugelsymmetrie. Diese Gruppe enthält eine unendliche Zahl von Symmetrieelementen, nämlich I und unendlich viele Drehachsen und Spiegelebenen sowie ein Inversionszentrum. Dementsprechend gibt es unendlich viele Symmetriespezies. Die für die Symmetriespezies verwendeten Symbolbuchstaben S, P, D, F, ... haben einen ungewöhnlichen historischen Ursprung und bedeuten, daß ein Atom in einem Elektronenzustand, der einer dieser Spezies zuzuordnen ist, die Bahndrehimpulsquantenzahl $L = 0, 1, 2, 3, \ldots$ besitzt.

4.3 Multiplikation von Symmetriespezies

Bei vielen Anwendungen der Theorie der Molekülsymmetrie ist es notwendig, Symmetriespezies einer bestimmten Punktgruppe miteinander zu multiplizieren. Wenn beispielsweise ein Molekül in einem Elektronenzustand, der durch eine Wellenfunktion der Symmetriespezies A beschrieben wird, gleichzeitig eine Normalschwingung der Symmetriespezies b ausführt, so ist die Symmetriespezies der Gesamtwellenfunktion ψ_{ev} (= $\psi_e \times \psi_v$) gegeben durch $A \times b$. In entsprechender Weise gilt für ein Molekül, das eine Kombinationsschwingung, das heißt zur gleichen Zeit eine Normalschwingung beispielsweise der Spezies a und eine der Spezies b ausführt, daß die Symmetriespezies der gesamten Schwingungswellenfunktion gegeben ist durch $a \times b$. Die für die Ausführung derartiger Multiplikationen gültigen Regeln werden im folgenden erläutert.

4.3.1 Multiplikation von zwei nicht-entarteten Symmetriespezies

Bei den nicht-entarteten Punktgruppen ist die Multiplikation von Spezies sehr einfach. Um den Charakter des Produkts zweier Spezies bezüglich einer Symmetrieoperation zu erhalten, multipliziert man einfach die Charaktere der beiden Spezies bezüglich dieser Symmetrieoperation. Tabelle 4.46 illustriert beispielsweise, daß in der Punktgruppe $\mathbf{C_{2v}}$ gilt: $A_2 \times B_1 = B_2$. Tabelle 4.47 enthält die vollständige Multiplikations-

Tabelle 4.46: Das Produkt $A_2 \times B_1$ in der Punktgruppe C_{2v}

C_{2v}	I	C_2	$\sigma_v(xz)$	$\sigma'_v(yz)$
A_2	1	1	−1	−1
B_1	1	−1	1	−1
$A_2 \times B_1(=B_2)$	1	−1	−1	1

Tabelle 4.47: Multiplikationstafel für die Symmetriespezies der Punktgruppe C_{2v}

	A_1	A_2	B_1	B_2
A_1	A_1	A_2	B_1	B_2
A_2	A_2	A_1	B_2	B_1
B_1	B_1	B_2	A_1	A_2
B_2	B_2	B_1	A_2	A_1

tafel für alle Spezies der Punktgruppe C_{2v}. Die Ergebnisse kann man an Hand der Charaktertafel in Tabelle 4.11 nachprüfen. Es ist offensichtlich ein allgemein gültiges Ergebnis, daß das Quadrat einer nicht-entarteten Symmetriespezies gleich der totalsymmetrischen Spezies ist. In der Punktgruppe C_{2v} gilt beispielsweise: $B_1 \times B_1 = A_1$. Weiterhin gilt allgemein, daß eine beliebige entartete oder nicht-entartete Symmetriespezies bei der Multiplikation mit der totalsymmetrischen Spezies unverändert bleibt. In der Punktgruppe C_{2v} bedeutet das zum Beispiel: $A_2 \times A_1 = A_2$.

In analoger Weise kann man auch mehr als zwei Spezies miteinander multiplizieren; in der Punktgruppe C_{2v} also zum Beispiel: $A_2 \times B_1 \times B_2 = A_2 \times A_2 = A_1$.

Die Multiplikation nicht-entarteter Symmetriespezies ist so einfach, daß es nicht notwendig ist, für alle Punktgruppen die Multiplikationstafeln ähnlich der in Tabelle 4.47 aufzuführen. Es ist auch nicht ratsam, zu versuchen, die Ergebnisse derartiger Multiplikationen auswendig zu lernen. Andererseits ist es jedoch nützlich und zeitsparend, wenn man sich zusätzlich zu den bereits erläuterten folgende allgemein gültige Regeln merkt:

(a) Wenn die Spezies einen Index g oder u besitzen, gilt in allen Punktgruppen:

$$g \times g = g; \quad u \times u = g; \quad g \times u = u \tag{4.23}$$

(b) Wenn die Spezies rechts oben durch einen oder zwei Striche gekennzeichnet sind, gilt in allen Punktgruppen:

$$(') \times (') = ('); \quad ('') \times ('') = ('); \quad ('') \times (') = ('') \tag{4.24}$$

(c) In Punktgruppen, in denen die Indices an den Buchstaben A und B nicht größer als 2 sein können, gilt für die Spezies:

$$\text{(i)} \quad A \times A = A; \quad B \times B = A; \quad A \times B = B \tag{4.25}$$

und für die Indices:

$$\text{(ii)} \quad 1 \times 1 = 1; \quad 2 \times 2 = 1; \quad 1 \times 2 = 2 \tag{4.26}$$

(d) In der Punktgruppe $\mathbf{D_{2h}}$ folgt die Multiplikation der Indices folgender cyclischen Vertauschung:

$$1 \times 2 = 3; \quad 2 \times 3 = 1; \quad 3 \times 1 = 2 \tag{4.27}$$

4.3.2 Multiplikation einer nicht-entarteten mit einer entarteten Symmetriespezies

Wenn eine der beiden Symmetriespezies, die multipliziert werden sollen, entartet ist, erhält man die resultierende Spezies, die dann ebenfalls stets entartet ist, nach den gleichen Methoden, wie sie für nicht-entartete Spezies im Abschnitt 4.3.1 beschrieben wurden. Tabelle 4.48 zeigt beispielsweise, daß in der Punktgruppe $\mathbf{C_{3v}}$ gilt $A_2 \times E = E$ und in der Punktgruppe **O**: $A_2 \times T_2 = T_1$.

Tabelle 4.48: Zwei Beispiele für die Multiplikation einer nicht-entarteten mit einer entarteten Symmetriespezies

$\mathbf{C_{3v}}$	I	$2C_3$	$3\sigma_v$
A_2	1	1	−1
E	2	−1	0
$A_2 \times E(=E)$	2	−1	0

O	I	$8C_3$	$6C_2$	$6C_4$	$3C_2'(=3C_4^2)$
A_2	1	1	−1	−1	1
T_2	3	0	1	−1	−1
$A_2 \times T_2(=T_1)$	3	0	−1	1	−1

4.3.3 Multiplikation zweier entarteter Symmetriespezies

Diesen Typ von Multiplikation kann man am besten am Beispiel der Normalschwingungen von Molekülen erläutern.
Ein wichtiges Merkmal der Multiplikation entarteter Symmetriespezies ist, daß das Ergebnis der Multiplikation zweier nicht-identischer Spezies davon abhängt, ob diese - um bei den Schwingungen zu bleiben - ein Molekül repräsentieren, das eine Oberschwingung $2\nu_a$ ausführt, wobei beide Grundschwingungen ν_a identisch sind, oder ob das Molekül eine Kombinationsschwingung $\nu_a + \nu_b$ ausführt, wobei die beiden Grundschwingungen verschieden sind, aber zur gleichen Symmetriespezies gehören. Wenn ein Ammoniakmolekül beispielsweise eine Schwingung $2\nu_3$ ausführt (vgl. Abb. 4.5), so sind die Symmetriespezies der resultierenden Schwingungszustände gegeben durch:

$$(e)^2 = A_1 + E \tag{4.28}$$

Für die Kombinationsschwingung $\nu_3 + \nu_4$ erhält man dagegen:

$$e \times e = A_1 + A_2 + E \tag{4.29}$$

Man beachte die Unterscheidung dieser beiden Fälle durch die Schreibweise $(e)^2$ und $e \times e$ sowie die Verwendung kleiner Buchstaben für die Symmetriespezies der Normalschwingungen und großer Buchstaben für die der Schwingungszustände. Das Ergebnis der Multiplikation $e \times e$ kann man in zwei Teile zerlegen, nämlich in einen *symmetrischen* Teil $A_1 + E$ und in einen *asymmetrischen* Teil A_2. $(e)^2$ ist gleich dem symmetrischen Teil von $e \times e$, was allgemein gilt. Wenn wir später Elektronenzustände ableiten, die auf zwei Elektronen in entarteten Orbitalen basieren (Abschnitt 6.6), wird sich zeigen, daß wir ständig Produkte der Art $e \times e$ verwenden und daß der symmetrische Teil des Produktes Singulettzustände und der asymmetrische Teil Triplettzustände ergibt.
Wie erhält man nun die Ergebnisse der Gleichungen 4.28 und 4.29? Um das Produkt $e \times e$ zu ermitteln, wird der Charakter von e bezüglich jeder Symmetrieoperation quadriert; die resultierenden Charaktere stellen dann immer die Summe der Charaktere einer einzigen Kombination von Symmetriespezies dar, in diesem Falle $A_1 + A_2 + E$ (vgl. Tab. 4.49). Wenn χ den Charakter darstellt, dann gilt beispielsweise für die Operation C_3:

$$\chi_E(C_3) \times \chi_E(C_3) = \chi_{A_1}(C_3) + \chi_{A_2}(C_3) + \chi_E(C_3) \tag{4.30}$$

Tabelle 4.49: Das Produkt e × e in der Punktgruppe $\mathbf{C_{3v}}$

$\mathbf{C_{3v}}$	I	$2C_3$	$3\sigma_v$
A_1	1	1	1
A_2	1	1	–1
E	2	–1	0
e × e	4	1	0

Tabelle 4.50 zeigt, daß in der Punktgruppe $\mathbf{D_{6h}}$ gilt: $e_{2u} \times e_{2u} = A_{1g} + A_{2g} + E_{2g}$ (vgl. hierzu auch die Charaktertafel in Tab. 4.36).

Tabelle 4.50: Die Produkte $e_{2u} \times e_{2u}$ und $e_{1g} \times e_{2u}$ in der Punktgruppe $\mathbf{D_{6h}}$

$\mathbf{D_{6h}}$	$2C_3$	C_2	$3C_2'$	i	σ_h	$3\sigma_v$
A_{1g}	1	1	1	1	1	1
A_{2g}	1	1	–1	1	1	–1
E_{2g}	–1	2	0	2	2	0
$e_{2u} \times e_{2u}$	1	4	0	4	4	0
B_{1u}	1	–1	1	–1	1	1
B_{2u}	1	–1	–1	–1	1	–1
E_{1u}	–1	–2	0	–2	2	0
$e_{1g} \times e_{2u}$	1	–4	0	–4	4	0

Man erkennt außerdem, daß man bei der Multiplikation von Symmetriespezies nur einen Satz erzeugender Elemente und nicht alle Elemente zu berücksichtigen braucht.
Generell ermöglicht die Beziehung

$$\chi_C(k) \times \chi_D(k) = \chi_F(k) + \chi_G(k) + \cdots \qquad (4.31)$$

in der k für irgendeine Operation steht, die Spezies F + G + ..., die bei der Multiplikation zweier entarteter Spezies entstehen, eindeutig zu bestimmen.

Bisher haben wir nur Beispiele betrachtet, bei denen C = D war. Gleichung 4.31 gilt aber ganz allgemein, und Tabelle 4.50 zeigt, daß in der Punktgruppe $\mathbf{D}_{6h}$ gilt: $e_{1g} \times e_{2u} = B_{1u} + B_{2u} + E_{1u}$.
In den Fällen entarteter Symmetriespezies, bei denen die Entartung separierbar ist, erhält man die Summe der Charaktere des Produktes zweier entarteter Spezies dadurch, daß man beide Charaktere der entarteten Spezies in allen möglichen Kombinationen miteinander multipliziert (vier Kombinationen bei zwei zweifach entarteten Spezies).
Die Beispiele in Tabelle 4.51 zeigen, daß in der Punktgruppe $\mathbf{C}_7$, die das erzeugende Element C_7 besitzt, folgende Ergebnisse erhalten werden:

$$e_1 \times e_1 = 2A + E_2 \text{ und } e_2 \times e_3 = E_1 + E_2$$

Tabelle 4.51: Die Produkte $e_1 \times e_1$ und $e_2 \times e_3$ in der Punktgruppe $\mathbf{C}_7$

$\mathbf{C}_7$	C_7
A	1
E_2	ϵ^2 ϵ^{2*}
$e_1 \times e_1$	ϵ^2 ϵ^{2*} 1 1
E_1	ϵ ϵ^*
E_2	ϵ^2 ϵ^{2*}
$e_2 \times e_3$	ϵ ϵ^* ϵ^2 ϵ^{2*}

Tabelle 4.52 enthält die Zustände, die aus allen möglichen paarweisen Kombinationen verschiedener entarteter Grundschwingungen entste-

hen, und zwar für alle entarteten Punktgruppen, die in den Tabellen 4.1 bis 4.44 aufgeführt sind.

Tabelle 4.52: Symmetriespezies von Schwingungszuständen, die durch Kombination zweier verschiedener entarteter Schwingungen entstehen

Punktgruppe	*Symmetriespezies*
C_3	$e \times e = 2A + E$
C_4	$e \times e = 2A + 2B$
C_5	$e_1 \times e_1 = 2A + E_2$, $e_2 \times e_2 = 2A + E_1$, $e_1 \times e_2 = E_1 + E_2$
C_6	$e_1 \times e_1 = 2A + E_2$, $e_2 \times e_2 = 2A + E_2$, $e_1 \times e_2 = 2B + E_1$
C_7	$e_1 \times e_1 = 2A + E_2$, $e_2 \times e_2 = 2A + E_3$, $e_3 \times e_3 = 2A + E_1$, $e_1 \times e_2 = E_1 + E_3$, $e_1 \times e_3 = E_2 + E_3$, $e_2 \times e_3 = E_1 + E_2$
C_8	$e_1 \times e_1 = 2A + E_2$, $e_2 \times e_2 = 2A + 2B$, $e_3 \times e_3 = 2A + E_2$, $e_1 \times e_2 = E_1 + E_3$, $e_1 \times e_3 = 2B + E_2$, $e_2 \times e_3 = E_1 + E_3$
C_{3v}	$e \times e = A_1 + A_2 + E$
C_{4v}	$e \times e = A_1 + A_2 + B_1 + B_2$
C_{5v}	$e_1 \times e_1 = A_1 + A_2 + E_2$, $e_2 \times e_2 = A_1 + A_2 + E_1$, $e_1 \times e_2 = E_1 + E_2$
C_{6v}	$e_1 \times e_1 = A_1 + A_2 + E_2$, $e_2 \times e_2 = A_1 + A_2 + E_2$, $e_1 \times e_2 = B_1 + B_2 + E_1$
$C_{\infty v}$	$\pi \times \pi = \Sigma^+ + \Sigma^- + \Delta$, $\delta \times \delta = \Sigma^+ + \Sigma^- + \Gamma$, $\pi \times \delta = \Pi + \Phi$
D_3	$e \times e = A_1 + A_2 + E$
D_4	$e \times e = A_1 + A_2 + B_1 + B_2$
D_5	$e_1 \times e_1 = A_1 + A_2 + E_2$, $e_2 \times e_2 = A_1 + A_2 + E_1$, $e_1 \times e_2 = E_1 + E_2$
D_6	$e_1 \times e_1 = A_1 + A_2 + E_2$, $e_2 \times e_2 = A_1 + A_2 + E_2$, $e_1 \times e_2 = B_1 + B_2 + E_1$
C_{3h}	$e' \times e' = 2A' + E'$, $e'' \times e'' = 2A' + E'$, $e' \times e'' = 2A'' + E''$
C_{4h}	$e_g \times e_g = 2A_g + 2B_g$, $e_u \times e_u = 2A_g + 2B_g$, $e_g \times e_u = 2A_u + 2B_u$
C_{5h}	$e_1' \times e_1' = 2A' + E_2'$, $e_2' \times e_2' = 2A' + E_1'$, $e_1'' \times e_1'' = 2A' + E_2'$, $e_2'' \times e_2'' = 2A' + E_1'$, $e_1' \times e_1'' = 2A + E_2''$, $e_1' \times e_2'' = E_1'' + E_2''$, $e_1' \times e_2' = E_1' + E_2'$, $e_1' \times e_2'' = E_1'' + E_2''$, $e_1'' \times e_2' = E_1'' + E_2''$, $e_1'' \times e_2'' = E_1' + E_2'$
C_{6h}	$e_{1g} \times e_{1g} = 2A_g + E_{2g}$, $e_{2g} \times e_{2g} = 2A_g + E_{2g}$, $e_{1u} \times e_{1u} = 2A_g + E_{2g}$, $e_{2u} \times e_{2u} = 2A_g + E_{2g}$, $e_{1g} \times e_{1u} = 2A_u + E_{2u}$, $e_{1g} \times e_{2g} = 2B_g + E_{1g}$, $e_{1g} \times e_{2u} = 2B_u + E_{1u}$, $e_{1u} \times e_{2g} = 2B_u + E_{1u}$, $e_{1u} \times e_{2u} = 2B_g + 2E_{1g}$, $e_{2g} \times e_{2u} = 2A_u + E_{2u}$

Tabelle 4.52, Fortsetzung 1

Punkt-gruppe	*Symmetriespezies*
$\mathbf{D_{2d}}$	$e \times e = A_1 + A_2 + B_1 + B_2$
$\mathbf{D_{3d}}$	$e_g \times e_g = A_{1g} + A_{2g} + E_g$, $e_u \times e_u = A_{1g} + A_{2g} + E_g$, $e_g \times e_u = A_{1u} + A_{2u} + E_u$
$\mathbf{D_{4d}}$	$e_1 \times e_1 = A_1 + A_2 + E_2$, $e_2 \times e_2 = A_1 + A_2 + B_1 + B_2$, $e_3 \times e_3 = A_1 + A_2 + E_2$, $e_1 \times e_2 = E_1 + E_3$, $e_1 \times e_3 = B_1 + B_2 + E_2$, $e_2 \times e_3 = E_1 + E_3$
$\mathbf{D_{5d}}$	$e_{1g} \times e_{1g} = A_{1g} + A_{2g} + E_{2g}$, $e_{2g} \times e_{2g} = A_{1g} + A_{2g} + E_{1g}$, $e_{1u} \times e_{1u} = A_{1g} + A_{2g} + E_{2g}$, $e_{2u} \times e_{2u} = A_{1g} + A_{2g} + E_{1g}$, $e_{1g} \times e_{2g} = E_{1g} + E_{2g}$, $e_{1g} \times e_{1u} = A_{1u} + A_{2u} + E_{2u}$, $e_{1u} \times e_{2u} = E_{1g} + E_{2g}$, $e_{1g} \times e_{2u} = E_{1u} + E_{2u}$, $e_{2g} \times e_{1u} = E_{1u} + E_{2u}$, $e_{2g} \times e_{2u} = A_{1u} + A_{2u} + E_{1u}$
$\mathbf{D_{6d}}$	$e_1 \times e_1 = A_1 + A_2 + E_2$, $e_2 \times e_2 = A_1 + A_2 + E_4$, $e_3 \times e_3 = A_1 + A_2 + B_1 + B_2$, $e_4 \times e_4 = A_1 + A_2 + E_4$, $e_5 \times e_5 = A_1 + A_2 + E_2$, $e_1 \times e_2 = E_1 + E_3$, $e_1 \times e_3 = E_2 + E_4$, $e_1 \times e_4 = E_3 + E_5$, $e_1 \times e_5 = B_1 + B_2 + E_4$, $e_2 \times e_3 = E_1 + E_5$, $e_2 \times e_4 = B_1 + B_2 + E_2$, $e_2 \times e_5 = E_3 + E_5$, $e_3 \times e_4 = E_1 + E_5$, $e_3 \times e_5 = E_2 + E_4$, $e_4 \times e_5 = E_1 + E_3$
$\mathbf{D_{3h}}$	$e' \times e' = A_1' + A_2' + E'$, $e'' \times e'' = A_1' + A_2' + E'$, $e' \times e'' = A_1'' + A_2'' + E''$
$\mathbf{D_{4h}}$	$e_g \times e_g = A_{1g} + A_{2g} + B_{1g} + B_{2g}$, $e_u \times e_u = A_{1g} + A_{2g} + B_{1g} + B_{2g}$, $e_g \times e_u = A_{1u} + A_{2u} + B_{1u} + B_{2u}$
$\mathbf{D_{5h}}$	$e_1' \times e_1' = A_1' + A_2' + E_2'$, $e_1'' \times e_1'' = A_1' + A_2' + E_2'$, $e_2' \times e_2' = A_1' + A_2' + E_1'$, $e_2'' \times e_2'' = A_1' + A_2' + E_1'$, $e_1' \times e_1'' = A_1'' + A_2'' + E_2''$, $e_1' \times e_2' = E_1' + E_2'$, $e_1' \times e_2'' = E_1'' + E_2''$, $e_1'' \times e_2' = E_1'' + E_2''$, $e_1'' \times e_2'' = E_1' + E_2'$, $e_2' \times e_2'' = A_1'' + A_2'' + E_1''$
$\mathbf{D_{6h}}$	$e_{1g} \times e_{1g} = A_{1g} + A_{2g} + E_{2g}$, $e_{2g} \times e_{2g} = A_{1g} + A_{2g} + E_{2g}$, $e_{1u} \times e_{1u} = A_{1g} + A_{2g} + E_{2g}$, $e_{2u} \times e_{2u} = A_{1g} + A_{2g} + E_{2g}$, $e_{1g} \times e_{1u} = A_{1u} + A_{2u} + E_{2u}$, $e_{2g} \times e_{2u} = A_{1u} + A_{2u} + E_{2u}$, $e_{1g} \times e_{2g} = B_{1g} + B_{2g} + E_{1g}$, $e_{1g} \times e_{2u} = B_{1u} + B_{2u} + E_{1u}$, $e_{1u} \times e_{2g} = B_{1u} + B_{2u} + E_{1u}$, $e_{1u} \times e_{2u} = B_{1g} + B_{2g} + E_{1g}$
$\mathbf{D_{\infty h}}$	$\pi_g \times \pi_g = \Sigma_g^+ + \Sigma_g^- + \Delta_g$, $\delta_g \times \delta_g = \Sigma_g^+ + \Sigma_g^- + \Gamma_g$, $\pi_u \times \pi_u = \Sigma_g^+ + \Sigma_g^- + \Delta_g$, $\delta_u \times \delta_u = \Sigma_g^+ + \Sigma_g^- + \Gamma_g$, $\pi_g \times \pi_u = \Sigma_u^+ + \Sigma_u^- + \Delta_u$, $\delta_g \times \delta_u = \Sigma_u^+ + \Sigma_u^- + \Gamma_u$, $\pi_g \times \delta_g = \Pi_g + \Phi_g$, $\pi_u \times \delta_u = \Pi_g + \Phi_g$, $\pi_g \times \delta_u = \Pi_u + \Phi_u$, $\pi_u \times \delta_g = \Pi_u \times \Phi_u$

Um das Quadrat $(c)^2$ einer zweifach entarteten Spezies c auszurechnen, ermittelt man zunächst nach den oben erläuterten Methoden das Produkt $c \times c$. Das Ergebnis enthält in jedem Falle zwei Spezies mit der

Tabelle 4.52, Fortsetzung 2

Punkt-gruppe	*Symmetriespezies*
S_4	$e \times e = 2A + 2B$
S_6	$e_g \times e_g = 2A_g + E_g, e_u \times e_u = 2A_g + E_g, e_g \times e_u = 2A_u + E_u$
S_8	$e_1 \times e_1 = 2A + E_2, e_2 \times e_2 = 2A + 2B, e_3 \times e_3 = 2A + E_2, e_1 \times e_2 = E_1 + E_3,$ $e_1 \times e_3 = 2B + E_2, e_2 \times e_3 = E_1 + E_3$
T_d	$e \times e = A_1 + A_2 + E, t_1 \times t_1 = A_1 + E + T_1 + T_2, t_2 \times t_2 = A_1 + E + T_1 + T_2,$ $e \times t_1 = T_1 + T_2, e \times t_2 = T_1 + T_2, t_1 \times t_2 = A_2 + E + T_1 + T_2$
T	$e \times e = 2A + E, t \times t = A + E + 2T, e \times t = 2T$
O_h	$e_g \times e_g = A_{1g} + A_{2g} + E_g, e_u \times e_u = A_{1g} + A_{2g} + E_g, e_g \times e_u = A_{1u} + A_{2u} + E_u,$ $t_{1g} \times t_{1g} = A_{1g} + E_g + T_{1g} + T_{2g}, t_{1u} \times t_{1u} = A_{1g} + E_g + T_{1g} + T_{2g},$ $t_{1g} \times t_{1u} = A_{1u} + E_u + T_{1u} + T_{2u}, t_{2g} \times t_{2g} = A_{1g} + E_g + T_{1g} + T_{2g},$ $t_{2u} \times t_{2u} = A_{1g} + E_g + T_{1g} + T_{2g}, t_{2g} \times t_{2u} = A_{1u} + E_u + T_{1u} + T_{2u},$ $e_g \times t_{1g} = T_{1g} + T_{2g}, e_u \times t_{1u} = T_{1g} + T_{2g}, e_g \times t_{1u} = T_{1u} + T_{2u},$ $e_u \times t_{1g} = T_{1u} + T_{2u}, e_g \times t_{2g} = T_{1g} + T_{2g}, e_u \times t_{2u} = T_{1g} + T_{2g},$ $e_g \times t_{2u} = T_{1u} + T_{2u}, e_u \times t_{2g} = T_{1u} + T_{2u}, t_{1g} \times t_{2g} = A_{2g} + E_g + T_{1g} + T_{2g},$ $t_{1u} \times t_{2u} = A_{2g} + E_g + T_{1g} + T_{2g}, t_{1u} \times t_{2g} = A_{2u} + E_u + T_{1u} + T_{2u},$ $t_{1g} \times t_{2u} = A_{2u} + E_u + T_{1u} + T_{2u}$
O	$e \times e = A_1 + A_2 + E, t_1 \times t_1 = A_1 + E + T_1 + T_2, t_2 \times t_2 = A_1 + E + T_1 + T_2,$ $e \times t_1 = T_1 + T_2, e \times t_2 = T_1 + T_2, t_1 \times t_2 = A_2 + E + T_1 + T_2$

Bezeichnung A. *Um nun von $c \times c$ zu $(c)^2$ zu kommen, wird eine der beiden A-Spezies entfernt, und zwar nach Möglichkeit diejenige, die nicht totalsymmetrisch ist.* In der Punktgruppe C_{3v} wird beispielsweise A_2 aus der Summe $A_1 + A_2 + E$, die man als Ergebnis des Produktes $e \times e$ erhält (Gleichung 4.29), entfernt und der Rest entspricht $(e)^2$. In der Punktgruppe C_{4v} ist $e \times e = 2A + 2B$ und $(e)^2 = A + 2B$. Diese Regel kann jedoch nicht angewandt werden, um Zustände abzuleiten, die durch Kombination von mehr als zweifach entarteten Schwingungen entstehen.
Tabelle 4.53 enthält die Zustände, die sich von den Quadraten aller entarteten Symmetriespezies der in den Tabellen 4.1 bis 4.44 aufgeführten entarteten Punktgruppen ableiten.

Tabelle 4.53: Symmetriespezies von Oberschwingungen, die durch Kombination zweier entarteter Grundschwingungen entstehen

Punktgruppe	*Symmetriespezies*
$\mathbf{C_3}$	$(e)^2 = A + E$
$\mathbf{C_4}$	$(e)^2 = A + 2B$
$\mathbf{C_5}$	$(e_1)^2 = A + E_2$, $(e_2)^2 = A + E_1$
$\mathbf{C_6}$	$(e_1)^2 = A + E_2$, $(e_2)^2 = A + E_2$
$\mathbf{C_7}$	$(e_1)^2 = A + E_2$, $(e_2)^2 = A + E_3$, $(e_3)^2 = A + E_1$
$\mathbf{C_8}$	$(e_1)^2 = A + E_2$ $(e_2)^2 = A + 2B$, $(e_3)^2 = A + E_2$
$\mathbf{C_{3v}}$	$(e)^2 = A_1 + E$
$\mathbf{C_{4v}}$	$(e)^2 = A_1 + B_1 + B_2$
$\mathbf{C_{5v}}$	$(e_1)^2 = A_1 + E_2$, $(e_2)^2 = A_1 + E_1$
$\mathbf{C_{6v}}$	$(e_1)^2 = A_1 + E_2$, $(e_2)^2 = A_1 + E_2$
$\mathbf{C_{\infty v}}$	$(\pi)^2 = \Sigma^+ + \Delta$, $(\delta)^2 = \Sigma^+ + \Gamma$
$\mathbf{D_3}$	$(e)^2 = A_1 + E$
$\mathbf{D_4}$	$(e)^2 = A_1 + B_1 + B_2$
$\mathbf{D_5}$	$(e_1)^2 = A_1 + E_2$, $(e_2)^2 = A_1 + E_1$
$\mathbf{D_6}$	$(e_1)^2 = A_1 + E_2$, $(e_2)^2 = A_1 + E_2$
$\mathbf{C_{3h}}$	$(e')^2 = A' + E'$, $(e'')^2 = A' + E'$
$\mathbf{C_{4h}}$	$(e_g)^2 = A_g + 2B_g$, $(e_u)^2 = A_g + 2B_g$
$\mathbf{C_{5h}}$	$(e_1')^2 = A' + E_2'$, $(e_2')^2 = A' + E_1'$, $(e_1'')^2 = A' + E_2'$, $(e_2'')^2 = A' + E_1'$
$\mathbf{C_{6h}}$	$(e_{1g})^2 = A_g + E_{2g}$, $(e_{2g})^2 = A_g + E_{2g}$, $(e_{1u})^2 = A_g + E_{2g}$, $(e_{2u})^2 = A_g + E_{2g}$
$\mathbf{D_{2d}}$	$(e)^2 = A_1 + B_1 + B_2$
$\mathbf{D_{3d}}$	$(e_g)^2 = A_{1g} + E_g$, $(e_u)^2 = A_{1g} + E_g$
$\mathbf{D_{4d}}$	$(e_1)^2 = A_1 + E_2$, $(e_2)^2 = A_1 + B_1 + B_2$, $(e_3)^2 = A_1 + E_2$
$\mathbf{D_{5d}}$	$(e_{1g})^2 = A_{1g} + E_{2g}$, $(e_{2g})^2 = A_{1g} + E_{1g}$, $(e_{1u})^2 = A_{1g} + E_{2g}$, $(e_{2u})^2 = A_{1g} + E_{1g}$
$\mathbf{D_{6d}}$	$(e_1)^2 = A_1 + E_2$, $(e_2)^2 = A_1 + E_4$, $(e_3)^2 = A_1 + B_1 + B_2$, $(e_4)^2 = A_1 + E_4$, $(e_5)^2 = A_1 + E_2$
$\mathbf{D_{3h}}$	$(e')^2 = A_1' + E'$, $(e'')^2 = A_1' + E'$

Tabelle 4.53, Fortsetzung

Punkt-gruppe	*Symmetriespezies*
$\mathbf{D_{4h}}$	$(e_g)^2 = A_{1g} + B_{1g} + B_{2g}$, $(e_u)^2 = A_{1g} + B_{1g} + B_{2g}$
$\mathbf{D_{5h}}$	$(e_1')^2 = A_1' + E_2'$, $(e_2')^2 = A_1' + E_1'$, $(e_1'')^2 = A_1' + E_2'$, $(e_2'')^2 = A_1' + E_1'$
$\mathbf{D_{6h}}$	$(e_{1g})^2 = A_{1g} + E_{2g}$, $(e_{2g})^2 = A_{1g} + E_{2g}$, $(e_{1u})^2 = A_{1g} + E_{2g}$, $(e_{2u})^2 = A_{1g} + E_{2g}$
$\mathbf{D_{\infty h}}$	$(\pi_g)^2 = \Sigma_g^+ + \Delta_g$, $(\pi_u)^2 = \Sigma_g^+ + \Delta_g$, $(\delta_g)^2 = \Sigma_g^+ + \Gamma_g$, $(\delta_u)^2 = \Sigma_g^+ + \Gamma_g$
$\mathbf{S_4}$	$(e)^2 = A + 2B$
$\mathbf{S_6}$	$(e_g)^2 = A_g + E_g$, $(e_u)^2 = A_g + E_g$
$\mathbf{S_8}$	$(e_1)^2 = A + E_2$, $(e_2)^2 = A + 2B$, $(e_3)^2 = A + E_2$
$\mathbf{T_d}$	$(e)^2 = A_1 + E$, $(t_1)^2 = A_1 + E + T_2$, $(t_2)^2 = A_1 + E + T_2$
$\mathbf{T}$	$(e)^2 = A + E$, $(t)^2 = A + E + T$
$\mathbf{O_h}$	$(e_g)^2 = A_{1g} + E_g$, $(e_u)^2 = A_{1g} + E_g$, $(t_{1g})^2 = A_{1g} + E_g + T_{2g}$, $(t_{2g})^2 = A_{1g} + E_g + T_{2g}$, $(t_{1u})^2 = A_{1g} + E_g + T_{2g}$, $(t_{2u})^2 = A_{1g} + E_g + T_{2g}$
$\mathbf{O}$	$(e)^2 = A_1 + E$, $(t_1)^2 = A_1 + E + T_2$, $(t_2)^2 = A_1 + E + T_2$

4.4 Symmetriespezies von Rotationen und Translationen

Die Symmetriespezies von Rotationen und Translationen sind wichtig für die Zuordnung von sogenannten Gitterschwingungen im Infrarot- oder Raman-Spektrum. Gitterschwingungen können bei Molekülkristallen und Ionengittern entweder Translations- oder Rotationsschwingungen (Librationen) von kompletten Molekülen oder Ionen um die Gleichgewichtslage sein.

Ein Molekül besitzt drei sogenannte *Hauptachsen*, die aufeinander senkrecht stehen und sich im Schwerpunkt des Moleküls schneiden. Eine der Achsen ist die des größten Trägheitsmomentes, das heißt bei einer Rotation des Moleküls um diese Achse ist das Trägheitsmoment am größten. Eine weitere Achse ist die des kleinsten Trägheitsmomentes. Diese beiden Achsen stehen notwendigerweise senkrecht aufeinander, und die dritte steht dann senkrecht auf den beiden anderen. In den Fällen, wo die Hauptachsen zugleich Drehachsen sind, werden sie als cartesische Achsen benutzt und entsprechend den in den Abschnitten 4.1 und 4.2.a erwähnten Regeln mit x, y oder z bezeichnet. Wenn drei bzw. zwei der Trägheitsmomente um die Hauptachsen gleich groß sind, nennt man das Molekül einen *Kugelkreisel* bzw. einen *symmetrischen* Kreisel, andernfalls einen *asymmetrischen Kreisel.*

Man kann die Rotationen R_x, R_y und R_z eines Moleküls um die Achsen x, y und z nach ihrer Symmetrie klassifizieren. Dies ist für das H_2O-Molekül in Abbildung 4.11 gezeigt, wobei die Zeichen + und –

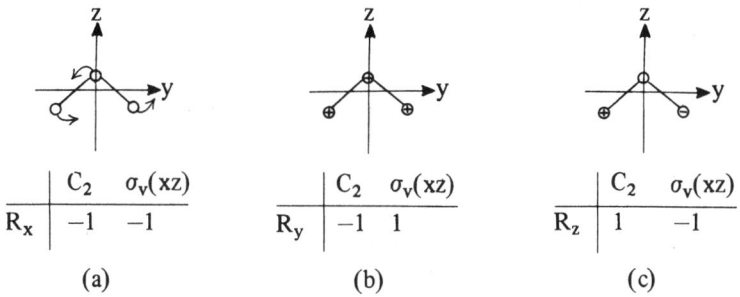

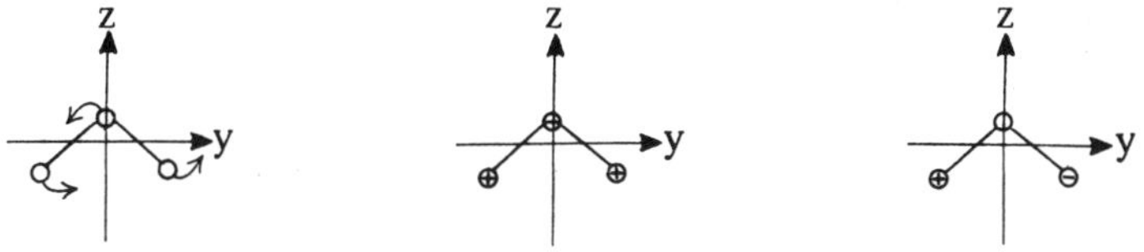

	C_2	$\sigma_v(xz)$
R_x	–1	–1

(a)

	C_2	$\sigma_v(xz)$
R_y	–1	1

(b)

	C_2	$\sigma_v(xz)$
R_z	1	–1

(c)

Abbildung 4.11
Symmetrieklassifizierung der Rotationen des H_2O-Moleküls um die Hauptachsen

Bewegungen der betreffenden Atome senkrecht zur Zeichenebene nach oben bzw. unten symbolisieren sollen. Man braucht die Rotationen nur entsprechend ihrem Charakter bezüglich eines Satzes erzeugender Elemente zu klassifizieren; dafür werden hier die Elemente C_2 und $\sigma_v(xz)$ verwendet. Man erkennt, daß $\Gamma(R_x) = B_2$, $\Gamma(R_y) = B_1$ und $\Gamma(R_z) = A_2$. Dies wurde bereits in der Charaktertafel der Punktgruppe C_{2v} vermerkt (Tab. 4.11).

Die Zuordnung der Translationen T_x, T_y und T_z des Wassermoleküls ist in Abbildung 4.12 gezeigt. In diesem Fall erhält man $\Gamma(T_x) = B_1$, $\Gamma(T_y) = B_2$ und $\Gamma(T_z) = A_1$, was ebenfalls bereits in Tabelle 4.11 vermerkt wurde.

Bei allen anderen nicht-entarteten Punktgruppen erfolgt die Bestimmung der Symmetriespezies von Rotationen und Translationen in entsprechender Weise wie bei der Punktgruppe $\mathbf{C_{2v}}$.

Entartete Punktgruppen, die keine dreifach entartete Symmetriespezies enthalten, das sind alle bisher erwähnten entarteten Punktgruppen mit Ausnahme von $\mathbf{T_d}$, **T**, $\mathbf{O_h}$, **O**, $\mathbf{I_h}$ und $\mathbf{K_h}$, besitzen nur eine ausgezeich-

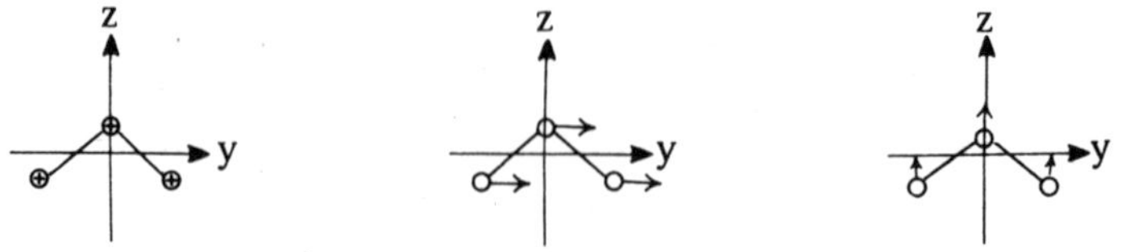

	C_2	$\sigma_v(xz)$
T_x	−1	1

(a)

	C_2	$\sigma_v(xz)$
T_y	−1	−1

(b)

	C_2	$\sigma_v(xz)$
T_z	1	1

(c)

Abbildung 4.12
Symmetrieklassifizierung der Translationen des H_2O-Moleküls in Richtung der Hauptachsen

nete Achse und diese wird wie stets als z-Achse angesehen. Eine Rotation um diese Achse und eine Translation in Richtung dieser Achse können in analoger Weise wie bei den nicht-entarteten Punktgruppen den Symmetriespezies zugeordnet werden. In Abbildung 4.13.a ist dies für Methylfluorid gezeigt, das zur Punktgruppe $\mathbf{C_{3v}}$ gehört. Hierbei gilt $\Gamma(R_z) = A_2$. Aus Abbildung 4.13.b ergibt sich $\Gamma(T_z) = A_1$.

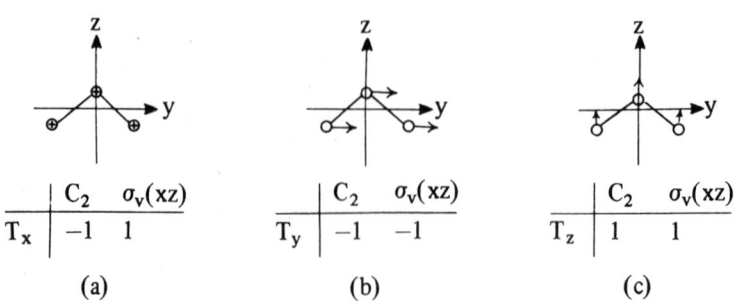

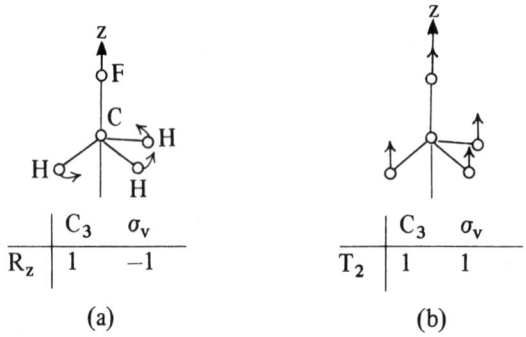

	C_3	σ_v
R_z	1	−1

(a)

	C_3	σ_v
T_2	1	1

(b)

Abbildung 4.13
Symmetrieklassifizierung einer Rotation um die z-Achse (a) und einer Translation in Richtung der z-Achse (b) für Methylfluorid

Bei allen entarteten Punktgruppen mit einer ausgezeichneten Achse (z-Achse) transformieren R_x und R_y sowie T_x und T_y jeweils wie *eine* Symmetriespezies und diese muß zweifach entartet sein. In der Punktgruppe $\mathbf{C_{3v}}$ gibt es nur eine entartete Symmetriespezies (E); daher gehören die beiden Paare (R_x, R_y) und (T_x, T_y) beide zu E. Bei entarteten Punktgruppen mit mehr als einer entarteten Symmetriespe-

zies ist die Spezies nicht ohne weiteres ersichtlich. Darauf soll hier aber nicht weiter eingegangen werden. Die Ergebnisse finden sich in den entsprechenden Charaktertafeln.
In den Punktgruppen $\mathbf{T}_d$, **T**, $\mathbf{O}_h$, **O** und $\mathbf{K}_h$ gibt es keine ausgezeichnete Achse, und R_x, R_y und R_z müssen ebenso wie T_x, T_y und T_z jeweils zur gleichen Spezies gehören. Diese Spezies sind immer dreifach entartet. Die Zuordnung ist in den entsprechenden Charaktertafeln angegeben. In allen Charaktertafeln ist außerdem die Zuordnung der Komponenten der Polarisierbarkeit α angegeben; diese Größen werden im Abschnitt 7.5 erklärt.

5. Einfache Anwendungen der Molekülsymmetrie

5.1 Kernresonanzspektroskopie (NMR)

Die Kernresonanzspektroskopie ist das beste analytische Hilfsmittel, um in einem Molekül Atome mit unterschiedlicher Umgebung zu ermitteln. Dazu müssen die entsprechenden Atomkerne allerdings einen von Null verschiedenen Kernspin besitzen. Ob zwei oder mehr solcher Atome, zum Beispiel Protonen, die gleiche Umgebung besitzen, hängt von ihrer Anordnung relativ zu den Symmetrieelementen des Moleküls ab.
Wie wir sehen werden, kann man in der Praxis instinktiv und ohne überhaupt auf detaillierte Symmetrieargumente zurückzugreifen, entscheiden, welche Atome eines Moleküls die gleiche Umgebung besitzen und welche nicht. Es ist indessen nützlich zu wissen, worauf dieser Instinkt beruht, ebenso wie wir in einer systematischen Weise gezeigt haben, wieso ein Kreis symmetrischer ist als ein Quadrat. Außerdem hat die NMR-Spektroskopie (engl. nuclear magnetic resonance) zu einem wichtigen neuen Konzept geführt, nämlich dem der intramolekularen Umlagerungen, die in einem Molekül während der für die spektroskopische Beobachtung erforderlichen Zeit stattfinden. Daher wollen wir uns kurz mit dieser Methode und einigen ihrer Anwendungen beschäftigen.
Obwohl im Kapitel 1 ausgeführt wurde, daß die Gesamtenergie eines Moleküls gleich der Summe aus der Rotations-, der Schwingungs- und der Coulomb-Energie sowie der kinetischen Energie der Elektronen ist, kann manchmal ein zusätzlicher Energiebetrag auftreten, der auf die Atomkerne mit einem von Null verschiedenen Drehimpuls zurückzuführen ist. Der Kerndrehimpuls ist gequantelt und kann die Werte $\sqrt{I(I+1)} \cdot \hbar$ annehmen, wobei I die Kernspinquantenzahl ist, die ganzzahlig, halbzahlig oder Null sein kann. $\hbar$ steht für $h/2\pi$, worin h die

Plancksche Konstante bedeutet. Kerne mit $I = 0$ liefern keinen auf den Kernspin zurückzuführenden Beitrag zur Gesamtenergie und geben kein NMR-Spektrum. Einige Kerne mit einem von Null verschiedenen Kernspin sind in Tabelle 5.1 aufgeführt. Von diesen ist das Proton für NMR-spektroskopische Untersuchungen von größter Bedeutung.

Tabelle 5.1: Einige Kerne mit einem von Null verschiedenen Kernspin I

Kern	I
^{1}H	1/2
^{2}H	1
^{11}B	3/2
^{13}C	1/2
^{14}N	1
^{19}F	1/2
^{31}P	1/2

Wenn I von Null verschieden ist, besitzt der Kern ein magnetisches Moment μ, und der damit verbundene Drehimpulsvektor kann in einem von außen angelegten Magnetfeld $2I + 1$ mögliche Orientierungen im Raum einnehmen, und zwar so, daß die Komponente in einer bestimmten Richtung - gewöhnlich in Richtung des magnetischen Feldvektors - gleich $m_I \cdot \hbar$ ist. m_I kann die Werte $I, I-1, I-2, \ldots -I$ annehmen. Wir werden hier nur den Fall des Protons betrachten, für das $I = 1/2$ und somit $m_I = +1/2$ oder $-1/2$ ist. Die beiden Zustände, die den zwei Werten von m_I entsprechen, sind im isolierten Molekül bei Abwesenheit eines Magnetfeldes entartet, das heißt von gleicher Energie. Wenn jedoch ein Magnetfeld der Stärke B angelegt wird, ist mit dem kernmagnetischen Moment μ die Energie $-\mu B m_I / \sqrt{I(I+1)}$ verbunden, das heißt die beiden zuvor entarteten Niveaus spalten in der in Abbildung 5.1 gezeigten Weise auf. Zwischen den beiden Niveaus sind Übergänge des Kernspins möglich, wenn die Energiedifferenz zum Beispiel in Form elektromagnetischer Strahlung der Frequenz

$$\nu = \mu B / \sqrt{I(I+1)} \cdot h \tag{5.1}$$

zugeführt wird. Bei der Methode der magnetischen Kernresonanz bringt man nun die Substanzprobe in ein sehr starkes und extrem homogenes Magnetfeld und bestrahlt sie mit Radiowellen einer bestimmten Frequenz ν, wobei ν im Bereich 50–100 MHz liegt. Durch Variation der Magnetfeldstärke B sucht man nun den Punkt, bei dem nach Gleichung 5.1 „Resonanz" eintritt, das heißt bei dem die Probe Strahlungsener-

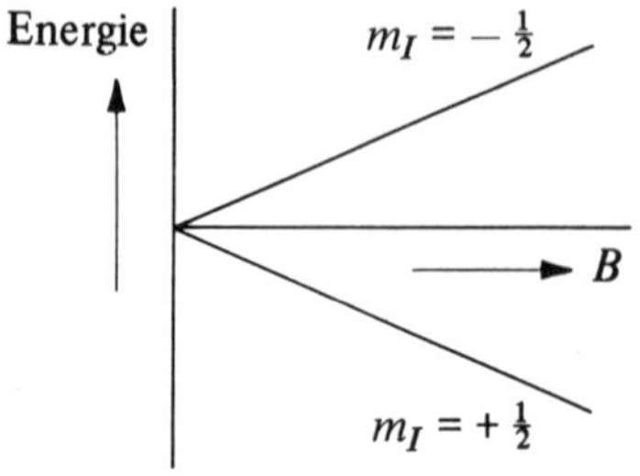

Abbildung 5.1
Abhängigkeit der Energie der Kernspinniveaus von der Magnetfeldstärke B

gie absorbiert und in einen angeregten Zustand übergeht. Diese Energieaufnahme wird elektronisch registriert und in Form eines Spektrums aufgezeichnet, wobei auf der Ordinate die Intensität der Absorption und auf der Abszisse die Magnetfeldstärke aufgetragen werden.
Ein einzelnes Proton führt im Kernresonanzspektrum zu einer einzigen Resonanzlinie. Sind mehrere Protonen vorhanden, so ist die Intensität des Signals, das heißt die Fläche unter der Resonanzlinie, in erster Näherung proportional der Zahl der Protonen. Man würde daher zum Beispiel für Methanol CH_3OH ein Spektrum erwarten, das aus nur einer Linie von vierfacher Intensität verglichen mit der eines einzelnen Protons besteht. Das ist allerdings nur in sehr grober Näherung der Fall, denn das Magnetfeld, dem ein Proton in einem Molekül ausgesetzt ist, wird durch die Elektronen in seiner unmittelbaren Umgebung beeinflußt. Unter dem Einfluß der chemischen Umgebung ändert sich die Feldstärke von B, dem Wert außerhalb des Moleküls, nach $B(1-\delta)$ am Kernort, und die Resonanzfrequenz gemäß Gleichung 5.1 ist daher jetzt gegeben durch:

$$\nu = \mu B(1-\delta)/\sqrt{I(I+1)}\cdot h \qquad (5.2)$$

Die Frequenzänderung, die sich aus der Differenz der Gleichungen 5.2 und 5.1 ergibt, beträgt $-\mu B\delta/\sqrt{I(I+1)}\cdot h$ und wird *chemische Verschiebung* genannt. Protonen mit identischer Umgebung, das heißt Protonen, die aus Symmetriegründen äquivalent sind, erfahren die gleiche chemische Verschiebung. Ein NMR-Spektrum von Methanol ist - bei geringer Auflösung - in Abbildung 5.2.a dargestellt. Man erkennt deutlich zwei Typen von Protonen in diesem Molekül, und die Integration der Flächen unter beiden Peaks zeigt, daß drei Protonen einer Sorte und ein davon verschiedenes vorhanden sind. Abbildung 5.2.b zeigt ein Spektrum von Äthanol bei geringer Auflösung. Man erkennt drei Sorten von Protonen im Mengenverhältnis 3 : 2 : 1.

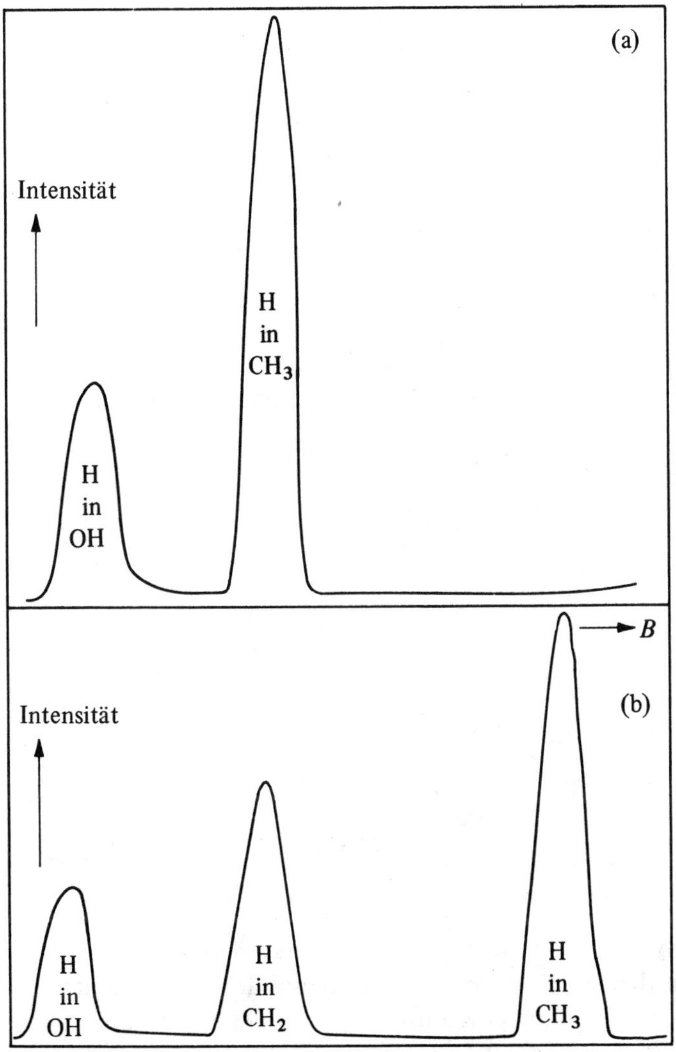

Abbildung 5.2
NMR-Spektren von Methanol (a) und Äthanol (b) bei geringer Auflösung

Man kann also NMR-spektroskopisch Kerne, speziell Protonen, die hinsichtlich ihrer chemischen Umgebung nicht äquivalent sind, unterscheiden. Es stellt sich nun die Frage, wie man unter Verwendung der Symmetrieeigenschaften eines Moleküls feststellen kann, ob Atome äquivalent sind oder nicht. Die Regel, die uns die Antwort auf diese Frage gibt, lautet: *Wenn Atome in einem Molekül durch mindestens eine Symmetrieope-*

ration der Punktgruppe, zu der das Molekül gehört, ausgetauscht werden können, sind sie aus Symmetriegründen äquivalent. Beispielsweise werden die Atome H_1 und H_2 im *trans*-Difluoräthylen (Abb. 5.3.a) durch die Operation i (ebenso durch C_2) ausgetauscht. Die drei H-Atome im Ammoniak (Abb. 5.3.b) können alle durch die Operationen σ_v ausgetauscht werden. Im Naphthalin (Abb. 5.3.c) werden H_2 und H_3 sowie H_6 und H_7 durch die Operation $C_2(y)$ vertauscht und H_2 und H_7 sowie H_3 und H_6 durch die Operation $C_2(z)$. Daher sind H_2, H_3, H_6 und H_7 aus Symmetriegründen äquivalent, ebenso wie H_1, H_4, H_5 und H_8. Im 1-Fluor-3-chlor-5-brom-benzol (Abb. 5.3.d) kann keines der drei H-Atome durch eine Symmetrieoperation der Gruppe C_s mit einem anderen vertauscht werden, das heißt sie sind alle nicht-äquivalent.

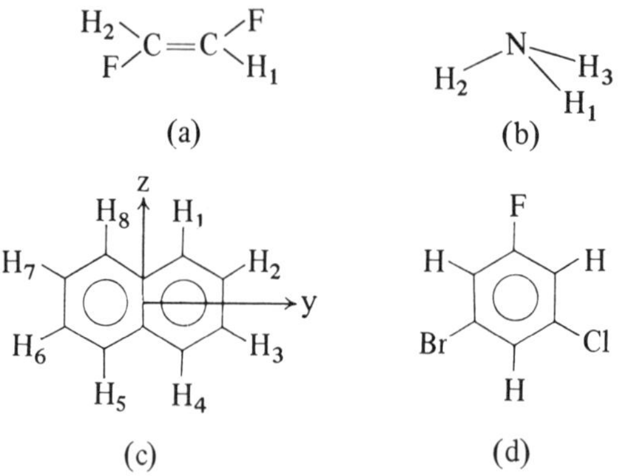

Abbildung 5.3
Einige Moleküle mit äquivalenten und nicht-äquivalenten Protonen

Aufgrund einer Symmetriebetrachtung würde man nicht erwarten, daß die drei Protonen der Methylgruppe im Methanol äquivalent sind. Abbildung 5.4 zeigt zwei mögliche Konfigurationen des CH_3OH-Moleküls: die Blickrichtung ist entlang der CO-Bindung und die OH-Bindung steht einmal auf Lücke und einmal auf Deckung bezüglich der CH-Bindungen. In beiden Konfigurationen sind die drei H-Atome der Methylgruppe nicht alle äquivalent. Das NMR-Spektrum (Abb. 5.2.a) spricht aber für eine Äquivalenz dieser Atome. Die Auflösung dieses scheinbaren Widerspruchs ist eine intramolekulare Rotation der OH-Gruppe um die CO-Bindung. Diese Rotation ist so weit ungehindert, daß *während der Zeit, die für den Übergang des Kernspins zwischen den zwei Zuständen erforderlich ist, Übergänge zwischen den Rotationszustän-*

den hinsichtlich der intramolekularen Rotation stattfinden, wodurch die Umgebung der drei Protonen gemittelt wird, so daß sie im NMR-Spektrum das gleiche Resonanzsignal ergeben. In ähnlicher Weise führt die intramolekulare Rotation um die CO- und CC-Bindungen im Äthanol dazu, daß die Umgebung der drei Methylprotonen im Mittel identisch ist und das gleiche gilt für die zwei Methylenprotonen.

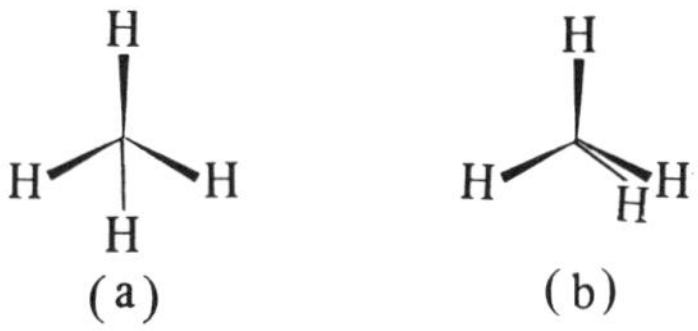

Abbildung 5.4
Projektionen des CH_3OH-Moleküls in Richtung der CO-Bindung. Das Hydroxyl-H-Atom steht einmal auf Lücke (a) und einmal auf Deckung (b) mit den Methylprotonen.

Mißt man NMR-Spektren mit höherer Auflösung, als sie für die Beispiele in Abbildung 5.2 angenommen wurde, so zeigt sich allerdings, daß die Spektren infolge einer Wechselwirkung zwischen den Kernspins der verschiedenen Protonen sehr viel komplexer sind. Diese Wechselwirkung nennt man kurz Spin-Spin-Kopplung. Beim Methanol und Äthanol findet man beispielsweise unter höherer Auflösung, daß jede der in Abbildung 5.2 dargestellten breiten Linien in mehrere Komponenten aufspaltet. Die integrierte Intensität der Linien, die zu Protonen in einer bestimmten Umgebung gehören, bleibt jedoch unverändert. In Fällen, bei denen die Spin-Spin-Kopplung zu einer Aufspaltung führt, deren Größenordnung mit der chemischen Verschiebung vergleichbar ist, wird das Spektrum noch komplizierter. Dies beobachtet man bei Molekülen, die Protonen in ähnlicher, aber nicht ganz identischer Umgebung enthalten. Fluorbenzol (Abb. 5.5) beispielsweise enthält aufgrund von Symmetriebetrachtungen drei Sorten von Protonen, nämlich die Paare H_2-H_6 und H_3-H_5 sowie H_4. Alle Protonen befinden sich jedoch in einer ähnlichen Umgebung, so daß eine relativ starke Spin-Spin-Kopplung und damit ein komplexes Spektrum resultieren, aus dem man nicht ohne weiteres erkennen kann, wie viele Sorten von Protonen in dem Molekül vorhanden sind.

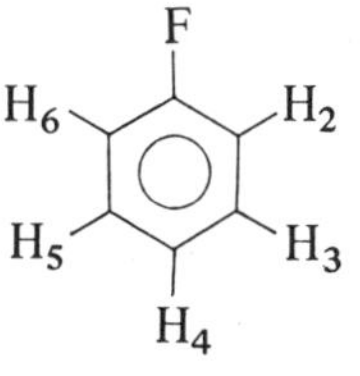

Abbildung 5.5
Fluorbenzol, dessen Protonen sich alle in ähnlicher Umgebung befinden

5.2 Dipolmoment

Symmetrieüberlegungen gestatten festzustellen, ob ein Molekül ein Dipolmoment besitzen kann oder ob das Dipolmoment aus Symmetriegründen Null sein muß. Die Komponenten p_x, p_y und p_z des elektrischen Dipolmomentes eines Moleküls in Richtung der Achsen des cartesischen Koordinatensystems sind durch folgende Gleichungen gegeben:

$$p_x = \sum_i q_i x_i$$

$$p_y = \sum_i q_i y_i \qquad (5.3)$$

$$p_z = \sum_i q_i z_i$$

Hierin sind q_i die Ladung und x_i, y_i und z_i die Koordinaten des i-ten Teilchens (Atomkern oder Elektron). Wenn $p_x = p_y = p_z = 0$, dann besitzt das Atom offensichtlich kein permanentes Dipolmoment. Ist nur eine der Komponenten von Null verschieden, ist ein Dipolmoment vorhanden und dieses ist in Richtung einer der Achsen orientiert, die dann notwendigerweise auch ein Drehachse des Moleküls sein muß. Wenn zwei Komponenten von Null verschieden sind, liegt das Dipolmoment in einer der Ebenen xy, xz oder yz. Sind alle drei Komponenten von Null verschieden, gibt es keine besondere Beziehung zwischen dem Dipolmoment und einer der drei Koordinatenachsen.
Das Dipolmoment ist ein Vektor und muß totalsymmetrisch sein. Die Komponenten p_x, p_y, p_z transformieren wie T_x, T_y bzw. T_z. Wenn daher eine oder mehrere der Translationen T_x, T_y, T_z totalsymmetrisch sind, dann (und nur dann) können die entsprechenden Komponenten des Dipolmomentes von Null verschieden sein. Diese Bedingungen erfordern, daß Moleküle, die ein permanentes Dipolmoment besitzen, zu einer der folgenden Punktgruppen gehören müssen: $\mathbf{C}_1$, $\mathbf{C}_s$, $\mathbf{C}_n$ oder $\mathbf{C}_{nv}$. In den Punktgruppen $\mathbf{C}_n$ und $\mathbf{C}_{nv}$ hat das Dipolmoment die Richtung der C_n-Achse, in der Punktgruppe $\mathbf{C}_s$ liegt es in der Spiegelebene (in einer Richtung, die vom betreffenden Molekül abhängt), und in der Punktgruppe $\mathbf{C}_1$ kann es je nach Molekül jede beliebige Richtung besitzen.

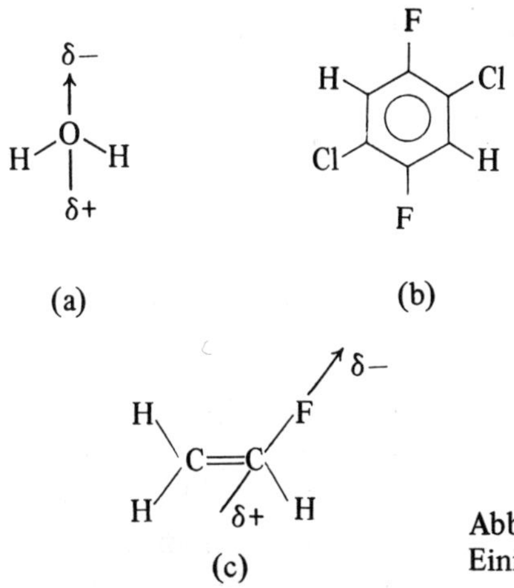

Abbildung 5.6
Einige Moleküle mit und ohne Dipolmoment

In Abbildung 5.6 sind einige Beispiele dafür dargestellt. Das H_2O-Molekül (Abb. 5.6.a) gehört zur Punktgruppe $\mathbf{C_{2v}}$, deren Symmetrieelemente sich in einer Geraden, der C_2-Achse, schneiden. Das Molekül besitzt daher ein permanentes Dipolmoment in Richtung der C_2-Achse. Symmetriebetrachtungen erlauben indessen nicht, die Polarität des Dipolmomentes zu ermitteln, das heißt welches Ende des Vektors die negative und welches die positive Ladung repräsentiert. In der Praxis kann man aber die Polarität des Dipolmomentes oft aus einer Betrachtung der Elektronenkonfiguration abschätzen. Beispielsweise kann man für H_2O eine Polarität wie die in Abbildung 5.6.a dargestellte erwarten. Bei einem Molekül wie CO indessen, dessen Dipolmoment nur 0,12 D beträgt, während das von HCl 1,03 D beträgt, ist es nicht möglich, die Polarität zu erraten[9]

1,4-Difluor-2,5-dichlor-benzol (Abb. 5.6.b) besitzt ein Inversionszentrum, wodurch das Dipolmoment notwendigerweise Null ist. Monofluoräthylen (Abb. 5.6.c) weist lediglich eine Spiegelebene auf, weswegen sein permanentes Dipolmoment in dieser Ebene liegt. Die genaue Richtung des Dipols ist nicht durch die Symmetrie des Moleküls festgelegt, sie dürfte aber etwa der in Abbildung 5.6.c dargestellten entsprechen.

Gewöhnlich kann man die Frage, ob ein Molekül ein permanentes Dipolmoment besitzt oder nicht, schon bei einer Betrachtung des Mole-

[9] D ist das Symbol für „Debye", die Maßeinheit des Dipolmomentes; zwei Elementarladungen +e und −e im Abstand 1 Å (= 100 pm) erzeugen das Dipolmoment 4,8 D.

küls ohne detaillierte Analyse seiner Symmetrie entscheiden. Es ist aber nützlich zu wissen, wie diese Schlußfolgerungen mit Hilfe der Symmetrieeigenschaften rationalisiert werden können.

5.3 Optische Aktivität

Ein Molekül wird optisch aktiv genannt, wenn es die Schwingungsebene des transversal polarisierten Lichtes bei dessen Durchgang dreht. In der Chemie ist die optische Aktivität vor allem für organische Verbindungen wichtig. Zur Ermittlung optischer Aktivität benutzt man oft das Kriterium, ob das Molekül mit seinem Spiegelbild zur Deckung gebracht werden kann oder nicht. Ist dies der Fall, dann ist das Molekül optisch nicht aktiv und umgekehrt. Abbildung 5.7.a zeigt, daß beispielsweise CHFClBr nicht mit seinem Spiegelbild zur Deckung gebracht werden kann und folglich optisch aktiv ist; für CH_2ClBr (Abb. 5.7.b) trifft dies dagegen nicht zu.

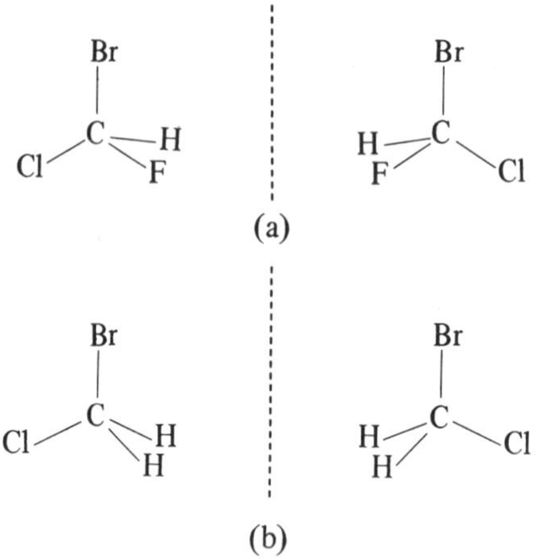

Abbildung 5.7
Zwei Methanderivate, die optisch aktiv (a) bzw. inaktiv (b) sind

Das Molekül CHFClBr, bei dem alle vier Substituenten am C-Atom verschieden sind, enthält ein sogenanntes asymmetrisches Kohlenstoffatom, und es ist vor allem bei einfachen Molekülen üblich, das Kriterium, des asymmetrischen C-Atoms zur Vorhersage optischer Aktivität zu benutzen. Bei komplizierteren Molekülen kann dieses Kriterium indessen versagen.

Durch Betrachtung der Symmetrieeigenschaften kann man in einfacher Weise feststellen, ob ein Molekül optisch aktiv ist oder nicht. *Enthält ein Molekül eine Drehspiegelachse* S_n *mit* $n = 1, 2, 3, \ldots$, *so ist es nicht optisch aktiv, enthält es keine solche Achse, so ist es optisch aktiv.* Da $S_1 = \sigma$ und $S_2 = i$, kann ein Molekül mit einer Spiegelebene oder einem Inversionszentrum nicht optisch aktiv sein. Während man nun aber die Existenz eines Inversionszentrums oder einer Spiegelebene sehr leicht feststellen kann (vgl. z. B. CH_2ClBr in Abb. 5.7.b), ist das Vorhandensein einer S_n-Achse mit $n > 2$ gewöhnlich nicht so leicht zu ermitteln.
Als Beispiel für das oben erwähnte Kriterium der Anwesenheit einer S_n-Achse seien die beiden isomeren Moleküle 1,1-Difluorallen und 1,3-Difluorallen betrachtet, die in Abbildung 5.8.a und b dargestellt sind. 1,1-Difluorallen besitzt eine Spiegelebene, da es zur Punktgruppe $\mathbf{C_{2v}}$ gehört; es ist daher nicht optisch aktiv. 1,3-Difluorallen besitzt lediglich eine Drehachse C_2, wodurch es zur Punktgruppe $\mathbf{C_2}$ gehört; es ist somit optisch aktiv.

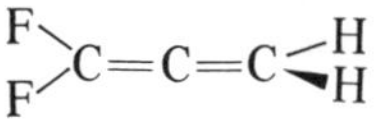

(a)

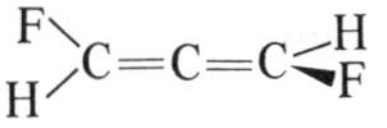

(b)

Abbildung 5.8
1,1-Difluorallen (a) ist optisch aktiv und 1,3-Difluorallen (b) ist optisch inaktiv

Ein Beispiel für ein Molekül, das weder i noch σ als Symmetrieelemente besitzt und trotzdem nicht optisch aktiv ist, da es eine S_4-Achse enthält, ist das in Abbildung 5.9 dargestellte Tetramethylspiropentan.

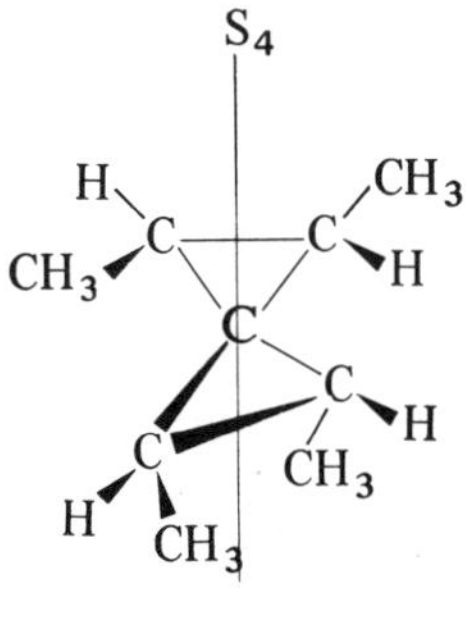

Abbildung 5.9
Tetramethylspiropentan besitzt eine S_4-Achse und ist daher optisch inaktiv, obwohl es weder eine Spiegelebene noch ein Inversionszentrum aufweist.

5.4 Einfluß isotoper Substitution auf die Molekülsymmetrie

Im Kapitel 3 wurde die Zuordnung von Molekülen zu Punktgruppen im Detail erörtert. Dabei handelt es sich um Punktgruppen, die der Gleichgewichtsanordnung der Atomkerne im Molekül entsprechen. Daher wurden Benzol der Punktgruppe $\mathbf{D}_{6h}$ und Monodeuterobenzol der Punktgruppe $\mathbf{C}_{2v}$ zugeordnet. Wenn wir uns aber mit einer Eigenschaft wie der Elektronen-Wellenfunktion eines Moleküls befassen, können wir alle isotop substituierten Spezies als äquivalent ansehen, da die Gestalt der Wellenfunktion nur von den Kernladungen und der Zahl der Elektronen, nicht aber von den Kernmassen abhängt. Die Elektronen-Wellenfunktion von Monodeuterobenzol sollte daher entsprechend der Punktgruppe $\mathbf{D}_{6h}$ und nicht entsprechend $\mathbf{C}_{2v}$ klassifiziert werden. Schwingungswellenfunktionen sind dagegen äußerst empfindlich für Massenänderungen, so daß C_6H_5D in dieser Hinsicht entsprechend der Punktgruppe $\mathbf{C}_{2v}$ zu behandeln ist. In analoger Weise sollten die Elektronen- und die Schwingungswellenfunktion von 1,2-Dideuteroäthylen entsprechend den Punktgruppen $\mathbf{D}_{2h}$ bzw. $\mathbf{C}_{2h}$ klassifiziert werden.

6. Einführung in die Molekülorbital-Methoden

6.1 Die LCAO-Methode

Bevor wir die Symmetriebetrachtungen auf die Wellenfunktionen von Elektronen ausdehnen, ist es notwendig, einige qualitative Vorstellungen von der Natur dieser Wellenfunktionen in Erinnerung zu bringen. Die am häufigsten zur Ermittlung angenäherter Elektronenwellenfunktionen benutzte Methode ist eine der Molekülorbital(MO)-Methoden, und zwar die Methode der linearen Kombination von Atomorbitalen (LCAO, linear combination of atomic orbitals).
Molekülorbitale besitzen Eigenschaften, die in folgenden Punkten denen von Atomorbitalen (AO's) ähneln:

(a) Ein MO kann durch eine Wellenfunktion ψ beschrieben werden, die sich unter Umständen über das ganze Molekül erstreckt.

(b) Wenn ψ normiert ist, das heißt wenn $\int \psi^* \psi d\tau = 1$, dann stellt $\psi^* \psi d\tau$ die Wahrscheinlichkeit dar, das Elektron zu einem bestimmten Zeitpunkt im Volumenelement $d\tau$ zu finden. (ψ^* ist die zu ψ komplex-konjugierte Funktion und wird aus ψ durch Substitution aller i durch $-$i erhalten, wobei $i = \sqrt{-1}$. Ist ψ nicht komplex, so ist $\psi^* \equiv \psi$.)

(c) Mit der Wellenfunktion ψ können bestimmte Quantenzahlen verbunden sein, und die Gestalt und Größe eines MO's hängen von den Werten dieser Quantenzahlen ab.

(d) Mit jedem Elektron in einem MO ist eine Spinquantenzahl s verbunden, die die Werte $+1/2$ und $-1/2$ annehmen kann.

(e) Um die Elektronenkonfiguration des Grundzustandes eines Moleküls zu erhalten, kann man die berechneten MO's ähnlich wie AO's in Atomen nach steigender Energie mit den vorhandenen Elektronen besetzen, wobei jedes MO ein Elektronenpaar, das heißt zwei Elektronen mit den Spinquantenzahlen $+1/2$ und $-1/2$, aufnehmen kann.

Die LCAO-Methode zur Konstruktion von MO-Wellenfunktionen geht von der Annahme aus, daß ein MO in der Nähe eines Atomkerns einer AO-Wellenfunktion des betreffenden Atoms ähnlich sein sollte. Es erscheint daher vernünftig, die MO-Wellenfunktion ψ als Linearkombination von AO-Wellenfunktionen χ auszudrücken:

$$\begin{aligned}\psi &= c_1\chi_1 + c_2\chi_2 + \ldots c_n\chi_n \\ &= \sum_i c_i\chi_i\end{aligned} \qquad (6.1)$$

Die Koeffizienten c_i geben die Gewichte an, mit denen die Funktionen χ in die Linearkombination eingehen. Es ist jedoch zu beachten, daß nicht jede beliebige Kombination zweier AO's zu einem MO führt; manche Kombinationen ergeben „MO's", deren Energie nur sehr wenig von der der Ausgangsorbitale verschieden ist. In solchen Fällen ist einer der Koeffizienten c_i sehr viel größer als alle anderen. Damit Linearkombinationen sinnvoll und effektiv sind, müssen folgende drei Bedingungen erfüllt sein:

(a) Die Energien der kombinierten AO's müssen ähnlich sein.
(b) Die AO's müssen sich so sehr wie möglich überlappen.
(c) Die AO's müssen bezüglich gewisser Symmetrieelemente des Moleküls die gleichen Eigenschaften besitzen.

Wir wollen nun für den Fall eines zweiatomigen Moleküls die Energien und Wellenfunktionen der zwei Molekülorbitale ermitteln, die durch Kombination zweier Atomorbitale konstruiert wurden. Die zwei Kerne (Abb. 6.1) werden mit 1 und 2 bezeichnet, und wir erwarten, daß das

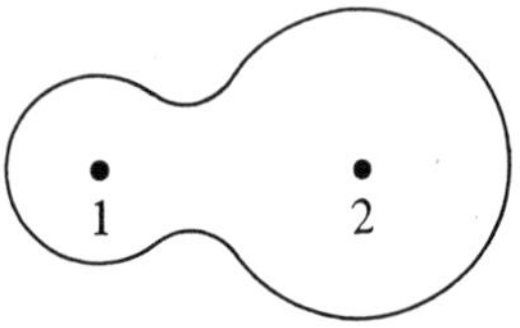

Abbildung 6.1
Schematische Darstellung eines Molekülorbitals bei einem zweiatomigen Molekül

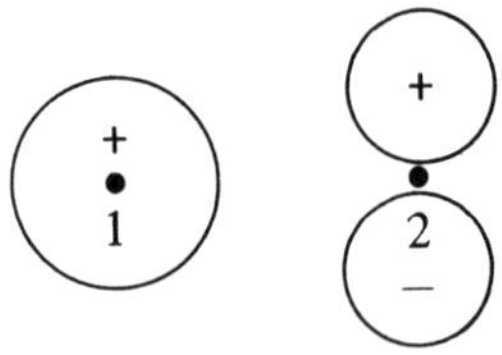

Abbildung 6.2
Zwei Atomorbitale, die aus Symmetriegründen kein Molekülorbital bilden können

MO in der Nähe des Kerns 1 einem AO des Atoms 1 ähnelt und daß es in der Nähe des Kerns 2 einem AO des Atoms 2 ähnelt. Die LCAO-Methode liefert dann die Wellenfunktion

$$\psi = c_1\chi_1 + c_2\chi_2 \qquad (6.2)$$

vorausgesetzt, daß χ_1 und χ_2 die drei oben genannten Bedingungen erfüllen. Die Bedingung (c) ist beispielsweise bei der in Abbildung 6.2 dargestellten Kombination eines s- und eines p-Orbitals nicht erfüllt, das heißt diese beiden Orbitale ergeben keine sinnvolle Linearkombination, da das s-Orbital symmetrisch und das p-Orbital asymmetrisch bezüglich einer Spiegelung an der σ_v-Spiegelebene ist, die senkrecht auf der Zeichenebene steht und die Kernverbindungslinie enthält[10].
Um die Koeffizienten c_1 und c_2 sowie die Energie des MO's zu ermitteln, verwenden wir die sogenannte *Variationsmethode*, die uns erlaubt, die bestmöglichen Werte von c_1 und c_2 zu finden.
Die MO-Wellenfunktion muß die Schrödinger-Gleichung

$$\mathrm{H}\psi = \mathrm{E}\psi \tag{6.3}$$

erfüllen, wobei H der Hamilton-Operator ist, der, angewandt auf ψ, das Produkt aus ψ und der Energie E des MO's ergibt. Wenn wir beide Seiten mit ψ^* multiplizieren und anschließend integrieren, erhalten wir:

$$E = \int \psi^* \mathrm{H}\psi \, \mathrm{d}\tau / \int \psi^* \psi \, \mathrm{d}\tau \tag{6.4}$$

Wenn man nun ψ und H kennt, kann man E leicht berechnen. Wenn ψ aber nicht bekannt ist, kann man nur eine sinnvoll erratene Funktion, sagen wir ψ_n einsetzen und die Größe $\bar{E}_n$, den sogenannten Erwartungswert der Energie, berechnen:

$$\bar{E}_n = \int \psi_n^* \mathrm{H}\psi_n \, \mathrm{d}\tau / \int \psi_n^* \psi_n \, \mathrm{d}\tau \tag{6.5}$$

$\bar{E}_n$ ist ein Erwartungswert, da ψ_n nicht die wahre Wellenfunktion darstellt und die Rechnung daher nicht zur Energie eines stationären Zustandes des Moleküls führt.
Wir können nun eine zweite Wellenfunktion erraten, sagen wir ψ_m, und $\bar{E}_m$ berechnen. Das Variationsprinzip besagt nun, daß im Fall $\bar{E}_m < \bar{E}_n$ die Energie $\bar{E}_m$ der wahren Energie E näher ist als $\bar{E}_n$ und daß die Wellenfunktion ψ_m der wahren Funktion ψ näher kommt als ψ_n. In der Praxis werden die versuchsweise angesetzten Wellenfunktionen nicht willkürlich erraten, sondern man verwendet Funktionen mit variablen Parametern (im vorliegenden Fall c_1 und c_2), deren optimale Werte dann durch Anwendung der Variationsmethode ermittelt werden.

[10] Die schematischen Darstellungen der s-, p- und d-Orbitale in diesem Buch geben nicht die vollständige Wellenfunktion, sondern nur den winkelabhängigen Teil wieder, der von der Hauptquantenzahl unabhängig ist.

Wenn man die Linearkombination 6.2 in Gleichung 6.5 einsetzt, erhält man

$$\bar{E} = \frac{\int (c_1 \chi_1^* + c_2 \chi_2^*) \mathrm{H}(c_1 \chi_1 + c_2 \chi_2) \mathrm{d}\tau}{\int (c_1 \chi_1^* + c_2 \chi_2^*)(c_1 \chi_1 + c_2 \chi_2) \mathrm{d}\tau}$$

$$= \frac{\int ({c_1}^2 \chi_1^* \mathrm{H}\chi_1 + c_1 c_2 \chi_1^* \mathrm{H}\chi_2 + c_1 c_2 \chi_2^* \mathrm{H}\chi_1 + {c_2}^2 \chi_2^* \mathrm{H}\chi_2) \mathrm{d}\tau}{\int ({c_1}^2 \chi_1^* \chi_1 + c_1 c_2 \chi_1^* \chi_2 + c_1 c_2 \chi_1 \chi_2^* + {c_2}^2 \chi_2^* \chi_2) \mathrm{d}\tau} \tag{6.6}$$

Wenn nun die AO-Wellenfunktionen normiert sind, das heißt wenn

$$\int \chi_1^* \chi_1 \mathrm{d}\tau = \int \chi_2^* \chi_2 \mathrm{d}\tau = 1$$

und wenn H ein Hermiteischer Operator ist, was stets der Fall sein wird, dann gilt

$$\int \chi_1^* \mathrm{H}\chi_2 \mathrm{d}\tau = \int \chi_2^* \mathrm{H}\chi_1 \mathrm{d}\tau = H_{12}.$$

Diese beiden identischen Integrale werden im folgenden mit H_{12} abgekürzt, und entsprechend setzen wir $\int \chi_1^* \mathrm{H}\chi_1 \mathrm{d}\tau = H_{11}$, $\int \chi_2^* \mathrm{H}\chi_2 \mathrm{d}\tau = H_{22}$ und $\int \chi_1^* \chi_2 \mathrm{d}\tau = \int \chi_1 \chi_2^* \mathrm{d}\tau = S_{12}$,. Die letzte Größe heißt Überlappungsintegral und ist ein Maß für die Überlappung von χ_1 und χ_2. Mit diesen Abkürzungen lautet Gleichung 6.6 jetzt:

$$\bar{E} = \frac{{c_1}^2 H_{11} + 2c_1 c_2 H_{12} + {c_2}^2 H_{22}}{{c_1}^2 + 2c_1 c_2 S_{12} + {c_2}^2} \tag{6.7}$$

Den Wert von c_1, der der niedrigsten Energie $\bar{E}$ entspricht (im folgenden wird $\bar{E}$ einfach mit E bezeichnet), erhält man aus Gleichung 6.7, indem man das Differential $\partial \bar{E}/\partial c_1$ bildet und dieses gleich Null setzt:

$$c_1(H_{11} - E) + c_2(H_{12} - ES_{12}) = 0 \tag{6.8}$$

Entsprechend erhält man durch Bildung des partiellen Differentials $\partial \bar{E}/\partial c_2$ den Ausdruck

$$c_1(H_{12} - ES_{12}) + c_2(H_{22} - E) = 0 \tag{6.9}$$

Die Gleichungen 6.8 und 6.9 werden *Säkulargleichungen* genannt. Die beiden Werte von E, die diese Gleichungen erfüllen, erhält man aus der *Säkulardeterminante*

$$\begin{vmatrix} H_{11} - E & H_{12} - ES_{12} \\ H_{12} - ES_{12} & H_{22} - E \end{vmatrix} = 0 \tag{6.10}$$

Im Falle des homonuklearen zweiatomigen Moleküls (bei dem die beiden Kerne identisch sind) gilt $H_{11} = H_{22}$. Dieses sogenannte Coulomb-Integral wollen wir fortan mit α bezeichnen. Das sogenannte Resonanzintegral H_{12} wird oft mit β bezeichnet. Dann lautet die Determinante:

$$\begin{vmatrix} \alpha - E & \beta - ES \\ \beta - ES & \alpha - E \end{vmatrix} = 0 \tag{6.11}$$

Auflösen nach E ergibt die beiden Werte

$$E_{\pm} = \frac{\alpha \pm \beta}{1 \pm S} \tag{6.12}$$

Man macht nun üblicherweise zwei weitere, allerdings ziemlich drastische Vereinfachungen, indem man

(a) das Überlappungsintegral S gleich Null setzt (ein typischer Wert für S ist 0,2, das heißt $1 \pm S \approx 1$) und

(b) den Hamilton-Operator H mit dem eines isolierten Atoms gleichsetzt; dann gilt $\alpha = E_A$, wobei E_A die Orbitalenergie des Atoms A ist.

Mit diesen Vereinfachungen erhält man aus Gleichung 6.12:

$$E_{\pm} = E_A \pm \beta \tag{6.13}$$

Abbildung 6.3.a veranschaulicht dieses Ergebnis. Die Energien $E_{\pm}$, die man nach der LCAO-Methode für das zweiatomige homonukleare Molekül erhält, sind symmetrisch zur AO-Energie E_A. Die Aufspaltung der beiden energiegleichen AO's in zwei MO's mit unterschiedlicher Energie ist ein Resonanzvorgang, und β wird daher als *Resonanzintegral* bezeichnet. Aus Abbildung 6.3.a erkennt man, daß β eine negative Größe ist. Nach Mulliken ist β der Überlappung der beiden AO's proportional, das heißt obwohl oben die mathematische Vereinfachung $S = 0$ eingeführt wurde, ist die Überlappung der AO's nach wie vor entscheidend für die Bildung der MO's. Gibt man die Näherung $S = 0$ auf, so ist die energetische Aufspaltung der MO's nicht mehr symmetrisch, sondern die Destabilisierung des energiereicheren MO's ist etwas größer als die Stabilisierung des energieärmeren. Diese Verhältnisse sind in Abbildung 6.3.b dargestellt, und es sei darauf hingewiesen, daß manche Eigenschaften von Nichtmetallverbindungen nur mit diesem Diagramm verstanden werden können. Das energieärmere MO wird als bindendes und das energiereichere als antibindendes Molekülorbital bezeichnet.

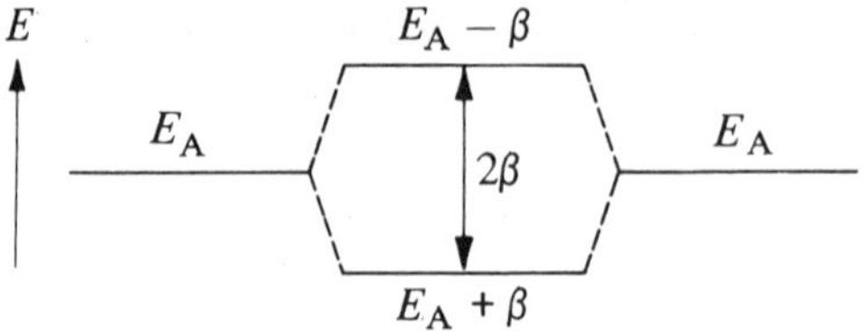

(a)

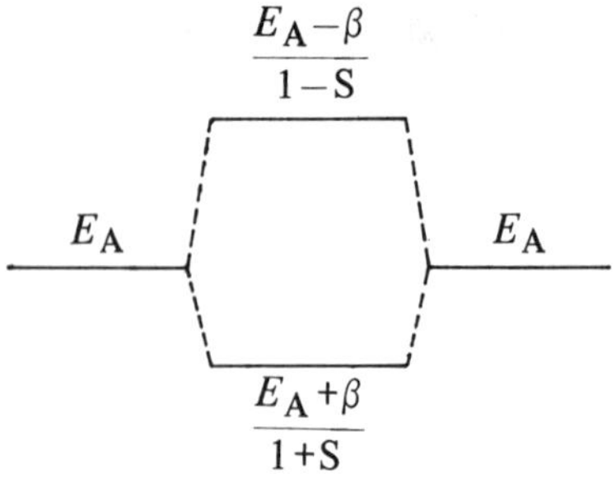

(b)

Abbildung 6.3
Energieniveaudiagramm für zwei MO's, die aus zwei identischen AO's entstehen. (a) mit und (b) ohne die Näherung S = O

Allgemein gilt, daß die Linearkombination zweier AO's stets zwei MO's liefert, eins mit höherer und eins mit niedrigerer Energie als jedes der beiden AO's.
Mit der Näherung $S = 0$ wird die Säkulardeterminante 6.11 zu

$$\begin{vmatrix} \alpha - E & \beta \\ \beta & \alpha - E \end{vmatrix} = 0 \tag{6.14}$$

und die entsprechenden Säkulargleichungen lauten jetzt:

$$\begin{aligned} c_1(\alpha - E) + c_2\beta = 0 \\ c_1\beta + c_2(\alpha - E) = 0 \end{aligned} \tag{6.15}$$

Setzt man in diese Gleichungen $E_+ = E_A + \beta$ bzw. $E_- = E_A - \beta$ ein, so erhält man $c_1 = c_2$ bzw. $c_1 = -c_2$. Die den Energien E_+ und E_- entsprechenden Wellenfunktionen lauten daher

$$\begin{aligned} \psi_+ = N_+(\chi_1 + \chi_2) \\ \psi_- = N_-(\chi_1 - \chi_2) \end{aligned} \tag{6.16}$$

N_+ und N_- sind Normierungsfaktoren, die man aus den Bedingungen $\int \psi_+^2 d\tau = \int \psi_-^2 d\tau = 1$ erhält. Unter Vernachlässigung des Überlappungsintegrals $\int \chi_1 \chi_2 d\tau$, erhält man $N_+ = N_- = \frac{1}{\sqrt{2}}$ und damit

$$\psi_\pm = \frac{1}{\sqrt{2}}(\chi_1 \pm \chi_2) \tag{6.17}$$

Wenn χ_1 und χ_2 wie im Falle des H_2-Moleküls 1s-Wellenfunktionen sind, dann besitzt die Wellenfunktion ψ_+ keine und die Funktion ψ_- eine Knotenfläche zwischen den Kernen. Dies ist in Abbildung 6.4 an

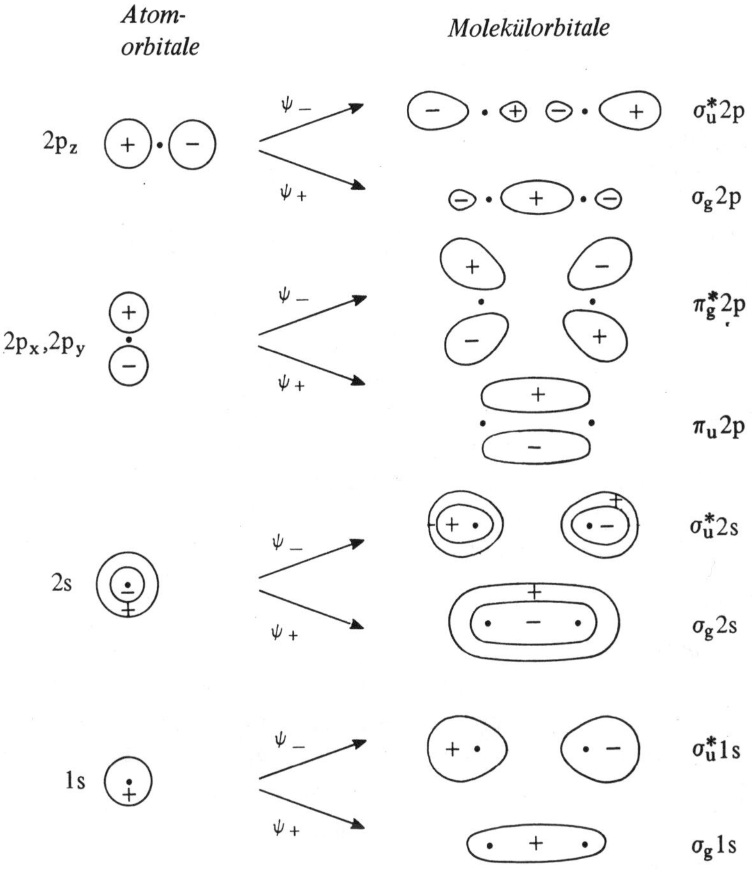

Abbildung 6.4
Molekülorbitale, die aus den Atomorbitalen 1s, 2s und 2p entstehen

Hand der beiden Molekülorbitale σ_g 1s und σ_u^* 1s dargestellt, die aus der LCAO-Behandlung zweier 1s-Atomorbitale entstehen. In diesem Fall lauten die beiden Wellenfunktionen

$$\psi_\pm = \frac{1}{\sqrt{2}} [\chi_1(1s) \pm \chi_2(1s)] \tag{6.18}$$

Abbildung 6.4 zeigt in schematischer Weise die MO's, die man durch Linearkombination von 1s-, 2s- und 2p-Atomorbitalen erhält. Jede Kombination ergibt zwei MO's, von denen das eine (ψ_+) eine geringere und das andere (ψ_-) eine höhere Energie als die AO's besitzt. Die Orbitale $2p_x$ und $2p_y$ ergeben die gleichen, paarweise entarteten π-MO's, da die Achsen x und y in einem linearen Molekül ununterscheidbar sind. Die z-Achse, die mit der Kernverbindungslinie zusammenfällt, ist eine ausgezeichnete Achse, und die $2p_z$-Orbitale ergeben daher keine entarteten Molekülorbitale.

Zur Bezeichnung der MO's müssen noch einige Bemerkungen gemacht werden. Die Symbole σ und π geben den Wert der Quantenzahl λ an, die durch die Komponente des Bahndrehimpulses eines Elektrons in Richtung der z-Achse definiert ist und die die Werte Null (σ) und 1 (π) annehmen kann. Diese Definition wurde bereits im Abschnitt 4.2.c erwähnt, und zwar im Zusammenhang mit der Punktgruppe $\mathbf{C}_{\infty v}$. Sie wird jedoch auch in der Punktgruppe $\mathbf{D}_{\infty h}$ verwendet, zu der alle zweiatomigen homonuklearen Moleküle gehören. Da jedoch σ-Orbitale symmetrisch und π-Orbitale asymmetrisch bezüglich einer Drehung um 180° um die Kernverbindungslinie sind, ist es oft einfacher, dieses Merkmal zu ihrer Unterscheidung heranzuziehen. Ein Stern (*) ist ein nützliches Symbol, um sowohl in homonuklearen als auch in heteronuklearen zweiatomigen Molekülen das Vorhandensein einer Knotenfläche zwischen den Kernen anzuzeigen. Homonukleare zweiatomige Moleküle besitzen ein Inversionszentrum i, und ein MO kann entweder symmetrisch (g) oder asymmetrisch (u) bezüglich i sein. Die Indices g und u lassen in Verbindung mit den Symbolen σ und π erkennen, ob das MO eine Knotenfläche zwischen den Kernen besitzt oder nicht, das heißt der Stern ist dann überflüssig. Da diese Bezeichnungsweise jedoch nicht auf heteronukleare zweiatomige Moleküle übertragbar ist, ist die Unterscheidung von bindenden und antibindenden MO's durch einen Stern zweckmäßiger. Die Bezeichnung der MO's enthält außerdem einen Hinweis auf das AO, aus dem das MO hervorgegangen ist, zum Beispiel σ_u^* 1s oder einfach σ^*1s.

In Abbildung 6.5 sind die MO's aus Abbildung 6.4 nach steigender Energie dargestellt. Diese Abbildung ist jedoch nur qualitativ gültig, da bei einer quantitativen Behandlung für jedes Molekül ein anderes Diagramm verwendet werden müßte. Die Grenzen eines derartigen MO-Diagramms werden durch die Tatsache deutlich, daß die Reihenfolge der Orbitale σ_g2p und π_u2p beim O_2 und F_2 umgekehrt ist gegenüber der in Abbildung 6.5 dargestellten. Der Grund dafür ist eine Wechselwirkung der Atomorbitale 2s und $2p_z$, die vergleichbare Energien und bezüglich der z-Achse die gleiche Symmetrie besitzen. Diese Wechsel-

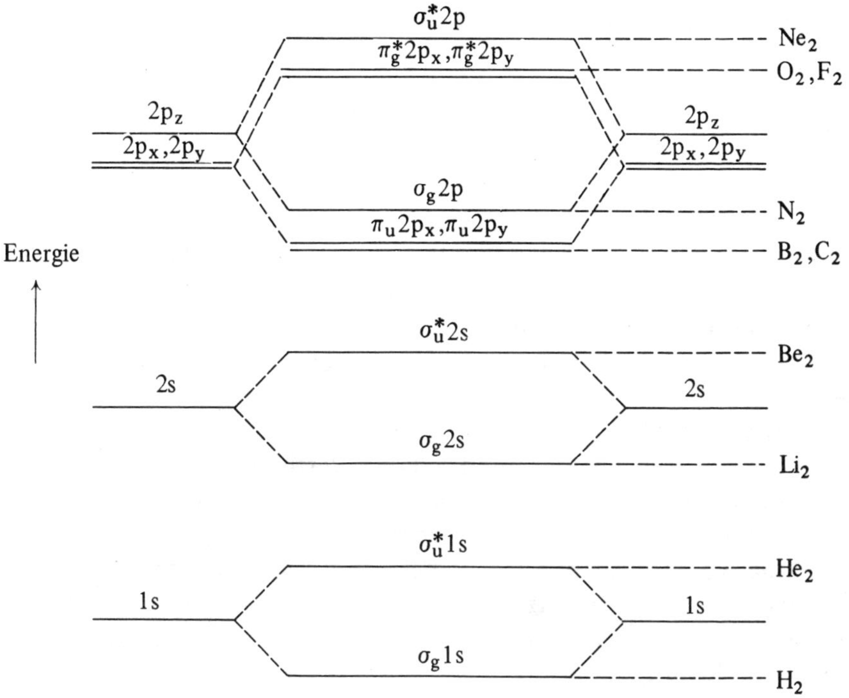

Abbildung 6.5
Energieniveaudiagramm für die Molekülorbitale der homonuklearen zweiatomigen Moleküle der ersten Achterperiode

wirkung ist bei allen homonuklearen zweiatomigen Molekülen der ersten Achterperiode mit Ausnahme von O_2 und F_2 stark und als Folge davon wird das $\sigma_g 2p$-MO in der Energieskala über das $\pi_u 2p$-MO angehoben, während es bei einer schwachen s-p-Wechselwirkung unter diesem liegt. Die Elektronenkonfiguration irgendeines zweiatomigen homonuklearen Moleküls, das aus Atomen der ersten Achterperiode besteht, kann nun dadurch erhalten werden, daß man sämtliche vorhandenen Elektronen unter Beachtung des Pauli-Prinzips in die MO's nach steigender Energie einsetzt. Beispielsweise ergibt sich für das Stickstoffmolekül N_2, das 14 Elektronen enthält, die Konfiguration

$$(\sigma_g 1s)^2(\sigma_u^* 1s)^2(\sigma_g 2s)^2(\sigma_u^* 2s)^2(\pi_u 2p)^4(\sigma_g 2p)^2$$

und für das O_2-Molekül mit 16 Elektronen erhält man

$$(\sigma_g 1s)^2(\sigma_u^* 1s)^2(\sigma_g 2s)^2(\sigma_u^* 2s)^2(\sigma_g 2p)^2(\pi_u 2p)^4(\pi_g^* 2p)^2$$

Die zwei Elektronen im Niveau $\pi_g^* 2p$ des O_2-Moleküls können entweder eines der beiden entarteten Orbitale dieses Niveaus besetzen, was voraussetzt, daß ihre Spins antiparallel sind, oder sie können mit parallelen Spins jedes der beiden entarteten Orbitale einfach besetzen. Beide Konfigurationen wären mit dem Pauli-Prinzip im Einklang. Die 1. Hundsche Regel besagt jedoch, daß von zwei Konfigurationen, die sich nur in der Spinmultiplizität[11] unterscheiden, diejenige mit der höheren Multiplizität die geringere Energie besitzt und folglich die Konfiguration des Grundzustandes darstellt. Angewandt auf das O_2-Molekül bedeutet das, daß die Konfiguration mit je einem Elektron parallelen Spins in jedem der beiden $\pi_g^* 2p$-Orbitale (Multiplizität 3, Triplett-Zustand) energieärmer als die alternative Konfiguration (Multiplizität 1, Singulett-Zustand) ist. Dieses Ergebnis erklärt den beobachteten Paramagnetismus des O_2-Moleküls im Grundzustand. Bestimmte chemische Reaktionen liefern jedoch O_2-Moleküle im angeregten, kurzlebigen Singulettzustand; diese Moleküle sind diamagnetisch.
Abbildung 6.5 kann man auch auf heteronukleare zweiatomige Moleküle anwenden, vorausgesetzt, daß die beiden Atome nicht zu verschieden sind. Beispielsweise besitzt das NO-Molekül, das 15 Elektronen enthält, die Konfiguration

$$(\sigma 1s)^2(\sigma^* 1s)^2(\sigma 2s)^2(\sigma^* 2s)^2(\pi 2p)^4(\sigma 2p)^2(\pi^* 2p)$$

und CO, das 14 Elektronen besitzt und mit N_2 isoelektronisch ist, hat die Konfiguration

$$(\sigma 1s)^2(\sigma^* 1s)^2(\sigma 2s)^2(\sigma^* 2s)^2(\pi 2p)^4(\sigma 2p)^2$$

Selbstverständlich müssen die Indices g und u bei diesen Molekülen, die kein Inversionszentrum aufweisen, weggelassen werden.
Bei einem Molekül wie HCl, dessen Atome äußerst unterschiedlich sind, ist ein MO-Diagramm des in Abbildung 6.5 dargestellten Typs ohne jeden Wert. Wenn man zum Beispiel die MO's durch die Linearkombination

$$\psi = c_1 \chi_1(\mathrm{H:1s}) + c_2 \chi_2(\mathrm{Cl:1s})$$

darstellen würde, erhielte man Orbitale, die wegen der enormen Ener-

[11] Die Spinmultiplizität ist definiert als $2S+1$, wobei S die Gesamtspinquantenzahl darstellt, die gleich der Summe aller Spinquantenzahlen s ist.

giedifferenz der Ausgangs-Atomorbitale nur sehr wenig von diesen verschieden wären. Das Cl-Atom hat die Elektronenkonfiguration

$$1s^2\,2s^2\,2p^6\,3s^2\,3p^5$$

und eine brauchbare Linearkombination ist nur zwischen dem Wasserstoff-1s-Orbital und dem Chlor-$3p_z$-Orbital möglich, da diese von ähnlicher Energie sind und bezüglich der z-Achse die gleiche Symmetrie besitzen. Die beiden MO's, die die Bindungselektronen aufnehmen, sind daher gegeben durch

$$\psi = c_1\,\chi_1(\mathrm{H:1s}) + c_2\,\chi_2(\mathrm{Cl:3p_z})$$

Diese Linearkombination liefert ein σ- und ein σ^*-MO, und die beiden Elektronen besetzen im Grundzustand des HCl-Moleküls das σ-MO. Am Cl-Atom verbleiben vier Elektronen in den Orbitalen $3p_x$ und $3p_y$, die gegenüber den Orbitalen des freien Atoms praktisch unverändert sind. Elektronen in derartigen Orbitalen werden freie oder einsame Elektronenpaare genannt (engl.: *lone pairs*).

Für den allgemeinen Fall eines mehratomigen Moleküls ist die nach der LCAO-Methode erhaltene MO-Wellenfunktion durch Gleichung 6.1 gegeben und die zu 6.10 analoge Säkulardeterminante lautet

$$\begin{vmatrix} H_{11}-E & H_{12}-ES_{12} & \cdots & H_{1n}-ES_{1n} \\ H_{12}-ES_{12} & H_{22}-E & \cdots & H_{2n}-ES_{2n} \\ \vdots & \vdots & & \vdots \\ H_{1n}-ES_{1n} & H_{2n}-ES_{2n} & \cdots & H_{nn}-E \end{vmatrix} = 0 \qquad (6.19)$$

was man abgekürzt wie folgt schreiben kann:

$$\left| H_{\mu\nu} - ES_{\mu\nu} \right| = 0 \qquad (6.20)$$

Hierin sind μ und ν Symbole für zwei beliebige Elektronen des Moleküls. Aus dieser Determinante können die in Gleichung 6.1 auftretenden Koeffizienten c_i bestimmt werden, vorausgesetzt, daß die Form der Integrale $H_{\mu\nu}$ bekannt ist, was seinerseits erfordert, daß die Form des in diesen Integralen enthaltenen Hamilton-Operators bekannt ist. Der wahre Hamilton-Operator $\mathrm{H_e}$ für ein Mehrelektronensystem ist gegeben durch

$$\mathrm{H_e} = \sum_{\mu} \mathrm{H}_{\mu} + \sum_{\mu>\nu}\sum e^2/r_{\mu\nu} \qquad (6.21)$$

wobei H_{μ} der Teil eines Einelektronen-Hamilton-Operators ist, der

keine Elektronenabstoßung enthält; diese ist vollständig im zweiten Term enthalten, in dem e die Elektronenladung und $r_{\mu\nu}$ der Abstand zwischen den Elektronen μ und ν sind.
Das Konzept von Molekülorbitalen, in die man Elektronen nach steigender Orbitalenergie einfüllt, bis alle Elektronen untergebracht sind, hängt von der Methode ab, wie man den Abstoßungsterm in H_e durch eine Summe von Beiträgen der einzelnen Elektronen annähert. Eine dieser Näherungen verwendet bezüglich der Elektronenabstoßung ein gemitteltes Potentialfeld $U(r_\mu)$, in dem sich alle Elektronen bewegen. Dann gilt

$$H_e = \sum_\mu H_\mu + \sum_\mu U(r_\mu) = \sum_\mu \mathcal{H}_\mu \tag{6.22}$$

wobei r_μ eine Koordinate des μ-ten Elektrons ist. Die Eigenfunktionen des Einelektronen-Hamilton-Operators $\mathcal{H}_\mu$ sind die Einelektronen-MO-Wellenfunktionen $\phi_i(r_\mu)$, die durch die Gleichung

$$\mathcal{H}_\mu \phi_i(r_\mu) = E_i\, \phi_i(r_\mu) \tag{6.23}$$

bestimmt sind. Die Gesamtenergie ist jetzt nur noch näherungsweise gegeben durch

$$E = \sum_i E_i \tag{6.24}$$

wobei über alle besetzten Orbitale summiert wird.
Die Näherung, die Elektronen-Abstoßung durch eine Summe von Einelektronen-Beiträgen zu einem mittleren Feld darzustellen, ist die Grundlage der Hartree-Fock-Methode des selbstkonsistenten Feldes (SCF) zur Ermittlung von Atom- und Molekülorbitalen in Mehrelektronensystemen.

6.2 Hückel-Molekülorbitale

Die oben kurz angedeutete Hartree-Fock-Methode wird für Moleküle mit einer größeren Zahl von Elektronen unglücklicherweise sehr kompliziert. Im Falle konjugierter π-Elektronensysteme in Molekülen wie Butadien oder Benzol kann man jedoch mit einem stark vereinfachten Verfahren, dem sogenannten Hückel-MO-Verfahren, die energiereicheren Molekülorbitale in halbquantitativer Weise ermitteln. Dieses Verfahren, das auch modifiziert und erweitert wurde, macht von folgenden fünf Näherungen Gebrauch:

(a) Man betrachtet nur die π-Elektronen, da angenommen wird, daß die π-MO's wesentlich energiereicher als die σ-MO's sind und daher getrennt behandelt werden können.

(b) Die Überlappung der Atomorbitale wird selbst bei benachbarten Atomen vernachlässigt, das heißt in Gleichung 6.20 ist

$$S_{\mu\nu} = 0 \tag{6.25}$$

für alle $\mu \neq \nu$ und $S_{\mu\nu} = 1$ für $\mu = \nu$.

(c) Für $H_{\mu\mu}$ wird angenommen, daß es für alle Atome (gewöhnlich C, N und O) gleich und unabhängig von der Umgebung ist:

$$H_{\mu\mu} = \alpha \tag{6.26}$$

α wird wie im Abschnitt 6.1 Coulomb-Integral genannt.

(d) Bezüglich des Resonanzintegrals $H_{\mu\nu}$ wird angenommen, daß es für jedes Paar von Atomen, die direkt aneinander gebunden sind, den gleichen Wert besitzt, und wie im Abschnitt 6.1 setzt man gewöhnlich

$$H_{\mu\nu} = \beta \tag{6.27}$$

(e) Für zwei nicht direkt aneinander gebundene Atome μ und ν setzt man

$$H_{\mu\nu} = 0$$

Die Hückel-Methode verwendet für π-MO's Wellenfunktionen entsprechend der Gleichung

$$\psi = \sum_i c_i \chi_i \tag{6.28}$$

die der Gleichung 6.1 entspricht. Im vorliegenden Fall werden jedoch nur die Wellenfunktionen χ_i der Atomorbitale, die die π-MO's bilden, eingesetzt. Um die Energien der erhaltenen Molekülorbitale zu ermitteln, verwendet man die Säkulardeterminante 6.19.

Im einfachen Fall des Äthylenmoleküls bleiben nach der Errichtung der C-C- und C-H-σ-Bindungen noch zwei Elektronen übrig, und zwar je eins an jedem C-Atom. Diese Elektronen befinden sich, wie in Abbildung 6.6 dargestellt ist, in den beiden Kohlenstoff-2p-Orbitalen, die

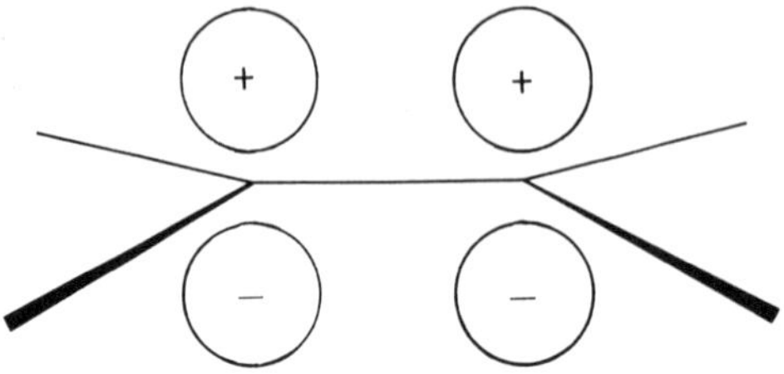

Abbildung 6.6
Senkrecht zur Molekülebene stehende 2p-Orbitale an den C-Atomen des Äthylens

senkrecht zur Molekülebene stehen und die daher für die Bildung einer π-Bindung geeignet sind. Die π-MO-Wellenfunktion ist

$$\psi = c_1 \chi_1 + c_2 \chi_2 \tag{6.29}$$

und Gleichung 6.19 lautet dann, und zwar unter Berücksichtigung der Vereinfachungen (a)-(e):

$$\begin{vmatrix} \alpha - E & \beta \\ \beta & \alpha - E \end{vmatrix} = 0 \tag{6.30}$$

Teilt man durch β und setzt $(\alpha - E)/\beta = x$, so erhält man:

$$\begin{vmatrix} x & 1 \\ 1 & x \end{vmatrix} = 0 \tag{6.31}$$

Hieraus folgt, daß $x = \pm 1$ und $E = \alpha \pm \beta$, das heißt es gibt zwei π-MO's. β ist eine negative Größe und bei CC-π-Bindungen von der Größenordnung -84 kJ/mol. Wenn die Gesamtenergie nicht weiter interessiert, kann man α als Null ansehen, wodurch die beiden MO's im Energieniveaudiagramm symmetrisch zur Nullinie angeordnet sind (vgl. Abb. 6.7). Die der Determinante 6.31 entsprechenden Säkulargleichungen sind

$$\begin{aligned} c_1 x + c_2 &= 0 \\ c_1 + x c_2 &= 0 \end{aligned} \tag{6.32}$$

Setzt man $x = -1$, so erhält man $x = -1$

$$c_1 - c_2 = 0 \tag{6.33}$$

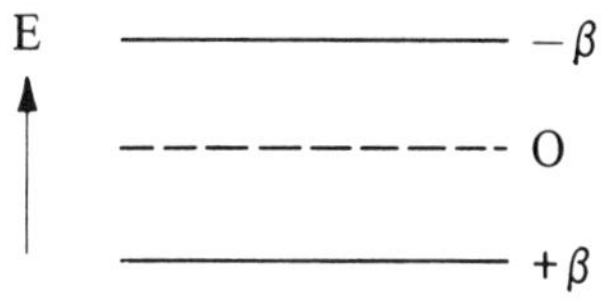

Abbildung 6.7
Energieniveaudiagramm für die π-Molekülorbitale des Äthylens

Aus der Normierungsbedingung ($\int \psi^* \psi \, d\tau = 1$) gibt sich

$$c_1^2 + c_2^2 = 1 \tag{6.34}$$

Aus den Gleichungen 6.33 und 6.34 folgt, daß $c_1 = c_2 = \frac{1}{\sqrt{2}}$, so daß die Wellenfunktion für $x = -1$ und $E = \alpha + \beta$ lautet:

$$\psi_1 = \frac{1}{\sqrt{2}} (\chi_1 + \chi_2) \tag{6.35}$$

Ähnlich erhält man für $x = 1$ und $E = \alpha - \beta$ die Wellenfunktion

$$\psi_2 = \frac{1}{\sqrt{2}} (\chi_1 - \chi_2) \tag{6.36}$$

Die Gestalt der zu diesen Funktionen gehörenden Molekülorbitale ist in Abbildung 6.8 dargestellt. Wie man sieht, besitzt die Funktion ψ_2 im Gegensatz zu ψ_1 eine Knotenfläche zwischen den Kernen, das heißt ihr Charakter ist antibindend.

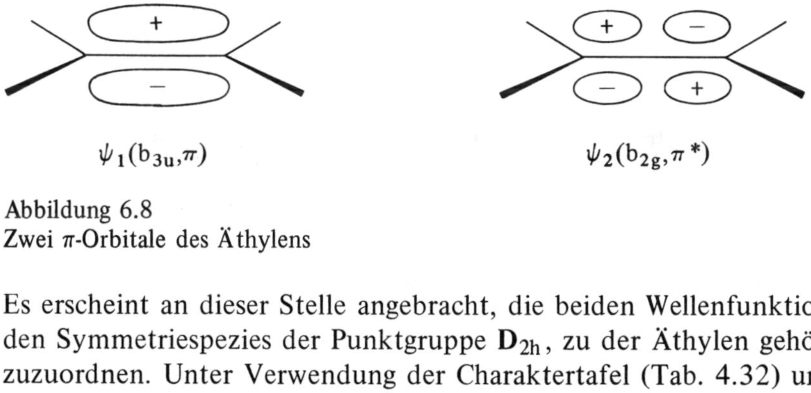

Abbildung 6.8
Zwei π-Orbitale des Äthylens

Es erscheint an dieser Stelle angebracht, die beiden Wellenfunktionen den Symmetriespezies der Punktgruppe $\mathbf{D}_{2h}$, zu der Äthylen gehört, zuzuordnen. Unter Verwendung der Charaktertafel (Tab. 4.32) und der üblichen Achsenbezeichnung, bei der die CC-Achse als z-Achse angesehen und die x-Achse als senkrecht zur Molekülebene stehend angenommen wird, kann man leicht zeigen, daß ψ_1 und ψ_2 zu den Symmetriespezies b_{3u} und b_{2g} gehören. Die Konfiguration der beiden π-Elektronen des C_2H_4-Moleküls im Grundzustand ist daher $(b_{3u})^2$. Wenn wir ψ_1 mit π und ψ_2 mit π^* bezeichnen, kann man für die Promotion eines Elektrons von π nach π^*, das heißt für die Überführung des Moleküls vom Grundzustand in den ersten angeregten Zustand, einfach π^*-π statt b_{2g}-b_{3u} schreiben. Hierbei ist zu beachten, daß man bei Elektronenübergängen üblicherweise das Orbital höherer Energie an erster Stelle schreibt, obwohl oft auch die umgekehrte Schreibweise angetroffen wird. Die Verwendung eines Pfeiles anstelle eines einfachen Bindestriches ist manchmal angebracht, um einen Absorptionsprozeß $\pi^* \leftarrow \pi$ eindeutig von einem Emissionsprozeß $\pi^* \rightarrow \pi$ zu unterscheiden.

Butadien ist ein Molekül mit einem konjugierten π-Elektronensystem und kann ebenfalls nach der Hückel-Methode behandelt werden. Das Molekül besitzt bezüglich der CC-Einfachbindung die *trans*-Struktur, die in Abbildung 6.9 dargestellt ist. Nach dem Hückel-Verfahren kann man die Kette der C-Atome jedoch als linear ansehen, da alle C-Atome als äquivalent betrachtet werden.

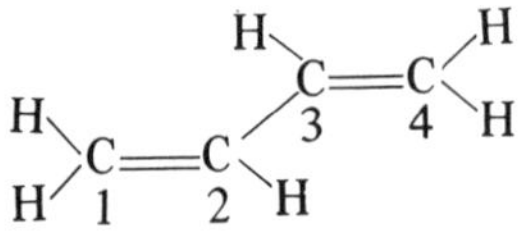

Abbildung 6.9
trans-Butadien

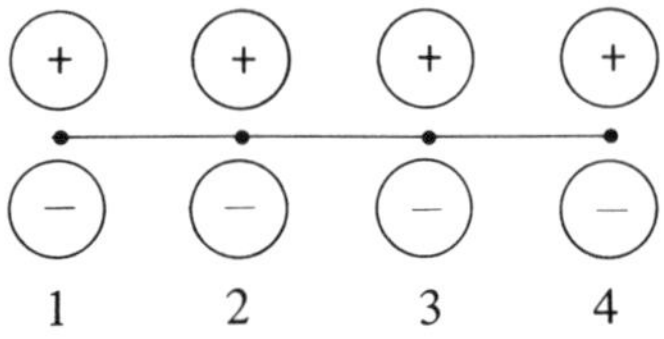

Abbildung 6.10
Senkrecht zur Molekülebene stehende 2p-Atomorbitale an den C-Atomen des Butadiens

Die π-MO's des Butadiens werden von den vier 2p-Atomorbitalen der C-Atome gebildet, die senkrecht zur Molekülebene stehen, wie es schematisch in Abbildung 6.10 dargestellt ist. Die Wellenfunktionen der MO's sind gegeben durch

$$\psi = c_1\chi_1 + c_2\chi_2 + c_3\chi_3 + c_4\chi_4 \tag{6.37}$$

Die resultierende Säkulardeterminante, die der in Gleichung 6.31 für Äthylen entspricht, lautet:

$$\begin{vmatrix} x & 1 & 0 & 0 \\ 1 & x & 1 & 0 \\ 0 & 1 & x & 1 \\ 0 & 0 & 1 & x \end{vmatrix} = 0 \tag{6.38}$$

Löst man diese Determinante, so erhält man

$$x = \pm 1.62 \text{ oder } \pm 0.62$$

In Abbildung 6.11 ist das Energieniveaudiagramm für die vier erhaltenen MO's dargestellt. Die zu diesen MO's gehörenden Wellenfunktionen

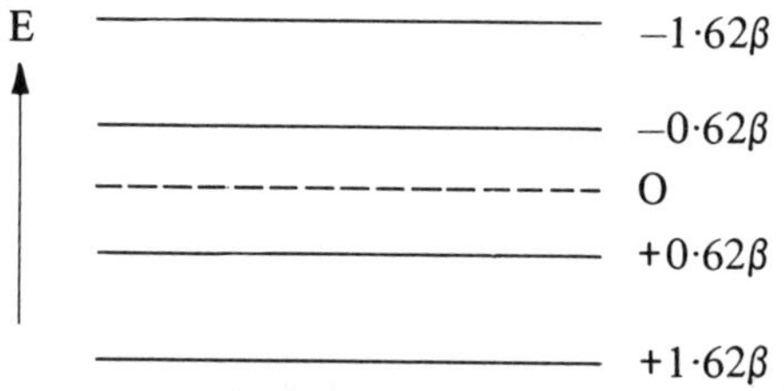

Abbildung 6.11
Energieniveaudiagramm für die π-Molekülorbitale des Butadiens

ergeben sich aus Gleichung 6.37, wenn man die Koeffizienten c_i aus den der Säkulardeterminante entsprechenden Säkulargleichungen unter gleichzeitiger Berücksichtigung der Normierungsbedingung für ψ ermittelt. Auf diese Weise erhält man:

$$\begin{aligned}
\psi_1 &= 0.37\chi_1 + 0.60\chi_2 + 0.60\chi_3 + 0.37\chi_4 \\
\psi_2 &= 0.60\chi_1 + 0.37\chi_2 - 0.37\chi_3 - 0.60\chi_4 \\
\psi_3 &= 0.60\chi_1 - 0.37\chi_2 - 0.37\chi_3 + 0.60\chi_4 \\
\psi_4 &= 0.37\chi_1 - 0.60\chi_2 + 0.60\chi_3 - 0.37\chi_4
\end{aligned} \tag{6.39}$$

Die Gestalt dieser Orbitale ist in Abbildung 6.12 gezeigt. Wie im Falle des C_2H_4 erfolgt die Numerierung nach steigender Energie. In Abbildung 6.12 sind außerdem die Symmetriespezies der Orbitale angegeben; zu deren Ermittlung verwendet man die in Tabelle 4.22 angegebene Charaktertafel der Punktgruppe $\mathbf{C}_{2h}$, zu der *trans*-Butadien gehört.

Die Konfiguration der vier π-Elektronen im Grundzustand des *trans*-Butadienmoleküls ist $(a_u)^2(b_g)^2$ und die Konfiguration des ersten angeregten Zustandes, bei dem ein Elektron von ψ_2 nach ψ_3 promoviert wurde, ist $(a_u)^2(b_g)(a_u)$.

In analoger Weise können die Molekülorbitale des Glyoxal-Moleküls (Abb. 3.9) ermittelt werden, jedoch sind in diesem Fall wegen der beiden O-Atome andere Werte für α und β einzusetzen.

Im Falle des cyclisch-konjugierten π-Elektronensystems im Benzolmolekül erhält man aus den sechs 2p-Atomorbitalen nach dem Hückel-Ver-

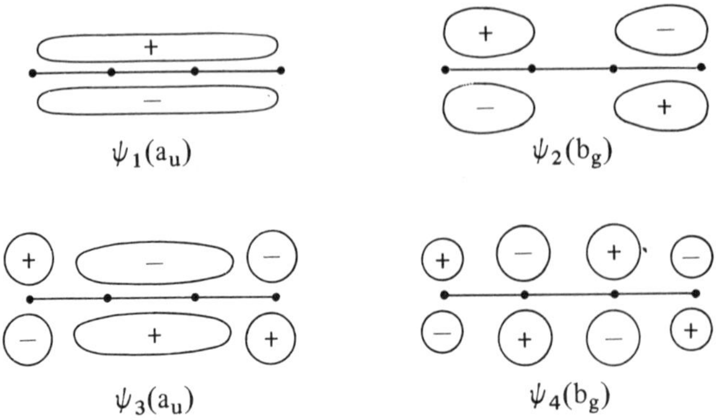

Abbildung 6.12
Die vier energieärmsten („stabilsten") π-Molekülorbitale des Butadiens

fahren sechs Molekülorbitale. Deren Energien, die aus der Säkulardeterminante

$$\begin{vmatrix} x & 1 & 0 & 0 & 0 & 1 \\ 1 & x & 1 & 0 & 0 & 0 \\ 0 & 1 & x & 1 & 0 & 0 \\ 0 & 0 & 1 & x & 1 & 0 \\ 0 & 0 & 0 & 1 & x & 1 \\ 1 & 0 & 0 & 0 & 1 & x \end{vmatrix} = 0 \qquad (6.40)$$

ermittelt werden können, sind in Abbildung 6.13 dargestellt. ψ_2 und ψ_3 sind entartet, das heißt sie besitzen die gleiche Energie. Das gleiche gilt für ψ_4 und ψ_5. Die sechs MO-Wellenfunktionen lauten:

$$\begin{aligned}
\psi_1 &= \chi_1/\sqrt{6} + \chi_2/\sqrt{6} + \chi_3/\sqrt{6} + \chi_4/\sqrt{6} + \chi_5/\sqrt{6} + \chi_6/\sqrt{6} \\
\psi_2 &= \chi_2/2 + \chi_3/2 - \chi_5/2 - \chi_6/2 \\
\psi_3 &= \chi_1/\sqrt{3} + \chi_2/\sqrt{12} - \chi_3/\sqrt{12} - \chi_4/\sqrt{3} - \chi_5/\sqrt{12} + \chi_6/\sqrt{12} \\
\psi_4 &= -\chi_2/2 + \chi_3/2 - \chi_5/2 + \chi_6/2 \\
\psi_5 &= \chi_1/\sqrt{3} - \chi_2/\sqrt{12} - \chi_3/\sqrt{12} + \chi_4/\sqrt{3} - \chi_5/\sqrt{12} - \chi_6/\sqrt{12} \\
\psi_6 &= \chi_1/\sqrt{6} - \chi_2/\sqrt{6} + \chi_3/\sqrt{6} - \chi_4/\sqrt{6} + \chi_5/\sqrt{6} - \chi_6/\sqrt{6}
\end{aligned} \qquad (6.41)$$

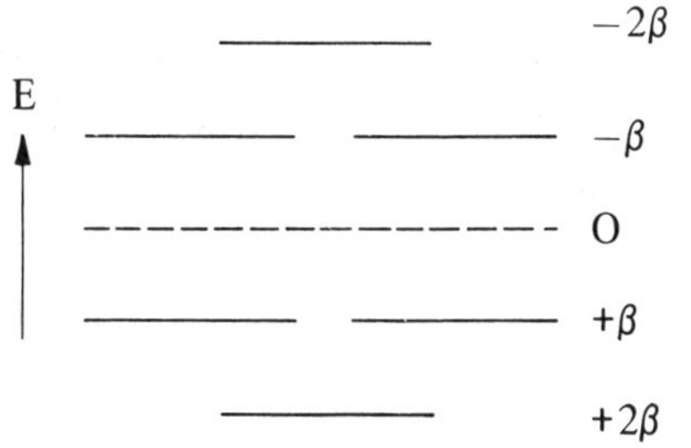

Abbildung 6.13
Energieniveaudiagramm für die π-Molekülorbitale des Benzols

(Die zweifach entarteten Orbitale können auch durch andere Wellenfunktionen mit komplexen statt mit reellen Koeffizienten dargestellt werden.) Die Gestalt der Benzol-π-Orbitale (mit reellen Koeffizienten) ist in Abbildung 6.14 gezeigt; zu jedem Orbitallappen oberhalb der Molekülebene gibt es einen zweiten unterhalb dieser Ebene, der die gleiche Form, aber entgegengesetztes Vorzeichen besitzt. In Abbildung 6.14 sind außerdem die Symmetriespezies der Orbitale angegeben. Da C_6H_6 zur Punktgruppe $\mathbf{D_{6h}}$ gehört, kann die Zuordnung der irreduziblen Darstellungen an Hand der Tabelle 4.36 überprüft werden.
Die π-Elektronenkonfiguration des Grundzustandes von Benzol ist $(a_{2u})^2(e_{1g})^4$, und die des ersten angeregten Zustandes ist $(a_{2u})^2(e_{1g})^3(e_{2u})$.

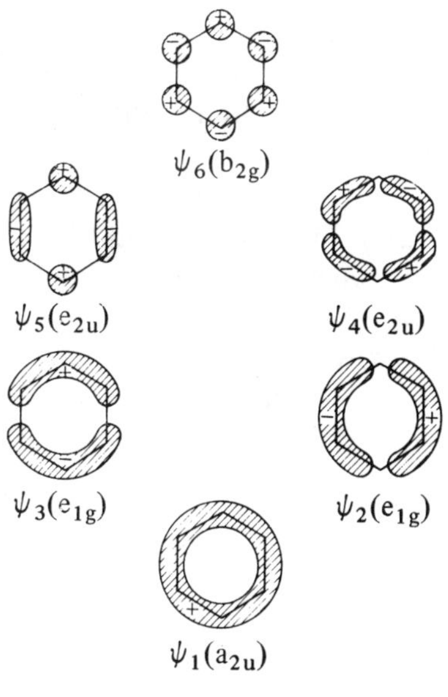

Abbildung 6.14
Die sechs stabilsten π-Molekülorbitale des Benzols. Man beachte die mit steigender Energie größer werdende Zahl von senkrecht zur Molekülebene stehenden Knotenflächen.

6.3 Molekülorbitaldiagramme nach Walsh

Eine weitere Gruppe von Molekülen, bei denen man mit vereinfachten MO-Methoden beachtliche Erfolge erzielt hat, besteht aus kleinen Molekülen, die hauptsächlich Elemente der ersten zwei Achterperioden des Periodensystems enthalten. Für Moleküle mit den allgemeinen Formeln AH_2, AB_2, BAC, HAB, AH_3, AB_3 und H_2AB, wobei A, B und C gewöhnlich Elemente der ersten zwei Reihen des Periodensystems sind, wurden in einer halbquantitativen Weise Orbitale und insbesondere deren relative Energien sowie die Veränderungen der Orbitalenergien mit der Molekülgeometrie abgeleitet. Wir werden hier nur Moleküle vom Typ AH_2 im Detail betrachten; bezüglich anderer Beispiele sei auf die Originalliteratur[12] verwiesen.
Zur Beschreibung des Elektronen-Grundzustandes von AH_2-Molekülen sind MO's geeignet, die in den AH-Bindungen *lokalisiert* sind. Die Verwendung *lokalisierter* anstelle delokalisierter MO's, die das ganze Molekül erfassen würden, wird durch experimentelle Befunde gerechtfertigt. Es zeigt sich nämlich, daß bestimmte Bindungseigenschaften, wie die Dissoziationsenergie, der Kernabstand und die Wellenzahl der Valenzschwingung, für eine bestimmte Bindung oftmals nahezu konstant und unabhängig von der molekularen Umgebung sind. Beispielsweise besitzt die OH-Bindung im H_2O-Molekül, im Phenol und im OH-Radikal ähnliche Eigenschaften.
Die lokalisierten MO's eines AH_2-Moleküls, die im Grundzustand besetzt sind, werden aus den 1s-Orbitalen der H-Atome und s- und p-Orbitalen des Atoms A konstruiert. Ist A ein Element der ersten Achterperiode, werden 2s- und 2p-Orbitale verwendet, steht A dagegen in der zweiten Achterperiode, werden analog 3s- und 3p-Orbitale in die Linearkombination eingesetzt. Die MO's werden zweckmäßig für die beiden extremen Werte 90° und 180° des Valenzwinkels HAH konstruiert. Wenn der Valenzwinkel 90° beträgt, was dem Winkel zwischen zwei p-Orbitalen entspricht, macht man für jedes der beiden lokalisierten MO's der AH-Bindungen den Ansatz

$$\psi_{\text{lok}} = \chi(\text{H:1s}) + \chi(\text{A:}n\text{p}) \qquad (6.42)$$

Hierin ist $n = 2$ oder 3, und der Index lok steht für lokalisiert. Die zugehörigen Orbitale sind in Abbildung 6.15 dargestellt. Die am Atom A

[12] A. D. Walsh, J. chem. Soc. (London) 2260 ff. (1953)

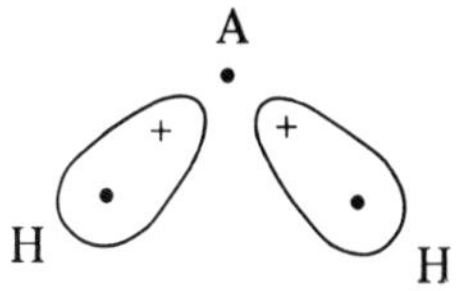

Abbildung 6.15
Lokalisierte MO-Wellenfunktionen für die AH-Bindungen im gewinkelten Molekül AH_2

verbleibenden beiden np-Orbitale und das ns-Orbital sind praktisch unveränderte Atomorbitale.
Im Fall des linearen Moleküls AH_2 (Valenzwinkel 180°) können die Orbitale am Atom A, die die AH-Bindungen bewirken, keine reinen s- oder p-Orbitale sein. Man muß vielmehr sp-Hybridorbitale mit gleichem s- und p-Anteil in die Linearkombination einsetzen, wenn man lokalisierte MO's erhalten will. Diese bilden, wie Abbildung 6.16.a zeigt, miteinander den Winkel 180°. Die für jede AH-Bindung anzusetzende Linearkombination lautet:

$$\psi_{\text{lok}} = \chi(\text{H:1s}) + \chi(\text{A:sp}) \tag{6.43}$$

Die entsprechenden MO's sind in Abbildung 6.16.b dargestellt. Die an A verbleibenden zwei p-Orbitale sind wiederum praktisch unveränderte Atomorbitale.

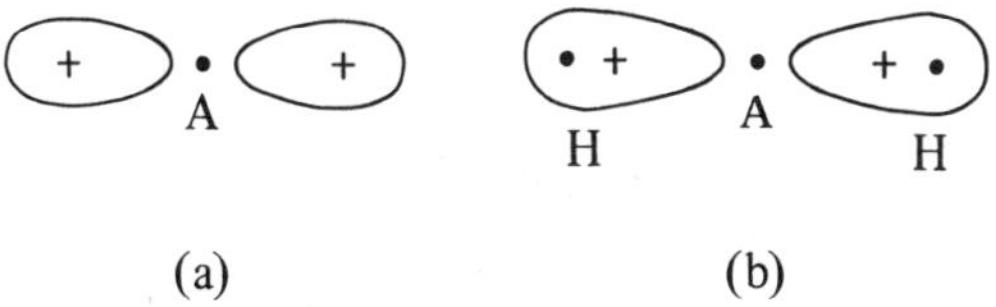

Abbildung 6.16
(a) sp-Hybridorbitale am Atom A und (b) lokalisierte Molekülorbitale in den beiden AH-Bindungen des linearen Moleküls AH_2

Wenn wir jedoch elektronisch angeregte Zustände unseres AH_2-Moleküls betrachten, dann ist die Beschreibung der Elektronenkonfiguration mittels lokalisierter MO's nicht mehr befriedigend möglich. Betrachten wir zum Beispiel H_2O: dieses Molekül besitzt im Grundzustand je zwei Elektronen in zwei lokalisierten MO's, die denen in Abbildung 6.15 ähneln (der Valenzwinkel beträgt 104,5°). Bei der Überführung in einen angeregten Zustand wird ein Elektron aus einem der beiden lokalisierten MO's promoviert, aber aus welchem? Diese Frage kann nicht ohne weiteres beantwortet werden, da man zur Diskussion angeregter Zustände delokalisierte MO's verwenden muß.
Wir werden im folgenden die delokalisierten MO's für Moleküle des Typs AH_2 erörtern, wobei A ein Element der ersten Achterperiode sein soll. Zunächst werden die beiden extremen Winkel 180° und 90°

betrachtet, die danach korreliert werden können, um zu zeigen, welche Ergebnisse für dazwischen liegende Winkel erhalten werden.

(a) Valenzwinkel 180°
Die beiden in Abbildung 6.16.b dargestellten lokalisierten MO's lassen sich in einfacher Weise dadurch delokalisieren, daß man sie einmal mit gleicher Phase und einmal mit einer Phasenverschiebung von π miteinander kombiniert ($\psi_1 + \psi_2$ bzw. $\psi_1 - \psi_2$): Die erstgenannte Kombination ergibt das in Abbildung 6.17 rechts unten dargestellte MO. Lineare AH_2-Moleküle gehören zur Punktgruppe $\mathbf{D}_{\infty h}$, deren Charaktertafel in Tabelle 4.37 angegeben ist. Diese Tabelle kann man verwenden, um das MO als σ_g zu klassifizieren (tatsächlich ist es σ_g^+, aber das + wird gewöhnlich weggelassen). Die Kombination mit der Phasenverschiebung π erzeugt in ähnlicher Weise das in Abbildung 6.17 darge-

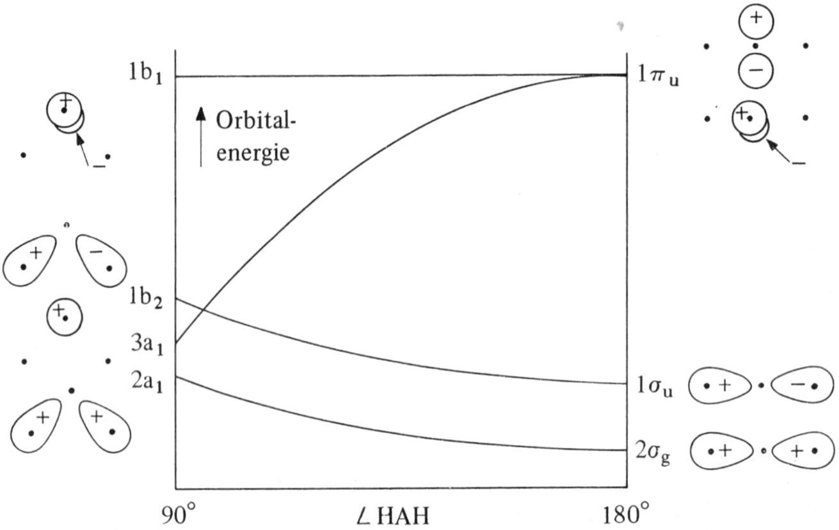

Abbildung 6.17
MO-Diagramm nach Walsh für AH_2-Moleküle

stellte σ_u-Orbital. Die zwei p-Atomorbitale am Atom A sind im linearen Molekül AH_2 entartet und besitzen beide die Symmetrie π_u. In Abbildung 6.17 sind die MO's nach steigender Orbitalenergie[13] angeordnet. Diese Energie kann als Maß für die Stärke, mit der ein Elektron in dem betreffenden Orbital gebunden ist, angesehen werden.

[13] Die Orbitalenergie ist die Energie, die frei wird, wenn ein Elektron aus unendlich großer Entfernung in das betreffende Orbital überführt wird. Diese Energie ist stets negativ.

Beispielsweise wird das am schwächsten gebundene Elektron am leichtesten in ein Orbital größerer Orbitalenergie promoviert oder in einem Ionisierungsprozeß ganz aus dem Atom oder Molekül entfernt. Je höher der s-Charakter eines Orbitals ist, um so kleiner ist im allgemeinen die Orbitalenergie. Diese Regel beruht darauf, daß sich ein Elektron in einem *n*s-Orbital öfter in der Nähe des Atomkerns aufhält als in einem *n*p-Orbital.

(b) Valenzwinkel 90°
Analog wie unter (a) beschrieben werden die beiden in Abbildung 6.15 dargestellten lokalisierten MO's durch Addition ($\psi_1 + \psi_2$) bzw. Subtraktion ($\psi_1 - \psi_2$) delokalisiert. Da gewinkelte AH_2-Moleküle zur Punktgruppe $\mathbf{C}_{2v}$ gehören, erhält man so ein a_1- und ein b_2-Orbital; diese sind in Abbildung 6.17 auf der linken Seite dargestellt. Die Atomorbitale s und p am Atom A sind a_1- und b_1-Orbitale. Wenn A ein Atom der ersten Achterperiode ist, unterscheidet man die beiden a_1-Orbitale durch Numerierung als $2a_1$ bzw. $3a_1$, und zwar nach steigender Orbitalenergie. Das $1a_1$-Orbital ist das 1s-Atomorbital am Atom A. Im Falle des linearen Moleküls AH_2 wird das 1s-AO als $1\sigma_g$ bezeichnet.

Die in Abbildung 6.17 gezeigte Korrelation der Orbitale für Valenzwinkel zwischen 90° und 180° ist für die Paare $2a_1$-$2\sigma_g$, $1b_2$-$1\sigma_u$ und $1b_1$-$1\pi_u$ leicht einzusehen. Für das Paar $3a_1$-$1\pi_u$ ist der Zusammenhang jedoch weniger offensichtlich. Diese letzte Korrelation ist besonders wichtig, da die Orbitalenergie für 90° viel kleiner ist als für 180°, was durch den Übergang von einem reinen s- zu einem reinen p-Orbital bedingt ist. Das MO-Diagramm in Abbildung 6.17 kann man dazu benutzen, um die Valenzwinkel von AH_2-Molekülen im Grundzustand und in angeregten Zuständen vorherzusagen. Dazu seien drei Beispiele betrachtet:

(a) BeH_2 und MgH_2
Das Berylliumatom besitzt die Elektronenkonfiguration $1s^2 2s^2$ und verfügt daher über zwei Valenzelektronen. Bringt man diese und die Elektronen der beiden H-Atome im BeH_2 paarweise, das heißt mit antiparallelen Spins, in den stabilsten MO's unter, so erhält man die Konfiguration des Grundzustandes zu

$$(2\sigma_g)^2(1\sigma_u)^2$$

Da beide Orbitale bei einem Valenzwinkel von 180° die geringste Orbitalenergie besitzen, kann man für BeH_2 eine lineare Gestalt vorher-

sagen. In analoger Weise sollte MgH_2 im Grundzustand die Konfiguration $(3\sigma_g)^2\ (2\sigma_u)^2$ besitzen, wobei der einzige Unterschied zum BeH_2 darin besteht, daß die MO's aus den AO's 3s und 3p konstruiert werden. MgH_2 sollte daher im Grundzustand ebenfalls linear sein, aber weder dieses Molekül noch BeH_2 sind bekannt.
Der erste angeregte Zustand von BeH_2 hat die Konfiguration

$$(2a_1)^2(1b_2)(3a_1)$$

und ist wegen des einen Elektrons im $3a_1$-Orbital wahrscheinlich nicht linear.

(b) NH_2
Das N-Atom besitzt mit der Elektronenkonfiguration $(1s)^2(2s)^2(2p)^3$ fünf äußere Elektronen, die zusammen mit den zwei Elektronen von den H-Atomen in Molekülorbitalen untergebracht werden müssen. Der Grundzustand des NH_2-Radikals besitzt daher die Konfiguration

$$(2a_1)^2(1b_2)^2(3a_1)^2(1b_1)$$

die zu einer gewinkelten Gestalt führt, da der Einfluß der zwei Elektronen im $3a_1$-Orbital alle anderen Effekte überwiegt. Der experimentell ermittelte Winkel beträgt 103,3°. Der erste angeregte Zustand besitzt die Konfiguration

$$(2a_1)^2(1b_2)^2(3a_1)(1b_1)^2$$

die zu einem größeren Valenzwinkel führt, da ein Elektron aus dem $3a_1$-Orbital, das die geringste Orbitalenergie bei 90° besitzt, in das $1b_1$-Orbital promoviert wurde, dessen Energie für alle Winkel gleich groß ist. Der experimentell ermittelte Winkel ist in der Tat mit 144° ungewöhnlich groß.

(c) H_2O
Die Elektronenkonfiguration des O-Atoms ist $(1s)^2(2s)^2(2p)^4$, das heißt im H_2O-Molekül sind 8 Elektronen in MO's unterzubringen, nämlich 6 vom Sauerstoff und 2 von den H-Atomen. Dies führt im Grundzustand zu der Konfiguration

$$(2a_1)^2(1b_2)^2(3a_1)^2(1b_1)^2$$

die ein gewinkeltes Molekül zur Folge hat. Der experimentell ermittelte Winkel ist 104,5°. Einige der energieärmeren angeregten Zustände entstehen durch Promotion eines $1b_1$-Elektrons in Orbitale, die so weit vom Atomkern entfernt sind, daß sie die Molekülgeometrie kaum beeinflussen (sog. Rydberg-Orbitale, vgl. Abschnitt 6.4). In einem dieser Zustände ist der Valenzwinkel 106,2°, was mit der Promotion von einem $1b_1$- in ein Rydberg-Orbital zu vereinbaren ist.

6.4 Rydberg-Orbitale

Im Abschnitt 6.1 sind die MO's für zweiatomige homonukleare Moleküle durch Linearkombination von Atomorbitalen konstruiert worden. Allgemein haben diese Molekülorbitale die Form

$$\psi_{\pm}(ns) = \mathrm{N}[\chi_1(ns) \pm \chi_2(ns)] \qquad (6.44)$$

$$\psi_{\pm}(np) = \mathrm{N}[\chi_1(np) \pm \chi_2(np)] \qquad (6.45)$$

$$\psi_{\pm}(nd) = \mathrm{N}[\chi_1(nd) \pm \chi_2(nd)] \qquad (6.46)$$

und so weiter, wobei die N verschiedene Normierungsfaktoren darstellen. Die ψ sind die einzelnen MO-Wellenfunktionen, und die χ_1 und χ_2 sind AO-Wellenfunktionen, die an den Atomkernen 1 und 2 zentriert sind. Einige der energieärmeren MO's sind in Abbildung 6.4 dargestellt.

Experimentell wurde gefunden, daß die energiereicheren der durch die Gleichungen 6.44–6.46 beschriebenen Molekülorbitale, das heißt solche mit großen Werten von n (Hauptquantenzahl), im Energieniveaudiagramm gegen einen Grenzwert konvergieren, der ebenso wie bei Atomorbitalen der Entfernung eines Elektrons durch Ionisierung entspricht (Ionisierungsgrenze). Diese Analogie zwischen Atomen und Molekülen geht noch weiter: man findet, daß die Orbitalenergien eines Moleküls für nicht zu kleine Werte von n der Gleichung

$$E_n/hc = -R/(n - \delta)^2 \qquad (6.47)$$

gehorchen. R ist die Rydberg-Konstante für das betreffende Molekül, δ wird Quantendefekt genannt und n ist eine ganze Zahl. Gleichung 6.47 ist der für H-Atome geltenden Gleichung 1.1 ähnlich und mit einer für Mehrelektronenatome geltenden Gleichung identisch. Orbitale, die mit dieser Gleichung beschrieben werden können, werden Rydberg-Orbitale genannt.

Wenn ein MO wesentlich größer ist als das Gerüst der Atomkerne eines Moleküls, dann kann man erwarten, daß das MO einem AO ähnelt. Ein Elektron in einem energiereichen Orbital des Moleküls O_2 beispielsweise „sieht" den O_2^+-Rumpf ähnlich wie einen S^+-Rumpf, da der OO-Kernabstand klein ist gegenüber der Ausdehnung der Molekülorbitals [14]. Diese Betrachtungsweise nennt man die *Näherung des vereinten Atoms*. Es sollte daher möglich sein, alle MO's des O_2-Moleküls, beschrieben durch Gleichungen des Typs 6.44–6.46, mit den AO's des S-Atoms zu korrelieren. Für kleine Werte von n werden die AO's des vereinten Atoms stark durch den Molekülrumpf gestört und die Näherung ist schlecht; sie wird jedoch in dem Maße besser, wie n größer wird.

Aus Abbildung 6.4 kann man erkennen, daß das $\sigma_g 1s$-MO im vereinten Atom zu einem 1s-AO wird, das kugelsymmetrisch ist; das $\sigma_u 1s$-MO wird ein $2p_z$-AO und das $\sigma_g 2s$-MO wird ein 2s-AO, wenn der Kernabstand gegen Null geht. Die Korrelation der energiereicheren MO's mit AO's des vereinten Atoms ist jedoch nicht mehr so eindeutig. Beispielsweise korrelieren $\sigma_g 2p$ mit 3s und $\pi_g 2p$, das zweifach entartet ist, mit

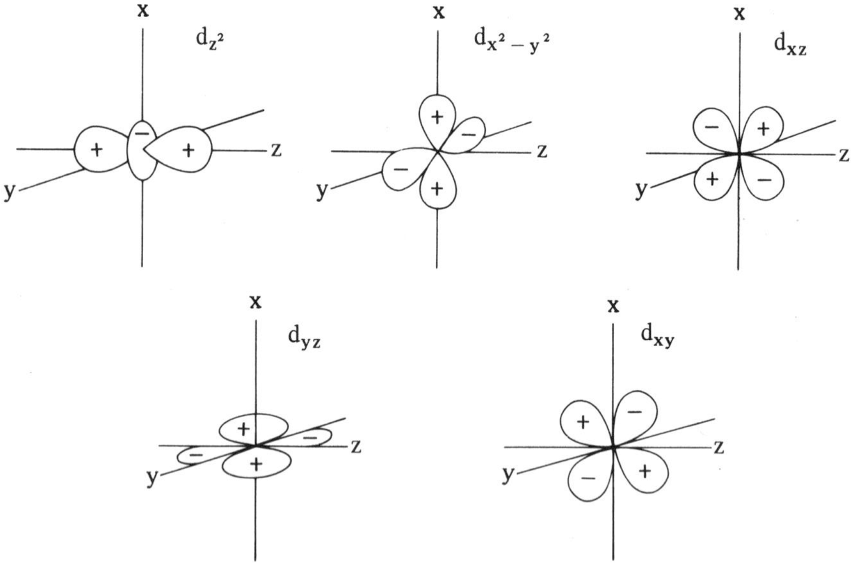

Abbildung 6.18
Die fünf entarteten d-Atomorbitale

[14] Die Kernladungszahlen von O und S sind 8 bzw. 16.

den beiden d-Orbitalen $3d_{xz}$ und $3d_{yz}$, die zusammen mit den anderen drei 3d-Orbitalen in Abbildung 6.18 dargestellt sind. Die fünf d-Orbitale eines isolierten Atoms sind entartet und werden gewöhnlich mit d_{z^2}, $d_{x^2-y^2}$, d_{xy}, d_{yz} und d_{xz} bezeichnet. Es ist jedoch zu beachten, daß dies nur einer von mehreren möglichen Sätzen von d-Orbitalen ist. Beispielsweise können die Indices für die Achsen x, y und z in beliebiger Reihenfolge vertauscht werden, wodurch neue Sätze von Orbitalen entstehen, die gleichermaßen gültig sind. Der in Abbildung 6.18 dargestellte Satz ist für unsere Betrachtungen am geeignetsten, da in ihm die z-Achse ebenso wie in zweiatomigen Molekülen die bevorzugte Achse ist. In Tabelle 6.1 sind die Korrelationen zwischen den

Tabelle 6.1: Korrelation der MO's eines homonuklearen zweiatomigen Moleküls mit den AO's eines vereinten Atoms

MO's	*AO*'s
$\sigma_g 1s$	1s
$\sigma_u 1s$	$2p_z$
$\sigma_g 2s$	2s
$\sigma_u 2s$	$3p_z$
$\sigma_g 2p$	3s
$\pi_u 2p$	$2p_x$, $2p_y$
$\pi_g 2p$	$3d_{xz}$, $3d_{yz}$
$\sigma_u 2p$	$4p_z$
$\sigma_g 3s$	$3d_{z^2}$
$\sigma_u 3s$	$5p_z$
$\sigma_g 3p$	4s
$\pi_u 3p$	$3p_x$, $3p_y$
$\pi_g 3p$	$4d_{xz}$, $4d_{yz}$

13 stabilsten Orbitalen eines zweiatomigen homonuklearen Moleküls und den AO's des entsprechenden vereinten Atoms aufgeführt. Obwohl die MO's für größere Werte von n den AO's immer ähnlicher werden, sind zwei Effekte zu berücksichtigen, die auf den Einfluß des Molekülrumpfes zurückzuführen sind. Zum einen ist die Energie des MO für kleine Werte von n nicht durch Gleichung 6.47 gegeben. Dieser Effekt verringert sich jedoch mit steigendem n sehr rasch und ist ge-

wöhnlich klein, wenn man ein Molekül aus Atomen der ersten Achterperiode betrachtet und n gleich 3 oder größer ist. Der zweite Effekt ist selbst bei viel größeren Werten von n noch nachweisbar und kann als Einfluß der *Symmetrie* des Molekülrumpfes auf das Rydberg-Orbital angesehen werden. Die Folge dieser Störung ist, daß alle Rydberg-Orbitale (mit Ausnahme der energiereichsten) in einem homonuklearen zweiatomigen Molekül entsprechend der Symmetrie $D_{\infty h}$ klassifiziert werden müssen, wie es in der linken Spalte der Tabelle 6.1 geschehen ist. In der Praxis ist es meistens einfacher, von den AO's des vereinten Atoms zu den MO's überzugehen als umgekehrt.
Für die Klassifizierung der AO's in einer beliebigen Punktgruppe gibt es ein paar nützliche allgemeine Regeln, was die s-, p- und d-Orbitale betrifft:

(a) Ein s-AO gehört immer zur totalsymmetrischen Spezies der Punktgruppe.
(b) Die AO's p_x, p_y und p_z gehören immer zu den gleichen Spezies wie die Translationen T_x, T_y und T_z.
(c) Die AO's d_{z^2}, $d_{x^2-y^2}$, d_{xy}, d_{yz} und d_{xz} gehören immer zu den gleichen Spezies wie die entsprechenden Komponenten der Polarisierbarkeit: α_{z^2} (oder $\alpha_{2z^2-x^2-y^2}$), $\alpha_{x^2-y^2}$, α_{xy}, α_{yz}, und α_{xz}. Die Symmetriespezies der Polarisierbarkeitskomponenten sind jeweils in der letzten Spalte der Charaktertafeln 4.1–4.45 angegeben; sie werden im Abschnitt 7.5 näher erläutert.

Unter Verwendung dieser Regeln und der $\mathbf{D}_{\infty h}$-Charaktertafel in Tabelle 4.37 kann man nun die s-, p- und d-Orbitale in dieser Punktgruppe

Tabelle 6.2: Symmetriespezies der von den s-, p- und d-Orbitalen eines vereinten Atoms abgeleiteten Molekülorbitale eines zweiatomigen homonuklearen Moleküls

Atom-orbitale	*Molekül-orbitale*
s	σ_g^+
p_z	σ_u^+
p_x, p_y	π_g
d_{z^2}	σ_g^+
d_{xz}, d_{yz}	π_g
$d_{x^2-y^2}$, d_{xy}	δ_g

einordnen. Die Ergebnisse sind in Tabelle 6.2 zusammengestellt (gewöhnlich verzichtet man allerdings in der MO-Theorie auf das Symbol „+"). Wie man sieht, spalten die drei im vereinten Atom entarteten np-Atomorbitale unter dem Einfluß eines Molekülrumpfes mit $\mathbf{D}_{\infty h}$-Symmetrie in ein nicht-entartetes $\sigma_u n$p-MO und zwei entartete $\pi_g n$p-MO's auf. Analog spalten die fünf ehemals entarteten nd-AO's in drei Gruppen von MO's auf. Die Aufspaltung geht jedoch gegen Null, wenn n unendlich groß wird.
Der Quantendefekt δ (Gleichung 6.47) ist bei Mehrelektronenatomen ein Maß für die „Durchdringung" des Atomrumpfes durch das betreffende Orbital. Diese Durchdringung ist für s-Orbitale, deren Wellenfunktionen in Kernnähe den größten Wert besitzen, am stärksten ($\delta \approx 1{,}0$). Für p-Orbitale findet man einen kleineren Wert ($\delta \approx 0{,}5$) und für d-Orbitale ist δ ($\approx 0{,}05$) noch kleiner. Bei zweiatomigen Molekülen ist δ ebenfalls ein Maß für die Durchdringung des Molekülrumpfes durch das Rydberg-Orbital; δ hat daher beispielsweise für $\pi_g n$p- und $\sigma_u n$p-Orbitale verschiedene Werte.
Bei heteronuklearen zweiatomigen Molekülen, bei denen wie im NO und CO die Kernladungen ähnlich sind, haben die Rydberg-Orbitale eine ähnliche Form wie in homonuklearen Molekülen, und die Korrelationen zwischen den AO's und MO's sind ähnlich denen in Tabelle 6.1, mit der Einschränkung, daß die Indices g und u an den MO's weggelassen werden. Bei einem Molekül wie HCl sind die Korrelationen zwischen den AO's des vereinten Atoms und den MO's jedoch vollkommen verschieden.
Auch bei mehratomigen Molekülen ähneln die MO's um so mehr gestörten Atomorbitalen, je größer ihre Energie ist. Entsprechende Korrelationen sind jedoch in diesen Fällen viel schwieriger anzustellen. Als Beispiel seien die energieärmeren π-Orbitale des Benzolmoleküls betrachtet, die in Abbildung 6.14 dargestellt sind. Das a_{2u}-Orbital korreliert mit einem p_z-AO des vereinten Atoms, da a_{2u} die irreduzible Darstellung von T_z ist (vgl. Tab. 4.36). Die beiden entarteten e_{1g}-Orbitale korrelieren mit den ebenfalls entarteten Orbitalen d_{xz} und d_{yz} des vereinten Atoms, da e_{1g} die irreduzible Darstellung von $(\alpha_{xz}, \alpha_{yz})$ ist.
Mit f- und g-AO's haben wir uns bisher nicht beschäftigt; tatsächlich korrelieren aber die π-MO's e_{2u} und b_{2g} des Benzols mit f- bzw. g-AO's des vereinten Atoms.
Zum Abschluß mag es angebracht sein, die Bedeutung der Zahl n in Gleichung 6.47 kurz zu diskutieren. n bezeichnet das jeweilige AO des

vereinten Atoms (vgl. die rechte Spalte von Tab. 6.1). Aus Tab. 6.1 kann man entnehmen, daß das *n* in Gleichung 6.47 gewöhnlich nicht mit dem *n* übereinstimmt, das das zugehörige MO in der linken Spalte charakterisiert und das mit der Hauptquantenzahl identisch ist. Während die in der Tabelle 6.1 angegebene Korrelation für homonukleare zweiatomige Moleküle leicht abzuleiten ist, können die Verhältnisse bei anderen Molekülen viel komplizierter sein.

6.5 Kristallfeld- und Ligandenfeldtheorie

Übergangsmetallatome unterscheiden sich von anderen Atomen dadurch, daß ihre energiereichsten besetzten Orbitale d-Orbitale sind. Die Niveaus 3d, 4d und 5d können jeweils 10 Elektronen aufnehmen, so daß jede der drei Reihen aus 10 Elementen besteht. In diesem Abschnitt werden jedoch nur die Elemente der ersten Übergangsperiode betrachtet, das sind Sc, Ti, V, Cr, Mn, Fe, Co, Ni, Cu und Zn, die alle über Valenzelektronen im 3d-Niveau verfügen.

Eine charakteristische Eigenschaft der Übergangsmetalle ist die Bildung komplexer Ionen. Beispiele dafür sind das Hexacyanoferrat(II)-ion $[Fe(CN)_6]^{4-}$ und das Hexaquoeisen(II)-ion $[Fe(H_2O)_6]^{2+}$. Die Molekülorbitalbehandlung derartiger Ionen wurde unabhängig von der anderer Moleküle, wie sie in den Abschnitten 6.1–6.4 besprochen wurden, entwickelt, und das ist der Grund dafür, daß die Begriffe „Kristallfeldtheorie" und „Ligandenfeldtheorie" entstanden sind, obwohl es sich bei beiden Theorien lediglich um spezielle Anwendungen der MO-Theorie handelt.

In Komplexen wie den beiden oben genannten werden die mit dem Metallatom verbundenen Gruppen (CN^- und H_2O) gewöhnlich als *Liganden* bezeichnet. Dieses Wort wurde eingeführt, weil die Art der Bindung zwischen dem Metallatom und den Liganden verschieden ist beispielsweise von der im HCl. Da die Unterschiede jedoch quantitativer und nicht qualitativer Natur sind, ist die Bezeichnung Ligand für die Gruppe CN^- im $[Fe(CN)_6]^{4-}$, nicht jedoch für das H-Atom im HCl etwas irreführend.

Gewöhnlich sind die Liganden in Übergangsmetallkomplexen hochsymmetrisch um das Zentralatom angeordnet. Die beiden oben erwähnten

Ionen enthalten beispielsweise die sechs Liganden in oktaedrischer Anordnung, und das gleiche gilt für das Hexacyanoferrat(III)-ion, $[Fe(CN)_6]^{3-}$, das in Abbildung 2.3.a dargestellt ist. Mit dieser relativ häufigen oktaedrischen Koordination wollen wir uns jetzt etwas ausführlicher beschäftigen.
Die energiereicheren Molekülorbitale eines oktaedrischen Übergangsmetallkomplexes sind gestörte d-Orbitale des Metallatoms. Wenn die Störung gering ist, kann man die Liganden als negative Punktladungen an den Ecken eines regulären Oktaeders, in dessen Mittelpunkt das Metallatom sitzt, betrachten. Die Störung der d-Orbitale *von außen* durch die Liganden ähnelt, was die Symmetrieeigenschaften der d-Orbitale in der störenden Umgebung betrifft, der Störung *von innen* durch einen Molekülrumpf wie etwa bei den Rydberg-Orbitalen (vgl. Abschnitt 6.4). Man nennt die auf Metallkomplexe angewandte MO-Theorie *Kristallfeldtheorie,* wenn man die Liganden als Punktladungen behandeln kann. Der Name Kristallfeldtheorie rührt daher, daß diese Theorie von Bethe ursprünglich für die Behandlung des Problems entwickelt wurde, wie sich die Orbitalenergien eines freien Ions beim Einbau in ein Kristallgitter ändern, wenn beispielsweise ein Na^+-Ion wie im NaCl oktaedrisch von sechs Cl^--Ionen als nächsten Nachbarn umgeben ist.
Wenn die Liganden in einem Metallkomplex stärker mit dem Zentralatom in Wechselwirkung treten, kann der einzelne Ligand nicht mehr als Punktladung betrachtet werden, sondern nur als eine Baugruppe, die - isoliert betrachtet - ihre eigenen MO's besitzt. Die für diesen Fall entwickelte Theorie, die die gegenseitige Beeinflussung von Ligand- und Metall-MO's behandelt, heißt *Ligandenfeld-Theorie.*

6.5.1 Kristallfeldtheorie

In einem von sechs oktaedrisch angeordneten Punktladungen erzeugten Feld müssen die d-Orbitale des Zentralatoms entsprechend der Punktgruppe $\mathbf{O_h}$ klassifiziert werden (vgl. die Charaktertafel in Tab. 4.43). Wir verwenden hier die in Abbildung 6.18 dargestellten d-Orbitale und plazieren die sechs Ladungen so auf den Koordinatenachsen, daß sich das Metallatom im Mittelpunkt und Koordinatenursprung befindet.
Wie bereits im Abschnitt 6.4 ausgeführt wurde, gehören die d-Orbitale immer zu der gleichen Symmetriespezies wie die entsprechenden Pola-

risierbarkeitskomponenten. Im Falle eines oktaedrischen Feldes sind die Symmetriespezies der Orbitale d_{z^2}, $d_{x^2-y^2}$, d_{xy}, d_{yz} und d_{xz} die der Polarisierbarkeitskomponenten $\alpha_{2z^2-x^2-y^2}$, $\alpha_{x^2-y^2}$, α_{xy}, α_{yz} und α_{xz}. Aus Tabelle 4.43 kann man diese Symmetriespezies zu e_g, e_g, t_{2g}, t_{2g} und t_{2g} entnehmen. Das bedeutet, daß die fünf entarteten d-Orbitale in einem oktaedrischen Feld in zwei Sätze von 2 bzw. 3 entarteten Orbitalen aufspalten; diese Orbitale sind jetzt Molekülorbitale. Die Entartung der Orbitale d_{xy}, d_{yz} und d_{xz} im oktaedrischen Feld ist einleuchtend, für die beiden anderen Orbitale ist dies allerdings weniger leicht einzusehen. Ob die e_g-Orbitale energiereicher oder energieärmer als die t_{2g}-Orbitale sind, hängt von der Elektronenabstoßung ab. Ein Elektron in einem d_{z^2}- oder $d_{x^2-y^2}$-Orbital besitzt die größte Aufenthaltswahrscheinlichkeit auf den Metall-Ligand-Verbindungslinien. Es wird daher von den Elektronen der Liganden stärker abgestoßen als ein Elektron in einem der Orbitale d_{xy}, d_{yz} und d_{xz}. Daher sind die e_g-Orbitale energiereicher als die t_{2g}-Orbitale.

Die Aufspaltung, das heißt die Energiedifferenz zwischen den e_g- und t_{2g}-Orbitalen, wird gewöhnlich mit Δ bezeichnet (Abb. 6.19). Der Betrag von Δ ist oft so, daß die Promotion eines Elektrons von einem t_{2g}- in ein e_g-Orbital durch Bestrahlung mit sichtbarem Licht erreicht werden kann, das heißt Übergangsmetallkomplexe absorbieren im sichtbaren Spektralbereich und sind daher oft in charakteristischer Weise gefärbt.

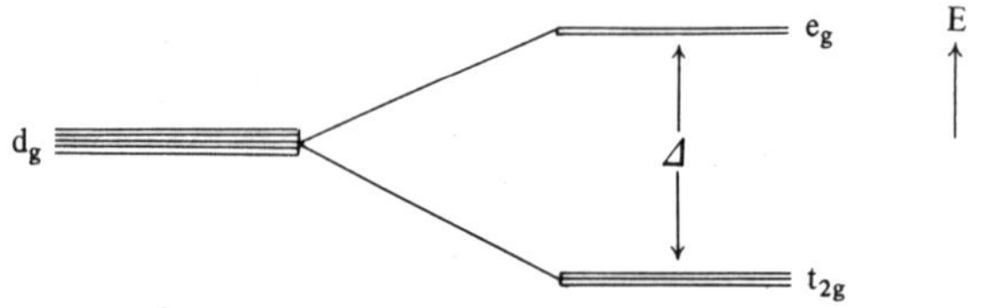

Abbildung 6.19
Aufspaltung der d-Orbitale in einem oktaedrischen Feld

Wir wollen nun untersuchen, wie sich die 1 bis 10 d-Elektronen eines Übergangsmetallatoms im Grundzustand auf die in Abbildung 6.19 dargestellten MO's verteilen. Ist nur ein Elektron vorhanden, so geht dies in eines der t_{2g}-Orbitale. Dies ist in Abbildung 6.20 gezeigt, wobei die drei t_{2g}-Orbitale der besseren Übersicht halber etwas voneinander getrennt wurden. In Wirklichkeit sind alle drei entartet, und das Elektron hält sich im zeitlichen Mittel in allen drei Orbitalen mit gleicher Wahrscheinlichkeit auf. Entsprechendes gilt für die folgenden Fälle. Sind zwei Elektronen vorhanden, so besetzen sie entsprechend der 1. Hundschen Regel zwei der t_{2g}-Orbitale, wobei ihre Spins parallel gerichtet sind. In entsprechender Weise besetzen drei Elektronen alle drei t_{2g}-Orbitale mit parallelen Spins. Für 8, 9 und 10 Elektronen erhält man die Konfigurationen in ähnlicher Weise; die Resultate sind in Abbildung 6.20 dargestellt.

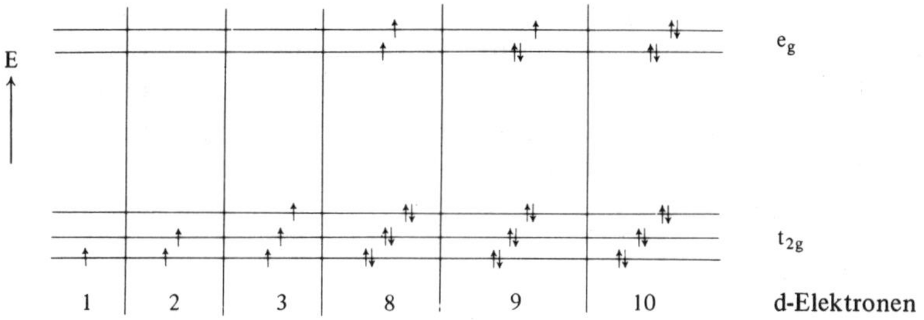

Abbildung 6.20
Konfigurationen von Atomen mit 1, 2, 3, 8, 9 und 10 d-Elektronen im oktaedrischen Feld

In Fällen mit 4, 5, 6 oder 7 Elektronen tritt eine zusätzliche Schwierigkeit auf. Wenn der Betrag von Δ klein ist, mag es für einige Elektronen günstiger sein, die energiereicheren e_g-Orbitale zu besetzen, als in den t_{2g}-Orbitalen einer starken interelektronischen Abstoßung ausgesetzt zu sein, die am stärksten ist, wenn die Elektronen ein MO paarweise mit antiparallelen Spins besetzen. Δ ist klein, wenn das störende Feld schwach ist, und unter diesen Umständen kann die Zahl der ungepaarten Elektronen besonders groß sein. Daher nennt man derartige Elektronenkonfigurationen „high-spin-Konfigurationen".
Wenn beispielsweise in einem Komplex mit schwachem Ligandenfeld fünf d-Elektronen in den MO's untergebracht werden müssen, dann besetzen sie jedes der fünf MO's einfach, und zwar mit parallelen Spins. Diese und die anderen high-spin-Konfigurationen sind in Abbildung 6.21 dargestellt.

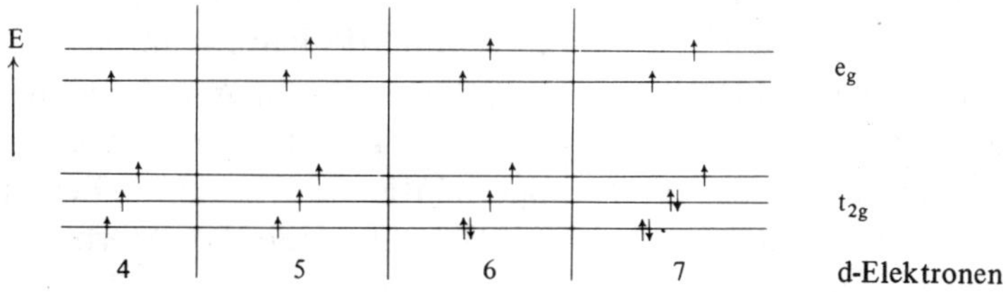

Abbildung 6.21
high-spin-Konfigurationen von Atomen mit 4, 5, 6 und 7 d-Elektronen im oktaedrischen Ligandenfeld

Wenn das Feld der Liganden stärker und Δ damit größer ist, kann es für die Elektronen energetisch günstiger sein, unter Spinpaarung die t_{2g}-MO's paarweise zu besetzen und lieber die Elektronenabstoßung zu erleiden, als die energiereichen e_g-Orbitale zu besetzen. Die unter diesen Bedingungen erhaltenen Konfigurationen nennt man „low-spin-Konfigurationen"; sie sind in Abbildung 6.22 dargestellt. Man beachte, daß vier Elektronen auch in einem low-spin-Komplex zwei der drei t_{2g}-Orbitale einfach besetzen, so daß in Übereinstimmung mit der 1. Hundschen Regel die höchste Spinmultiplizität resultiert.

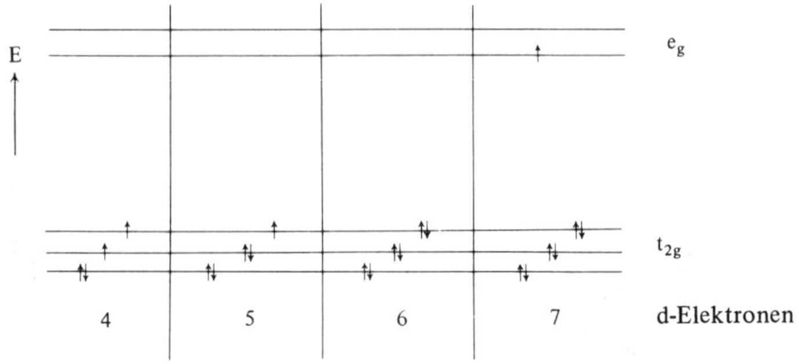

Abbildung 6.22
low-spin-Konfigurationen von Atomen mit 4, 5, 6 und 7 d-Elektronen im oktaedrischen Ligandenfeld

Die beiden hier diskutierten Fälle high-spin (schwaches Feld) und low-spin (starkes Feld) sind Grenzfälle, und es gibt in der Praxis auch Übergänge zwischen diesen beiden Extremen, wenn das Ligandenfeld von mittlerer Stärke ist.
Es ist klar, daß die beiden Fälle high-spin und low-spin bei Komplexen mit 1, 2, 3, 8, 9 oder 10 d-Elektronen nicht auftreten können.

Bisher haben wir lediglich die oktaedrische Anordnung von Liganden betrachtet. Im Falle irgendeiner anderen Symmetrie kann man die Symmetriespezies der d-Orbitale von den Spezies der entsprechenden Polarisierbarkeitskomponenten übernehmen, die in den betreffenden Charaktertafeln angegeben sind. Für einige häufiger auftretende Typen von Ligandenfeldern sind die irreduziblen Darstellungen der d-Orbitale in Tabelle 6.3 angegeben. Beispiele für Komplexe der in dieser Tabelle genannten Art sind:

$[CrO_4]^{2-}$ tetraedrisch (T_d)

$[PtCl_4]^{2-}$ quadratisch-planar (D_{4h})

$[CuCl_2]^-$ linear ($D_{\infty h}$)

Tabelle 6.3: Aufspaltung der fünf d-Orbitale in Ligandenfeldern verschiedener Symmetrie

Punkt-gruppe	d_{z^2}	$d_{x^2-y^2}$	d_{xy}	d_{yz}	d_{xz}
O_h	e_g		t_{2g}		
T_d	e		t_2		
D_{3h}	a_1'	e'		e''	
D_{4h}	a_{1g}	b_{1g}	b_{2g}	e_g	
$D_{\infty h}$	σ_g^+	δ_g		π_g	
C_{2v}	a_1	a_1	a_2	b_2	b_1
C_{3v}	a_1	a_1	a_2	e	
C_{4v}	a_1	b_1	b_2	e	
D_{2d}	a_1	b_1	b_2	e	
D_{4d}	a_1	e_2		e_3	

6.5.2 Ligandenfeldtheorie

In der Kristallfeldtheorie werden die Liganden als Punktladungen behandelt und die Ligandorbitale werden außer Acht gelassen. Diese Näherung versagt jedoch in solchen Fällen, wo die Wechselwirkung der Liganden mit dem Zentralatom stärker ist. Unter diesen Umständen müssen die MO's der Liganden bei der Ableitung der MO's für den Komplex berücksichtigt werden.

Die Ligandorbitale werden üblicherweise in zwei Gruppen eingeteilt, und zwar in σ- und π-Orbitale bezogen auf die Metall-Ligand-Bindungen. Hierbei sind die Bezeichnungen σ und π jedoch nicht genaue Symmetriebezeichnungen, es sei denn man behandelt die Metall-Ligand-Bindungen als lokalisierte Bindungen wie in einem zweiatomigen Molekül.

σ-Bindungen zwischen einem Metallatom und einem Liganden sind immer sehr viel stärker als π-Bindungen. Wenn daher beide nebeneinander vorliegen, kann man die π-Bindungen in erster Näherung vernachlässigen und nur die σ-Bindungen betrachten, zumal sich die beiden Bindungstypen gegenseitig nur schwach beeinflussen. Im folgenden werden daher die π-Bindungen außer Acht gelassen, und wie im Falle der Kristallfeldtheorie wird nur die oktaedrische Koordination ausführlich behandelt.

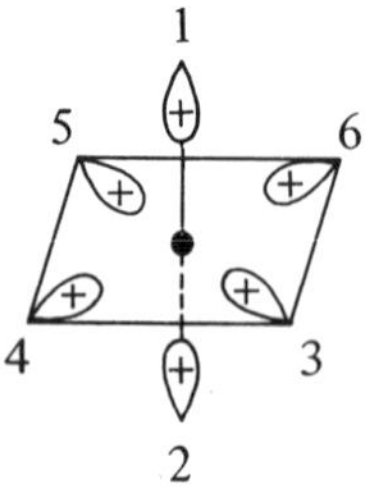

Abbildung 6.23
Sechs äquivalente σ-Orbitale mit oktaedrischer Anordnung um ein Zentralatom

In Abbildung 6.23 ist die oktaedrische Anordnung von 6 lokalisierten σ-Orbitalen um ein Zentralatom dargestellt. Diese Orbitale können beispielsweise sp-Hybridorbitale von CN-Ionen sein. Um diese Orbitale entsprechend der Punktgruppe $\mathbf{O_h}$ zu klassifizieren, müssen sie zunächst delokalisiert werden. Im Falle zweier äquivalenter lokalisierter MO's ist die Delokalisierung einfach: man verwendet einfach wie bei den im Abschnitt 6.3 besprochenen AH_2-Molekülen die Kombinationen $\psi_1 + \psi_2$ und $\psi_1 - \psi_2$. Für mehr als zwei Orbitale ist die Delokalisierung jedoch schwieriger und wir beschäftigen uns hier lediglich mit dem Ergebnis. In Tabelle 6.4 sind die Symmetriespezies der delokalisierten σ-Orbitale für verschiedene Punktgruppen aufgeführt. In vielen Punktgruppen sind bei gleicher Symmetrie verschiedene Ligandenanordnungen möglich. Beispielsweise gehört ein quadratisch-planares Molekül ML_4 (M = Metall, L = Ligand) ebenso zur Punktgruppe $\mathbf{D_{4h}}$ wie ein oktaedrischer Komplex $ML_4L'_2$, in dem die beiden Liganden L' in *trans*-Stellung vorliegen. Daher gibt es für viele Punktgruppen mehr als einen Satz von irreduziblen Darstellungen für die σ-Orbitale.

Im Falle der Punktgruppe $\mathbf{O_h}$ erhält man sechs Ligand-σ-Orbitale der Spezies a_{1g}, e_g (zweifach entartet) und t_{1u} (dreifach entartet). Diese Orbitale sind in Abbildung 6.24 auf der rechten Seite eingezeichnet. Ihre Energien sind wahrscheinlich geringer als die der d-Orbitale des Metallatoms, die auf der linken Seite dargestellt sind. Wenn die Ligand-

Tabelle 6.4: Klassifizierung von σ-Ligandorbitalen in verschiedenen Punktgruppen

Punkt-gruppe	*Symmetriespezies der σ-Orbitale*
O_h	$a_{1g} + e_g + t_{1u}$ (in oktaedrischen ML_6)
T_d	$a_1 + t_2$ (in tetraedrischen ML_4)
D_{3h}	$2a_1' + e'$ (in trigonal-bipyramidalen ML_5)
D_{4h}	$a_{1g} + b_{1g} + e_u$ (in quadratisch-planaren ML_4)
	$2a_{1g} + a_{2u} + b_{1g} + e_u$ (in *trans*-oktaedrischen ML_4L_2')
$D_{\infty h}$	$\sigma_g + \sigma_u$ (in linearen ML_2)
C_{2v}	$a_1 + b_2$ (in nicht-linearen ML_2)
	$2a_1 + b_1 + b_2$ (in tetraedrischen ML_2L_2')
	$3a_1 + a_2 + b_1 + b_2$ (in *cis*-oktaedrischen ML_4L_2')
C_{3v}	$2a_1 + e$ (in tetraedrischen ML_3L')
	$2a_1 + 2e$ (in all-*cis*-oktaedrischen $ML_3L'_3$)
C_{4v}	$2a_1 + b_1 + e$ (in quadratisch-pyramidalen ML_4L')
	$3a_1 + b_1 + e$ (in oktaedrischen ML_5L')
D_{2d}	$2a_1 + 2b_2 + 2e$ (in dodekaedrischen ML_8)
D_{4d}	$a_1 + b_2 + e_1 + e_2 + e_3$ (in quadratisch-antiprismatischen ML_8)

Metall-Wechselwirkung schwach ist, spalten die d-Orbitale in der bereits in Abbildung 6.19 dargestellten Weise auf. Wenn man nun die Wechselwirkung der Ligand-Orbitale mit den aufgespaltenen d-Orbitalen berücksichtigt, ergibt sich als Folge eine Erhöhung des Betrages von Δ, wie es im mittleren Teil der Abbildung 6.24 gezeigt ist. Der Grund dafür ist folgender. Im Falle einer starken Wechselwirkung zwischen

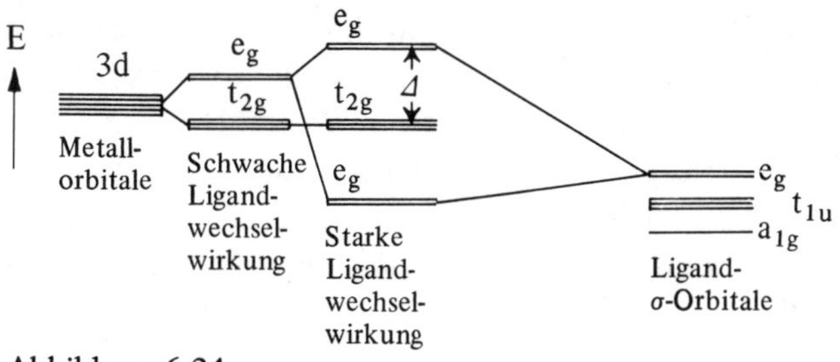

Abbildung 6.24
MO-Diagramm für die Wechselwirkung der d-Orbitale eines Metallatoms mit den σ-Orbitalen sechs oktaedrisch angeordneter Liganden

den σ-Orbitalen der Liganden und den Metall-d-Orbitalen entstehen die MO's des Komplexes durch Resonanz zwischen diesen Orbitalen. Die Bedingungen für eine nennenswerte Resonanz sind die gleichen wie bei der LCAO-Behandlung zweiatomiger Moleküle:
(a) Die Orbitale müssen vergleichbare Orbitalenergien besitzen und
(b) die Symmetrie der Orbitale muß gleich sein.
Die erste Forderung ist für alle d-Orbitale und die betrachteten σ-Ligand-Orbitale erfüllt. Die zweite wird jedoch nur von den e_g-Orbitalen der Liganden und des Zentralatoms erfüllt. Die Resonanz zwischen diesen Orbitalen führt zu einer Destabilisierung der e_g-Metallorbitale bei gleichzeitiger Stabilisierung der e_g-Ligandorbitale, während die t_{2g}-Metallorbitale unbeeinflußt bleiben. Dies ist in Abbildung 6.24 dargestellt, und man sieht, daß der Wert von Δ auf diese Weise ansteigt.

6.6 Symmetrie von Elektronenzuständen

In den ersten drei Abschnitten dieses Kapitels wurde gezeigt, wie es im Prinzip möglich ist, die Molekülorbitale und damit die Elektronenkonfiguration bestimmter Moleküle zu berechnen, und zwar im Grundzustand und in einigen der energieärmeren angeregten Zustände.
Die vollständige Elektronen-Wellenfunktion eines Moleküls mit einer bestimmten Elektronenkonfiguration besitzt eine der irreduziblen Darstellungen der Punktgruppe, zu der das Molekül gehört. Bei nicht-entarteten Punktgruppen erhält man diese Symmetriespezies durch Multiplikation der Symmetriespezies aller besetzten Einelektronen-Orbitale. Dies folgt unmittelbar aus der Tatsache, daß die Gesamt-Elektronen-Wellenfunktion durch das Produkt der Wellenfunktionen aller gefüllten Einelektronen-MO's gegeben ist. Als Beispiel sei das H_2O-Molekül betrachtet, das im Grundzustand die Konfiguration $(2a_1)^2(1b_2)^2(3a_1)^2$ $(1b_1)^2$ besitzt. Die Symmetriespezies der Wellenfunktion ist gegeben durch das Produkt $a_1{}^2 \times b_2{}^2 \times a_1{}^2 \times b_1{}^2$. Da in einer nicht-entarteten Punktgruppe das Quadrat irgendeiner Spezies gleich der totalsymmetrischen Spezies ist, ergibt sich:

$$a_1{}^2 \times b_2{}^2 \times a_1{}^2 \times b_1{}^2 = A_1$$

Am Ergebnis ändert sich nichts, wenn wir auch noch das 1s-AO des

Sauerstoffs berücksichtigen, das zwei Elektronen enthält, da irgendein vollkommen gefülltes inneres Niveau die Spezies des Zustandes lediglich mit a_1 multipliziert.
In das Symbol für einen Elektronenzustand wird außer der Symmetrie auch noch die Spinmultiplizität mit einbezogen. Zwei Elektronen in einem MO müssen aufgrund des Pauli-Prinzips entgegengesetzte Spins besitzen. Daher ist die Gesamtspinquantenzahl S für alle gefüllten MO's gleich Null. Die Multiplizität $2S+1$ ergibt sich für H_2O im Grundzustand wegen $S = 0$ zu 1. Die Multiplizität eines Zustandes wird als Index links oben am Symbol für die Symmetriespezies angegeben: für H_2O erhält man damit das Symbol $^1A_1$. In ähnlicher Weise ergibt sich für jedes Molekül, das nur vollständig gefüllte Orbitale besitzt und zu einer nichtentarteten Punktgruppe gehört, im Grundzustand ein totalsymmetrischer Singulett-Zustand. Andere Beispiele sind Naphthalin (Punktgruppe $\mathbf{D}_{2h}$), dessen Grundzustand ein ^1A_g-Zustand ist, und das kurzlebige Molekül HNO (Punktgruppe $\mathbf{C}_s$) mit dem Grundzustand $^1A'$.

Bei Molekülen, die teilweise gefüllte Orbitale aufweisen und zu nichtentarteten Punktgruppen gehören, ist der Grundzustand im allgemeinen nicht totalsymmetrisch. Die Symmetriespezies kann jedoch auch hier durch Multiplikation der Spezies aller besetzten Orbitale erhalten werden. Das Molekül NH_2 (vgl. Abschnitt 6.3) besitzt beispielsweise die Konfiguration

$$(2a_1)^2(1b_2)^2(3a_1)^2(1b_1)$$

Das Produkt aller dieser Symmetriespezies ist B_1. Da im $1b_1$-Orbital ein ungepaartes Elektron vorhanden ist, ist $S = 1/2$ und damit $2S+1 = 2$. Der Grundzustand ist daher ein Dublettzustand und wird mit $^2B_1$ bezeichnet.
Ein anderes Beispiel eines Moleküls mit unabgeschlossener Elektronenschale ist das gewinkelte Radikal BH_2, das im Grundzustand die Konfiguration

$$(2a_1)^2(1b_2)^2(3a_1)$$

besitzt. Dies ist ein $^2A_1$-Zustand.
Die Symmetriespezies angeregter Elektronenzustände können in analoger Weise durch Multiplikation der Symmetriespezies aller besetzten Orbitale erhalten werden. Beispielsweise besitzt der erste angeregte Zustand des Äthylenmoleküls (Punktgruppe $\mathbf{D}_{2h}$), wenn man wie bei der

Hückel-MO-Behandlung (Abschnitt 6.2) nur die π-Elektronen betrachtet, die Konfiguration

$$(b_{3u})(b_{2g})$$

Da $b_{3u} \times b_{2g} = B_{1u}$, ist dies ein B_{1u}-Zustand. Der Spin des in das b_{2g}-Orbital promovierten Elektrons kann nun aber, ohne das Pauli-Prinzip zu verletzen, sowohl parallel als auch antiparallel zu dem des b_{3u}-Elektrons sein, das heißt S kann Null oder 1 sein, was zu einem Singulettzustand $^1B_{1u}$ und einem Triplettzustand $^3B_{1u}$ führt. Die 1. Hundsche Regel besagt aber, daß von zwei Zuständen, die sich nur in der Spinmultiplizität unterscheiden, derjenige mit der größeren Multiplizität stabiler ist. Daher besitzt der $^3B_{1u}$-Zustand des Äthylens eine geringere Energie als der $^1B_{1u}$-Zustand.
Die beiden energieärmsten Zustände des Butadienmoleküls, die durch Anregung der π-Elektronen zur Konfiguration $(a_u)^2\,(b_g)\,(a_u)$ erhalten werden (vgl. Abschnitt 6.2), sind ^1B_u und ^3B_u, da $b_g \times a_u = B_u$.
Die erste angeregte Konfiguration des NH_2-Radikals ist, wie im Abschnitt 6.3 gezeigt wurde, $(2a_1)^2(1b_1)^2(3a_1)(1b_1)^2$. Hierbei wurde ein $3a_1$-Elektron in das $1b_1$-Orbital promoviert, wodurch ein $^2A_1$-Zustand entsteht.

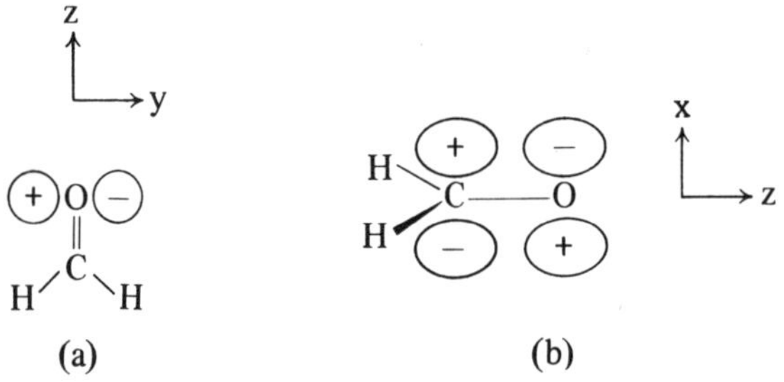

Abbildung 6.25
(a) n- und (b) π*-MO's des Formaldehyds

Das Formaldehydmolekül $H_2C{=}O$ (Abb. 6.25) gehört zur Punktgruppe $\mathbf{C_{2v}}$ und ist in gewissem Sinne mit dem Äthylenmolekül isoelektronisch, da beide die gleiche Zahl von Elektronen enthalten. Die Elektronenanordnung in der CO-Doppelbindung ist ähnlich der in der CC-Bindung des C_2H_4, jedoch besitzt das O-Atom zwei zusätzliche Elektronen in einem nichtbindenden Orbital (n), das man näherungsweise als $2p_y$-Atomorbital ansehen kann (Abb. 6.25.a). Dieses Orbital mit der Symmetriespezies b_2 ist das höchste besetzte Orbital. Das niedrigste unbesetzte MO ist ein antibindendes π-Orbital (π^*) der Spezies b_1 (Abb. 6.25.b), das dem niedrigsten unbesetzten Orbital des Äthylens ähnelt. Der energieärmste angeregte Zustand entsteht nun durch Promotion eines Elektrons von $b_2(n)$ nach $b_1(\pi^*)$, und die Symmetriespezies des resultierenden Zustandes ist

$$b_1 \times b_2 = A_2$$

Man erhält daher einen Singulett- und einen Triplettzustand ($^1A_2$ und $^3A_2$), von denen der letztere die geringere Energie besitzt.
Bei den *entarteten Punktgruppen* ist die Ableitung der Symmetriespezies der zu einer bestimmten Elektronenkonfiguration gehörenden Gesamt-Elektronen-Wellenfunktion beträchtlich schwieriger. Beispielsweise besitzen die π-Elektronen im Benzol, wie im Abschnitt 6.2 gezeigt wurde, im Grundzustand die Konfiguration $(a_{2u})^2(e_{1g})^4$. Da $a_{2u}^2 = {}^1A_{1g}$, wird die Symmetriespezies des Grundzustandes von e_{1g}^4 bestimmt. Selbst wenn man berücksichtigt, daß die Spins der vier e_{1g}-Elektronen gepaart sein müssen, was nur Singulettzustände zuläßt, könnte man aufgrund der im Abschnitt 4.3.3 gezogenen Schlußfolgerungen mehrere Zustände erwarten. Tatsächlich ist jedoch nur ein Zustand, und zwar $^1A_{1g}$, erlaubt, was man durch eine ziemlich komplizierte Anwendung des Pauli-Prinzips zeigen kann. Man findet, daß die Symmetriespezies des Grundzustandes jedes Moleküls mit abgeschlossener Elektronenkonfiguration (keine ungepaarten Elektronen) totalsymmetrisch ist, unabhängig davon ob das Molekül zu einer entarteten oder nicht-entarteten Punktgruppe gehört.
Bei einem Molekül mit unabgeschlossenen Elektronenschalen (engl.: open shell molecules) und der Symmetrie einer entarteten Punktgruppe kann man die Symmetriespezies der Wellenfunktion dann in einfacher Weise ermitteln, wenn nur ein ungepaartes Elektron vorhanden ist. Der Grundzustand des Benzolkations $C_6H_6^+$ ist beispielsweise $(a_{2u})^2(e_{1g})^3$. Da man Elektronen und Leerstellen in Orbitalen als äquivalent behandeln kann, ist diese Konfiguration vergleichbar mit $(a_{2u})^2(e_{1g})$. Der einzig mögliche Zustand dieser Konfiguration ist $^2E_{1g}$, und dies ist der Grundzustand des $C_6H_6^+$.
Bei einem Molekül mit zwei Leerstellen in zweifach entarteten Orbitalen, zum Beispiel $C_6H_6{}^{2+}$ mit der Konfiguration $(a_{2u})^2(e_{1g})^2$, resultiert mehr als ein Elektronenzustand. Die zu der Konfiguration $(e_{1g})^2$ gehörenden Zustände erhält man unter Verwendung von Tabelle 4.52 wie folgt:

$$e_{1g} \times e_{1g} = A_{1g} + A_{2g} + E_{2g}$$

Der Elektronenspin zwingt in diesem Falle dazu, zur Ableitung der Zustände das Produkt $e_{1g} \times e_{1g}$ *statt des Quadrates* e_{1g}^2 *zu verwenden.* Bei zwei ungepaarten Elektronen kann man Singulett- und Triplett-Zustände erwarten, jedoch zeigt die Anwendung des Pauli-Prinzips, daß nur die Zustände $^1A_{1g}$, $^3A_{2g}$ und $^1E_{2g}$ erlaubt sind, das heißt der symmetrische Teil des Produktes (vgl. Abschnitt 4.3.3) liefert die Singulett-Zustände und der asymmetrische Teil den Triplett-Zustand. Die drei Zustände besitzen verschiedene Energien, und entsprechend der 1. Hundschen Regel ist der $^3A_{1g}$-Zustand der Grundzustand. Die relativen Energien der beiden anderen Zustände können nicht ohne weiteres vorhergesagt werden.

Zwei- und mehratomige lineare Moleküle gehören zu einer der beiden entarteten Punktgruppen $\mathbf{D}_{\infty h}$ oder $\mathbf{C}_{\infty v}$. Wenn sie keine halbbesetzten Orbitale besitzen (abgeschlossene Konfiguration, engl.: closed shell), dann ist die Symmetriespezies des Grundzustandes totalsymmetrisch, das heißt $^1\Sigma_g^+$ bzw. $^1\Sigma^+$. Beispielsweise besitzen N_2 und CO im Grundzustand beide die Konfiguration

$$(\sigma 1s)^2(\sigma^* 1s)^2(\sigma 2s)^2(\sigma^* 2s)^2(\pi 2p)^4(\sigma 2p)^2$$

und damit wird ihr Zustand beschrieben durch $^1\Sigma_g^+$ bzw. $^1\Sigma^+$. Stickstoff(II)-oxid besitzt dagegen die unabgeschlossene Konfiguration $\ldots(\pi\, 2p)^4(\sigma\, 2p)^2(\pi^* 2p)$, so daß sein Grundzustand ein $^2\Pi$-Zustand ist. Das Sauerstoffmolekül besitzt ebenfalls eine unabgeschlossene Elektronenkonfiguration, nämlich $\ldots(\pi_u\, 2p)^4(\pi^*_g 2p)^2$. Die zugehörigen Zustände erhält man unter Verwendung von Tabelle 4.52 wie folgt:

$$\pi_g \times \pi_g = \Sigma_g{}^+ + \Sigma_g{}^- + \Delta_g$$

Der symmetrische Teil dieses Produktes ist $\Sigma_g^+ + \Delta_g$ und der asymmetrische Teil ist Σ_g^-, so daß folgende Zustände resultieren: $^1\Sigma_g^+$, $^3\Sigma_g^-$ und $^1\Delta_g$. Experimentell wurde gefunden, daß $^3\Sigma_g^-$ der Grundzustand ist. $^1\Delta_g$ ist der niedrigste angeregte Zustand, und $^1\Sigma_g^+$ ist ein höher liegender angeregter Zustand.

In Tabelle 6.5 sind alle Zustände aufgeführt, die man für die Konfiguration des Grundzustandes bei Molekülen erhält, die zu einer entarteten Punktgruppe gehören und mehr als ein ungepaartes Elektron in entarteten Orbitalen enthalten.

Die Symmetriespezies angeregter Zustände von Molekülen, die zu entarteten Punktgruppen gehören, erhält man in analoger Weise wie die der Grundzustände. Beispielsweise hat der erste angeregte Zustand des

Tabelle 6.5: Zustände, die zu Elektronenkonfigurationen gehören, bei denen entartete Orbitale mehr als ein Elektron enthalten oder mehr als eine Leerstelle aufweisen

Punkt-gruppe	*Konfigu-ration*	*Zustände*
C_3	$(e)^2$	$^3A + {}^1A + {}^1E$
C_4	$(e)^2$	$^3A + {}^1A + {}^1B + {}^1B$
C_5	$(e_1)^2$	$^3A + {}^1A + {}^1E_2$
	$(e_2)^2$	$^3A + {}^1A + {}^1E_1$
C_6	$(e_1)^2$ und $(e_2)^2$	$^3A + {}^1A + {}^1E_2$
C_7	$(e_1)^2$	$^3A + {}^1A + {}^1E_2$
	$(e_2)^2$	$^3A + {}^1A + {}^1E_3$
	$(e_3)^2$	$^3A + {}^1A + {}^1E_1$
C_8	$(e_1)^2$ und $(e_3)^2$	$^3A + {}^1A + {}^1E_2$
	$(e_2)^2$	$^3A + {}^1A + {}^1B + {}^1B$
C_{3v}	$(e)^2$	$^3A_2 + {}^1A_1 + {}^1E$
C_{4v}	$(e)^2$	$^3A_2 + {}^1A_1 + {}^1B_1 + {}^1B_2$
C_{5v}	$(e_1)^2$	$^3A_2 + {}^1A_1 + {}^1E_2$
	$(e_2)^2$	$^3A_2 + {}^1A_1 + {}^1E_1$
C_{6v}	$(e_1)^2$ und $(e_2)^2$	$^3A_2 + {}^1A_1 + {}^1E_2$
$C_{\infty v}$	$(\pi)^2$	$^1\Sigma^+ + {}^3\Sigma^- + {}^1\Delta$
	$(\delta)^2$	$^1\Sigma^+ + {}^3\Sigma^- + {}^1\Gamma$
D_3	$(e)^2$	$^3A_2 + {}^1A_1 + {}^1E$
D_4	$(e)^2$	$^3A_2 + {}^1A_1 + {}^1B_1 + {}^1B_2$
D_5	$(e_1)^2$	$^3A_2 + {}^1A_1 + {}^1E_2$
	$(e_2)^2$	$^3A_2 + {}^1A_1 + {}^1E_1$
D_6	$(e_1)^2$ und $(e_2)^2$	$^3A_2 + {}^1A_1 + {}^1E_2$
C_{3h}	$(e')^2$ und $(e'')^2$	$^3A' + {}^1A' + {}^1E'$
C_{4h}	$(e_g)^2$ und $(e_u)^2$	$^3A_g + {}^1A_g + {}^1B_g + {}^1B_g$
C_{5h}	$(e_1')^2$ und $(e_1'')^2$	$^3A' + {}^1A' + {}^1E_2'$
	$(e_2')^2$ und $(e_2'')^2$	$^3A' + {}^1A' + {}^1E_1'$

Fortsetzung nächste Seite

Tabelle 6.5: (Fortsetzung)

Punkt-gruppe	*Konfigu-ration*	*Zustände*
$\mathbf{C_{6h}}$	$(e_{1g})^2$, $(e_{1u})^2$ $(e_{2g})^2$ und $(e_{2u})^2$	$^3A_g + {}^1A_g + {}^1E_{2g}$
$\mathbf{D_{2d}}$	$(e)^2$	$^3A_2 + {}^1A_1 + {}^1B_1 + {}^1B_2$
$\mathbf{D_{3d}}$	$(e_g)^2$ und $(e_u)^2$	$^3A_{2g} + {}^1A_{1g} + {}^1E_g$
$\mathbf{D_{4d}}$	$(e_1)^2$ und $(e_3)^2$	$^3A_2 + {}^1A_1 + {}^1E_2$
	$(e_2)^2$	$^3A_2 + {}^1A_1 + {}^1B_1 + {}^1B_2$
$\mathbf{D_{5d}}$	$(e_{1g})^2$ und $(e_{1u})^2$	$^3A_{2g} + {}^1A_{1g} + {}^1E_{2g}$
	$(e_{2g})^2$ und $(e_{2u})^2$	$^3A_{2g} + {}^1A_{1g} + {}^1E_{1g}$
$\mathbf{D_{6d}}$	$(e_1)^2$ und $(e_5)^2$	$^3A_2 + {}^1A_1 + {}^1E_2$
	$(e_2)^2$ und $(e_4)^2$	$^3A_2 + {}^1A_1 + {}^1E_4$
	$(e_3)^2$	$^3A_2 + {}^1A_1 + {}^1B_1 + {}^1B_2$
$\mathbf{D_{3h}}$	$(e')^2$ und $(e'')^2$	$^3A_2' + {}^1A_1' + {}^1E'$
$\mathbf{D_{4h}}$	$(e_g)^2$ und $(e_u)^2$	$^3A_{2g} + {}^1A_{1g} + {}^1B_{1g} + {}^1B_{2g}$
$\mathbf{D_{5h}}$	$(e_1')^2$ und $(e_1'')^2$	$^3A_2' + {}^1A_1' + {}^1E_2'$
	$(e_2')^2$ und $(e_2'')^2$	$^3A_2' + {}^1A_1 + {}^1E_1'$
$\mathbf{D_{6h}}$	$(e_{1g})^2$, $(e_{1u})^2$, $(e_{2g})^2$ und $(e_{2u})^2$	$^3A_{2g} + {}^1A_{1g} + {}^1E_{2g}$
$\mathbf{D_{\infty h}}$	$(\pi_g)^2$ und $(\pi_u)^2$	$^3\Sigma_g^- + {}^1\Sigma_g^+ + {}^1\Delta_g$
	$(\delta_g)^2$ und $(\delta_u)^2$	$^3\Sigma_g^- + {}^1\Sigma_g^+ + {}^1\Gamma_g$
$\mathbf{S_4}$	$(e)^2$	$^3A + {}^1A + {}^1B + {}^1B$
$\mathbf{S_6}$	$(e_g)^2$ und $(e_u)^2$	$^3A_g + {}^1A_g + {}^1E_g$
$\mathbf{S_8}$	$(e_1)^2$ und $(e_3)^2$	$^3A + {}^1A + {}^1E_2$
	$(e_2)^2$	$^3A + {}^1A + {}^1B + {}^1B$
$\mathbf{T_d}$	$(t_1)^2$, $(t_1)^4$, $(t_2)^2$ und $(t_2)^4$	$^3T_1 + {}^1A_1 + {}^1E + {}^1T_2$
	$(t_1)^3$	$^4A_1 + {}^2E + {}^2T_1 + {}^2T_2$
	$(t_2)^3$	$^4A_2 + {}^2E + {}^2T_1 + {}^2T_2$
	$(e)^2$	$^3A_2 + {}^1A_1 + {}^1E$

Fortsetzung nächste Seite

Tabelle 6.5: (Fortsetzung)

Punkt-gruppe	*Konfigu-ration*	*Zustände*
T	$(t)^2$ und $(t)^4$	$^3T + {}^1A + {}^1E + {}^1T$
	$(t)^3$	$^4A + {}^2E + {}^2T + {}^2T$
	$(e)^2$	$^3A + {}^1A + {}^1E$
O_h	$(t_{1g})^2, (t_{1u})^2, (t_{1g})^4, (t_{1u})^4, (t_{2g})^2, (t_{2u})^2, (t_{2g})^4$ und $(t_{2u})^4$	$^3T_{1g} + {}^1A_{1g} + {}^1E_g + {}^1T_{2g}$
	$(t_{1g})^3$	$^4A_{1g} + {}^2E_g + {}^2T_{1g} + {}^2T_{2g}$
	$(t_{1u})^3$	$^4A_{1u} + {}^2E_u + {}^2T_{1u} + {}^2T_{2u}$
	$(t_{2g})^3$	$^4A_{2g} + {}^2E_g + {}^2T_{1g} + {}^2T_{2g}$
	$(t_{2u})^3$	$^4A_{2u} + {}^2E_u + {}^2T_{1u} + {}^2T_{2u}$
	$(e_g)^2$ und $(e_u)^2$	$^3A_{2g} + {}^1A_{1g} + {}^1E_g$
O	$(t_1)^2, (t_1)^4, (t_2)^2$ und $(t_2)^4$	$^3T_1 + {}^1A_1 + {}^1E + {}^1T_2$
	$(t_1)^3$	$^4A_1 + {}^2E + {}^2T_1 + {}^2T_2$
	$(t_2)^3$	$^4A_2 + {}^2E + {}^2T_1 + {}^2T_2$
	$(e)^2$	$^3A_2 + {}^1A_1 + {}^1E$

Benzolmoleküls (vgl. Abschnitt 6.2) die Konfiguration $(a_u)^2(e_{1g})^3(e_{2u})$ und die Multiplikation dieser Symmetriespezies ist äquivalent dem Produkt $e_{1g} \times e_{2u}$. Aus Tabelle 4.52 entnimmt man

$$\mathbf{e_{1g} \times e_{2u} = B_{1u} + B_{2u} + E_{1u}}$$

Wenn sich wie in diesem Falle zwei ungepaarte Elektronen in zwei Orbitalen verschiedener Symmetrie befinden, kann keiner der resultierenden Zustände aufgrund des Pauli-Prinzips ausgeschlossen werden. Daher resultieren von dieser Konfiguration die sechs Zustände $^3B_{1u}$, $^1B_{1u}$, $^3B_{2u}$, $^1B_{2u}$, $^3E_{1u}$ und $^1E_{1u}$. Die einzige einfache Regel, die bei der energetischen Einordnung dieser Zustände helfen kann, ist die 1. Hundsche Regel, die besagt, daß jeder Triplett-Zustand stabiler als der entsprechende Singulett-Zustand ist. Man weiß jedoch, daß $^1B_{2u}$ der niedrigste angeregte Singulett-Zustand ist, daß $^3B_{1u}$ der niedrigste an-

geregte Triplett-Zustand ist und daß dieser Zustand stabiler als der Zustand $^1B_{2u}$ ist.
Der erste angeregte Zustand eines zu einer entarteten Punktgruppe gehörenden Moleküls mit unabgeschlossener Elektronenkonfiguration, zum Beispiel die erste angeregte Konfiguration des Ions $C_6H_6^+$

$$(a_{2u})^2(e_{1g})^2(e_{2u})$$

kann zu mehreren Zuständen führen. In diesem Fall entnimmt man der Tabelle 6.5:

$$e_{1g} \times e_{1g} = {}^3A_{2g} + {}^1A_{1g} + {}^1E_{2g}$$

Aus Tabelle 4.52 erhält man

$$\begin{aligned} e_{2u} \times (e_{1g} \times e_{1g}) &= e_{2u} \times ({}^3A_{2g} + {}^1A_{1g} + {}^1E_{2g}) \\ &= {}^4E_{2u} + {}^2E_{2u} + {}^2E_{2u} + {}^2A_{1u} + {}^2A_{2u} + {}^2E_{2u} \end{aligned}$$

Dabei wurde berücksichtigt, daß der Spin $S = 1$ im Zustand $^3A_{2g}$ mit dem Spin 1/2 des Elektrons im e_{2u}-Orbital zu dem Gesamtspin 1/2 oder 3/2 kombiniert werden kann, was zu den Multiplizitäten 2 und 4 führt.
Angeregte Konfigurationen zwei- und mehratomiger linearer Moleküle können ebenfalls mehr als einen Zustand erzeugen. Beispielsweise ist die erste angeregte Konfiguration des O_2-Moleküls $\ldots(\sigma_g 2p)^2(\pi_u 2p)^3(\pi_g^* 2p)^3$. Da im O_2 die Reihenfolge der Orbitale $\sigma_g 2p$ und $\pi_u 2p$ gegenüber der in Abbildung 6.5 vertauscht ist, folgen aus dieser Konfiguration unter Verwendung von Tabelle 4.52 folgende Zustände:

$$\pi_u \times \pi_g = {}^1\Sigma_u^+ + {}^1\Sigma_u^- + {}^1\Delta_u + {}^3\Sigma_u^+ + {}^3\Sigma_u^- + {}^3\Delta_u$$

Die erste angeregte Konfiguration von NO ist $\ldots(\sigma 2p)(\pi^* 2p)^2$. Da $\pi \times \pi$ nach Tabelle 6.5 gleich $^1\Sigma^+ + {}^3\Sigma^- + {}^1\Delta$ ist, erhält man:

$$\sigma \times (\pi \times \pi) = {}^2\Sigma^+ + {}^2\Sigma^- + {}^4\Sigma^- + {}^2\Delta$$

N_2 besitzt die erste angeregte Konfiguration $\ldots(\sigma_g 2p)(\pi^*_g 2p)$, die nur zu den zwei Zuständen $^1\Pi_g$ und $^3\Pi_g$ führt. CO, das mit N_2 isoelektronisch ist, besitzt eine analoge angeregte Konfiguration, die zu den Zuständen $^1\Pi$ und $^3\Pi$ führt.

7. Weitere Anwendungen der Molekülsymmetrie

7.1 Woodward-Hoffmann-Regeln

Im Kapitel 6 wurden die Theorie der Molekülorbitale und ihre Anwendung auf verschiedene Typen von Molekülen ausführlich beschrieben. Eine der überzeugendsten Anwendungen der MO-Methode ist die Theorie der *konzertierten Reaktionen*. Darunter versteht man Reaktionen, die in einem einzigen Schritt erfolgen, das heißt bei denen die Auflösung und Neubildung von Bindungen simultan ablaufen. Mit Hilfe der Woodward-Hoffmann-Regeln kann man für viele konzertierte Reaktionen vorhersagen, ob sie *thermisch* ablaufen können, das heißt mit geringer Aktivierungsenergie, die nicht ausreicht, um eines der reagierenden Moleküle in einen angeregten Elektronenzustand zu überführen, oder ob sie *photochemisch* ablaufen können, das heißt mit hoher Aktivierungsenergie und Beteiligung elektronisch angeregter Moleküle. Den Regeln liegt die Voraussetzung zugrunde, daß die *Orbitalsymmetrie* bei konzertierten Reaktionen *erhalten* bleibt. Das bedeutet, daß der Reaktionsweg derart ist, daß die Symmetrie aller besetzten Orbitale bezüglich sämtlicher Symmetrieelemente, die den reagierenden und entstehenden Molekülen gemeinsam sind, während der Reaktion unverändert bleibt. Aus der im Abschnitt 6.6 angestellten Betrachtung der Symmetrie von Elektronenzuständen ergibt sich, daß bei der Erhaltung der Orbitalsymmetrie auch die Symmetrie des Zustandes erhalten bleiben muß. Das umgekehrte ist jedoch nicht immer richtig. Wenn wir beispielsweise einen einzelnen Reaktanden betrachten, aus dem ein einzelnes Produkt gebildet wird, und wenn lediglich eine Spiegelebene erhalten bleibt, dann würde die Änderung der Orbitalkonfiguration

$$(a')^2(a'')^2 \rightarrow (a'')^2(a')^2$$

sowohl die Orbitalsymmetrie als auch die Zustandssymmetrie erhalten, da der Zustand sowohl des Reaktanden als auch des Produktes A′ ist. Bei der folgenden Konfigurationsänderung

$$(a')^2(a'')^2 \rightarrow (a')^2(a')^2$$

bleibt jedoch die Orbitalsymmetrie nicht erhalten, obwohl beide Zustände die gleiche Symmetrie A′ besitzen.
Ein gutes Beispiel für die Anwendung dieser Prinzipien ist die konzertierte cyclo-Addition zweier Äthylenmoleküle unter Bildung von cyclo-Butan (vgl. Abb. 7.1). Damit die Reaktion in einem einzigen Schritt erfolgen kann, müssen sich die beiden Äthylenmoleküle in der in Abbildung 7.1.a dargestellten symmetrischen Weise einander nähern. Die-

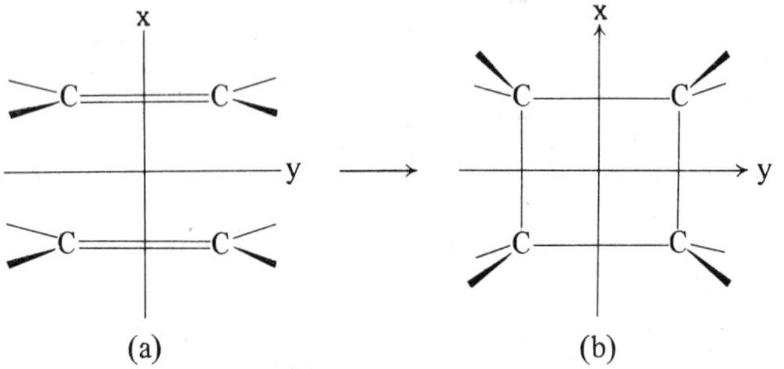

Abbildung 7.1
Achsendefinition für die konzertierte Cycloaddition von zwei Äthylenmolekülen (a) zu cyclo-Butan (b)

se Konfiguration gehört als ganzes zur Punktgruppe $\mathbf{D}_{2h}$, und da die Anordnung nicht planar ist, ist die Bezeichnung der Achsen beliebig. cyclo-Butan gehört zur Punktgruppe $\mathbf{D}_{4h}$. (In Wirklichkeit ist der Ring schwach gewellt, die Bezeichnung der Orbitale entsprechend der Punktgruppe $\mathbf{D}_{4h}$ wird dadurch aber nicht beeinflußt, zumal die Energiebarriere für die Einebnung des Ringes gering ist; vgl. Abschnitt 7.8). Die Symmetrieelemente, die in der Additionsreaktion erhalten bleiben, sind *alle* die der Punktgruppe $\mathbf{D}_{2h}$, nämlich $\sigma(xy)$, $\sigma(xz)$, $\sigma(yz)$, i, $C_2(z)$, $C_2(y)$ und $C_2(x)$. Zur Klassifizierung der Orbitale der beiden Reaktanden und des Produktes brauchen wir jedoch nur einen Satz erzeugender Elemente der Punktgruppe $\mathbf{D}_{2h}$ zu betrachten, zum Beispiel die drei Spiegelebenen.
Im Verlaufe der Bildung von cyclo-Butan werden die π-Orbitale der zwei Äthylenmoleküle zu σ-Orbitalen, die parallel zur x-Achse liegen. Da sich alle anderen Orbitale im Vergleich dazu nur geringfügig ändern,

brauchen wir lediglich die Korrelation der C_2H_4-π-Orbitale mit den C_4H_8-σ_x-Orbitalen zu betrachten. Die π-Orbitale (π und π^*) eines Äthylenmoleküls sind in Abbildung 6.8 dargestellt. Für zwei Moleküle in der in Abbildung 7.1.a dargestellten Anordnung müssen diese Orbitale delokalisiert werden, indem man die Linearkombinationen $\psi_1 + \psi_2$ und $\psi_1 - \psi_2$ bildet. Diese delokalisierten Orbitale sind in Abbildung 7.2 dargestellt und bezüglich ihrer Symmetrie klassifiziert. Dabei

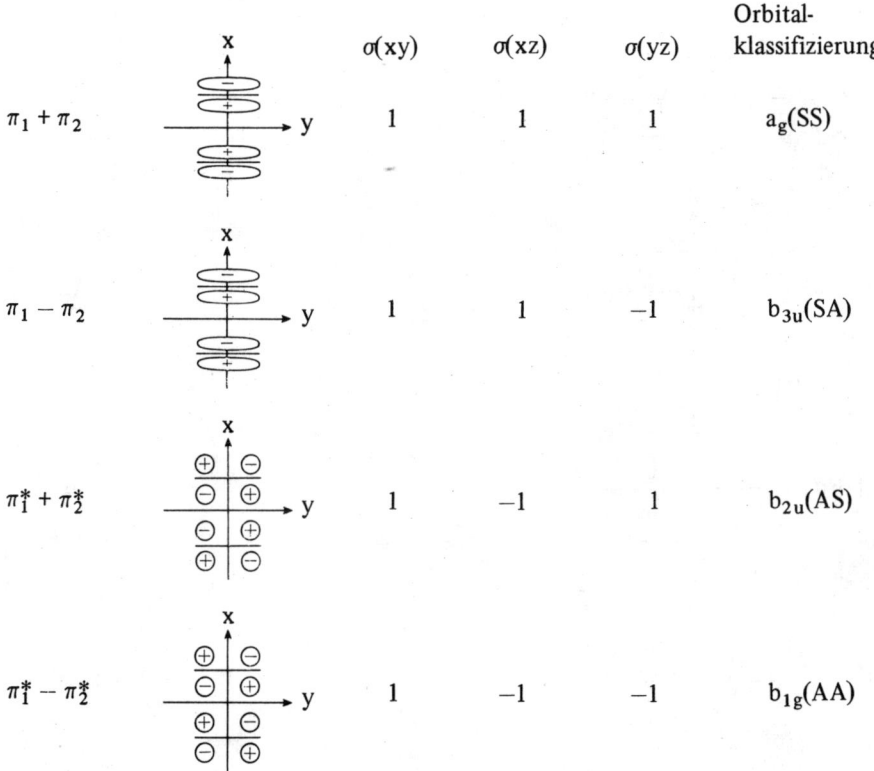

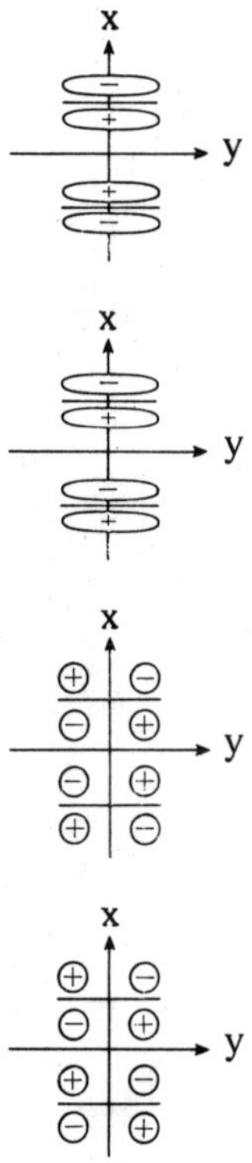

	$\sigma(xy)$	$\sigma(xz)$	$\sigma(yz)$	Orbital-klassifizierung
$\pi_1 + \pi_2$	1	1	1	a_g(SS)
$\pi_1 - \pi_2$	1	1	−1	b_{3u}(SA)
$\pi_1^* + \pi_2^*$	1	−1	1	b_{2u}(AS)
$\pi_1^* - \pi_2^*$	1	−1	−1	b_{1g}(AA)

Abbildung 7.2
Symmetrieklassifizierung der π-MO's zweier Äthylenmoleküle in einer $\mathbf{D_{2h}}$-Konfiguration (A = asymmetrisch, S = symmetrisch bezüglich der Spiegelebenen $\sigma(xz)$ bzw. $\sigma(yz)$).

wurden sowohl die der Punktgruppe $\mathbf{D_{2h}}$ entsprechenden Symmetriespezies als auch eine bei der Diskussion der Woodward-Hoffmann-Regeln allgemein angewandte Kurzbezeichnung angegeben. Diese in Klammern gesetzte Bezeichnungsweise, die keine detaillierte Kenntnis der Punktgruppen erfordert, berücksichtigt, daß alle betroffenen Orbitale dieser Reaktion symmetrisch zur Ebene $\sigma(xy)$ sind und daß daher das symmetrische (S) bzw. asymmetrische (A) Verhalten gegenüber den anderen beiden Spiegelebenen die Symmetrieeigenschaften vollständig widerspiegelt.

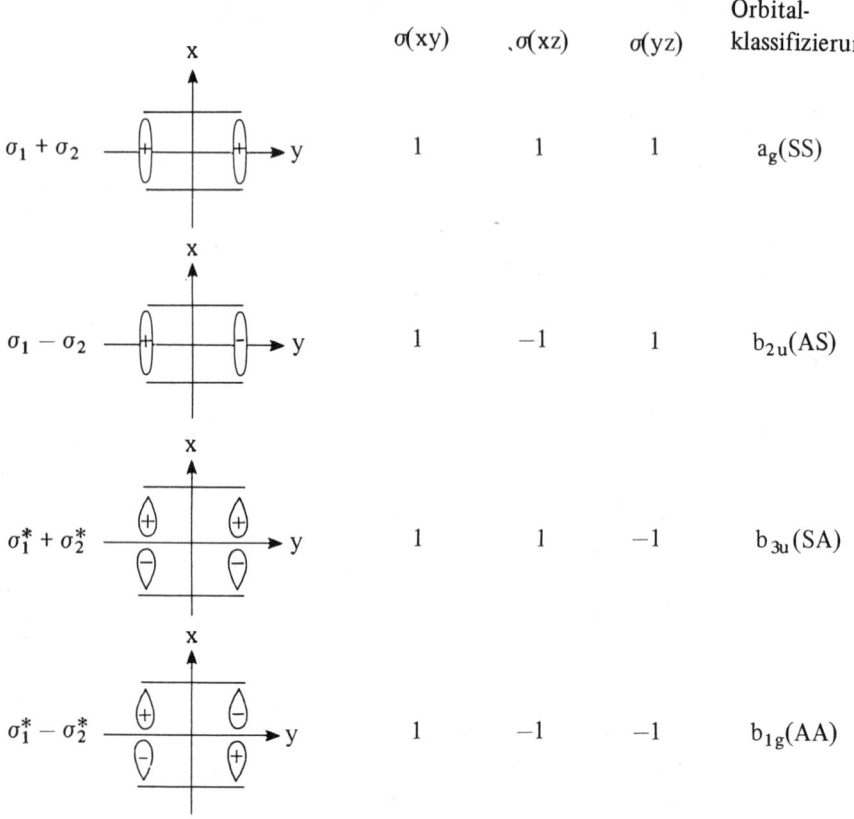

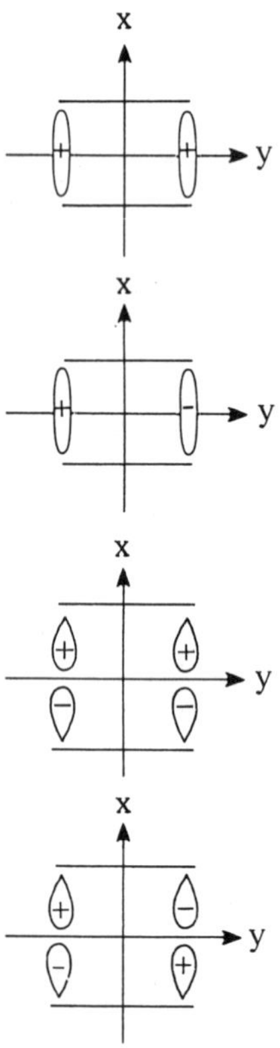

	$\sigma(xy)$	$\sigma(xz)$	$\sigma(yz)$	Orbital-klassifizierung
$\sigma_1 + \sigma_2$	1	1	1	a_g(SS)
$\sigma_1 - \sigma_2$	1	−1	1	b_{2u}(AS)
$\sigma_1^* + \sigma_2^*$	1	1	−1	b_{3u}(SA)
$\sigma_1^* - \sigma_2^*$	1	−1	−1	b_{1g}(AA)

Abbildung 7.3
Symmetrieklassifizierung der vier σ-MO's, die entstehen, wenn zwei Äthylenmoleküle zu cyclo-Butan reagieren.

In Abbildung 7.3 sind die bei der Cycloaddition von zwei Molekülen C_2H_4 entstehenden delokalisierten σ- und σ^*-Orbitale des cyclo-Butans dargestellt und entsprechend ihrer Symmetrie klassifiziert.
In dem in Abbildung 7.4 dargestellten Diagramm sind die Orbitale sowohl der Reaktanden als auch des Produktes nach steigender Energie

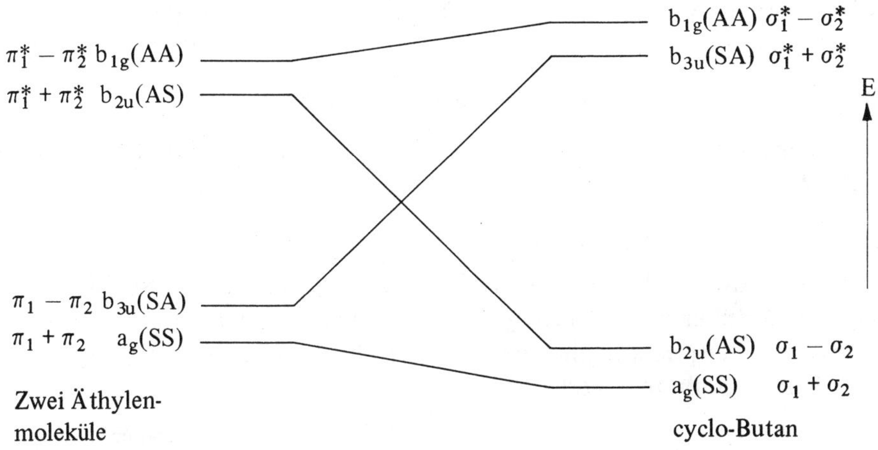

Abbildung 7.4
Korrelation der MO's bei der Cycloaddition zweier Äthylenmoleküle zu cyclo-Butan

angeordnet und miteinander korreliert. Die für diese Korrelation gültigen Regeln sind:

(a) nur Orbitale gleicher Symmetrie können miteinander korreliert werden,
(b) Verbindungslinien zwischen Orbitalen gleicher Symmetrie dürfen sich nicht überkreuzen („*Überkreuzungsverbot*") und
(c) die Korrelation erfolgt unter Berücksichtigung von (a) und (b) nach steigender Energie.

Da uns quantitative Berechnungen hier nicht interessieren, ist die Darstellung in Abbildung 7.4 hinsichtlich der relativen Energien der Orbitale nur schematisch und qualitativer Natur. Da jedes der abgebildeten Orbitale zwei Elektronen aufnehmen kann, ist die Konfiguration zweier Äthylenmoleküle im Grundzustand

$$(a_g)^2(b_{3u})^2 \quad \text{oder} \quad (SS)^2(SA)^2$$

und die von cyclo-Butan ist

$$(a_g)^2(b_{2u})^2 \quad \text{oder} \quad (SS)^2(AS)^2$$

Daraus geht klar hervor, daß die Orbitalsymmetrie bei einer thermischen Umwandlung von zwei C_2H_4 in C_4H_8 oder umgekehrt *nicht* erhalten bleibt, und man nennt die Reaktion daher „*Symmetrie-verboten*".

Wenn jedoch in einem der beiden Äthylenmoleküle ein Elektron vom b_{3u}- in das b_{2u}-Orbital promoviert wird, korreliert die Konfiguration

$$(a_g)^2(b_{3u})(b_{2u}) \quad \text{oder} \quad (SS)^2(SA)(AS)$$

dieses angeregten Zustandes mit dem ersten angeregten Zustand von cyclo-Butan, der die Konfiguration

$$(a_g)^2(b_{2u})(b_{3u}) \quad \text{oder} \quad (SS)^2(AS)(SA)$$

besitzt. In diesem Fall bleibt die Symmetrie erhalten. Die Reaktion kann daher über einen angeregten Elektronen-Zustand verlaufen, das heißt zum Beispiel auf photochemischem Wege. Eine derartige Reaktion heißt „*Symmetrie-erlaubt*".

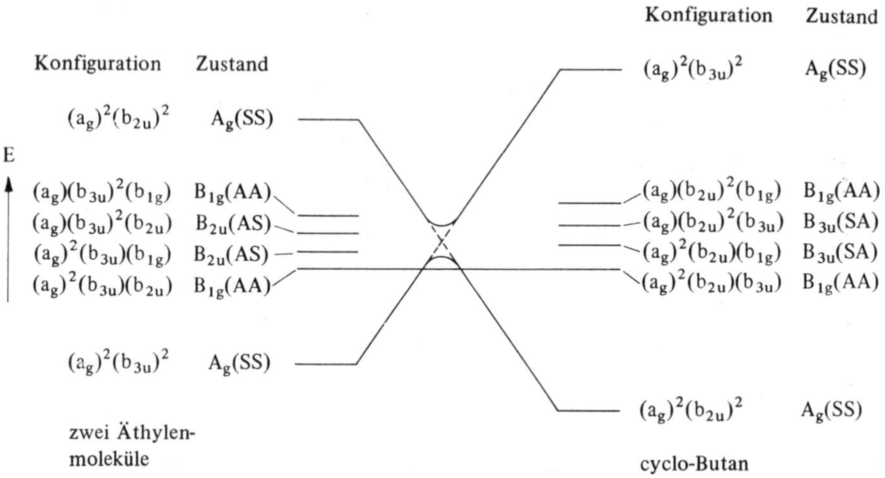

Abbildung 7.5
Korrelation der Elektronenzustände bei der Cycloaddition zweier Äthylenmoleküle unter Bildung von cyclo-Butan

Diese Zusammenhänge kann man auch durch Korrelation der Elektronenzustände anstelle der Orbitale der Reaktanden und des Produktes demonstrieren. Dies ist in Abbildung 7.5 gezeigt, wobei die gleichen Regeln wie bei der Korrelation von Orbitalen gelten. Man beachte die durch das Überkreuzungsverbot verhinderte Korrelation der A_g-Zustände gleicher Konfiguration. Die für die Bezeichnung der Zustände verwendeten Symmetrie-Symbole A und S werden nach den Regeln $A \times A = S$, $S \times S = S$ und $A \times S = A$ erhalten. Das Diagramm zeigt, daß zwischen dem Grundzustand zweier Äthylenmoleküle und dem des cyclo-

Butans eine hohe Energiebarriere liegt, während zwischen den beiden ersten angeregten Zuständen keinerlei Barriere auftritt.
Bezüglich weiterer Beispiele für die Anwendung der Woodward-Hoffmann-Regeln sei auf das Buch von R. B. Woodward und R. Hoffmann, „Die Erhaltung der Orbitalsymmetrie" (Verlag Chemie u. Academic Press, 1970) verwiesen.

7.2 Molekulare Auswahlregeln, die vom elektrischen Dipolmoment bestimmt werden

Bei der Absorption elektromagnetischer Strahlung tritt entweder die elektrische oder die magnetische Komponente der Strahlung mit den Atomen oder Molekülen in Wechselwirkung. Die Wechselwirkung mit der elektrischen Komponente ist jedoch im allgemeinen um den Faktor 10^5 stärker als die mit der magnetischen Komponente. Daher beobachtet man Übergänge, die durch Wechselwirkung mit dem elektrischen Feldvektor bewirkt werden, viel häufiger, und Emissionsprozesse sind gewöhnlich in ähnlicher Weise mit der elektrischen Komponente der Strahlung verknüpft. Diese elektrische Komponente der Strahlung tritt mit dem elektrischen Dipolmoment[15] des Atoms oder Moleküls in Wechselwirkung. (Manchmal spielt auch das elektrische Quadrupolmoment eine Rolle, aber diese Art von Wechselwirkung ist normalerweise extrem schwach.) Übergänge, die aus dieser Wechselwirkung resultieren, werden daher durch die Größe des Dipolmomentes bestimmt. Im folgenden wollen wir die für Elektronen-, Schwingungs- und Rotations-Schwingungs-Übergänge gültigen Regeln ableiten.
Bei einem Elektronen-, Schwingungs- oder Rotations-Schwingungs-Übergang zwischen einem energieärmeren Zustand, der durch die Wellenfunktion ψ'' beschrieben wird, und einem energiereicheren Zustand, beschrieben durch ψ', nennt man das Integral

$$\mathbf{P} = \int \psi'^* \mathbf{p} \psi'' \, d\tau \qquad (7.1)$$

das Übergangsmoment, wobei **p** das elektrische Dipolmoment ist (die Klassifizierung der Komponenten von **p** entsprechend ihrer Symmetrie

[15] Dem allgemeinen Sprachgebrauch entsprechend wird das elektrische Dipolmoment in diesem Abschnitt einfach Dipolmoment genannt, sofern eine Verwechslung mit dem magnetischen Dipolmoment ausgeschlossen ist.

entlang den cartesischen Koordinaten wurde bereits im Abschnitt 5.2 erläutert.) ψ'^* ist die zu ψ' komplex-konjugierte Funktion, das heißt wenn ψ' die imaginäre Zahl $\sqrt{-1}$ enthält, so wird diese in ψ'^* durch $-\sqrt{-1}$ ersetzt. Da die Wahrscheinlichkeit eines Überganges proportional zu $\mathbf{P}^2$ ist, ist ein *Übergang erlaubt*, wenn $\mathbf{P} \neq \mathbf{O}$ ist, und *verboten*, wenn $\mathbf{P} = \mathbf{O}$ ist. Zerlegt man das Dipolmoment in seine drei Komponenten, so erhält man aus Gleichung 7.1:

$$
\begin{aligned}
P_x &= \int \psi'^* \, p_x \psi'' \, d\tau \\
P_y &= \int \psi'^* \, p_y \psi'' \, d\tau \\
P_z &= \int \psi'^* \, p_z \psi'' \, d\tau
\end{aligned}
\qquad (7.2)
$$

Aus diesen Beziehungen folgt, daß ein Übergang erlaubt ist, wenn entweder P_x, P_y oder P_z von Null verschieden ist. Wenn lediglich eine Komponente von Null verschieden ist, ist das Übergangsmoment in Richtung einer Koordinatenachse *polarisiert*. Sind zwei Komponenten von Null verschieden, ist der Übergang in einer der drei Ebenen xy, xz oder yz polarisiert. Wenn alle drei Komponenten ungleich Null sind, ist der Übergang nicht polarisiert.

Damit ein Integral des in den Gleichungen 7.1 und 7.2 gegebenen Typs von Null verschieden ist, *muß die Symmetriespezies der Größe unter dem Integral*

(a) *bei Übergängen zwischen nicht-entarteten Zuständen totalsymmetrisch sein und*

(b) *bei Übergängen zwischen Zuständen, von denen mindestens einer entartet ist, die totalsymmetrische Spezies enthalten.*

Diese Regeln können folgendermaßen geschrieben werden:

$$(a) \quad \Gamma(\psi') \times \Gamma(\mathbf{p}) \times \Gamma(\psi'') = A \qquad (7.3)$$

$$(b) \quad \Gamma(\psi') \times \Gamma(\mathbf{p}) \times \Gamma(\psi'') \supset A \qquad (7.4)$$

Hierin steht Γ für „Symmetriespezies von ..." und A bedeutet irgendeine totalsymmetrische Spezies; das Boolean-Symbol $\supset$ steht für „enthält". Im Abschnitt 5.2 wurde gezeigt, daß

$$
\begin{aligned}
\Gamma(p_x) &= \Gamma(T_x) \\
\Gamma(p_y) &= \Gamma(T_y) \\
\Gamma(p_z) &= \Gamma(T_z)
\end{aligned}
\qquad (7.5)
$$

7.2.1 Elektronenübergänge zwischen nicht-entarteten Zuständen der gleichen Multiplizität

Wenn ein Elektronenübergang zwischen zwei nicht-entarteten Zuständen der gleichen Multiplizität (2S + 1) erlaubt sein soll, muß mindestens eine der drei folgenden Gleichungen gelten, die aus den Gleichungen 7.3 und 7.5 folgen:

$$\begin{aligned} & \Gamma(\psi_e') \times \Gamma(T_x) \times \Gamma(\psi_e'') = A \\ \text{und/oder} \quad & \Gamma(\psi_e') \times \Gamma(T_y) \times \Gamma(\psi_e'') = A \\ \text{und/oder} \quad & \Gamma(\psi_e') \times \Gamma(T_z) \times \Gamma(\psi_e'') = A \end{aligned} \tag{7.6}$$

Wenn wir uns zunächst auf Übergänge beschränken, bei denen der energieärmere Zustand der totalsymmetrische Grundzustand ist, gilt $\Gamma(\psi_e'') = A$ und aus Gleichung 7.6 erhält man

$$\begin{aligned} & \Gamma(\psi_e') \times \Gamma(T_x) = A \\ \text{und/oder} \quad & \Gamma(\psi_e') \times \Gamma(T_y) = A \\ \text{und/oder} \quad & \Gamma(\psi_e') \times \Gamma(T_z) = A \end{aligned} \tag{7.7}$$

Daraus folgt, daß

$$\Gamma(\psi_e') = \Gamma(T_x) \text{ und/oder } \Gamma(T_y) \text{ und/oder } \Gamma(T_z) \tag{7.8}$$

Das „und/oder" zwischen den Gleichungen 7.6 bis 7.8 bedeutet, daß bei einem erlaubten Übergang mindestens eine der drei Bedingungen erfüllt sein muß, daß jedoch auch zwei oder alle drei erfüllt sein können.

Gleichung 7.8 stellt eine sehr einfache Regel dar, mit deren Hilfe die erlaubten Elektronenübergänge, an denen der Grundzustand beteiligt ist, für jedes Molekül dadurch ermittelt werden können, daß man $\Gamma(T_x)$ usw. in der entsprechenden Charaktertafel nachsieht. Beispielsweise erhält man für ein zur Punktgruppe $\mathbf{C}_{2v}$ gehörendes Molekül (Grundzustand A_1) aus der Charaktertafel in Tabelle 4.11 die Spezies für $\Gamma(T_x)$, $\Gamma(T_y)$ und $\Gamma(T_z)$ und damit die erlaubten Übergänge wie folgt:

$$\begin{aligned} & B_1 - A_1 \\ & B_2 - A_1 \\ & A_1 - A_1 \end{aligned} \tag{7.9}$$

Man beachte, daß bei der Bezeichnung von Übergängen zwischen zwei Zuständen der energiereichere Zustand an erster und der energieärmere an zweiter Stelle genannt werden. Wenn jedoch ein Übergang P – Q erlaubt ist, so ist immer auch der umgekehrte Übergang Q – P erlaubt. Von den Übergängen 7.9 ist der erste in Richtung der x-Achse, der zweite in Richtung der y-Achse und der dritte in Richtung der z-Achse polarisiert.

Ähnlich erhält man für die Punktgruppe $\mathbf{D}_{2h}$ die erlaubten Übergänge zu

$$\begin{aligned} B_{3u} &- A_g \\ B_{2u} &- A_g \\ B_{1u} &- A_g \end{aligned} \tag{7.10}$$

die in x-, y- bzw. z-Richtung polarisiert sind. In der Punktgruppe $\mathbf{C}_s$ sind die Übergänge

$$\begin{aligned} A' &- A' \\ A'' &- A' \end{aligned} \tag{7.11}$$

erlaubt und in der xy-Ebene (wegen $\Gamma(T_x) = \Gamma(T_y) = A'$) bzw. in z-Richtung polarisiert.

Wenn der energieärmere Zustand nicht totalsymmetrisch ist, was meistens gleichbedeutend damit ist, daß es sich nicht um den Grundzustand handelt (vgl. Abschnitt 6.6), so daß der Übergang zwischen zwei angeregten Zuständen erfolgt, sind Übergänge nach Gleichung 7.6 dann erlaubt, wenn

$$\Gamma(\psi_e') \times \Gamma(\psi_e'') = \Gamma(T_x), \text{ und/oder } \Gamma(T_y), \text{ und/oder } \Gamma(T_z) \tag{7.12}$$

Wenn beispielsweise für ein Molekül der Punktgruppe $\mathbf{C}_{2v}$ gilt $\Gamma(\psi_e'') = A_2$, dann folgen die erlaubten Übergänge aus Gleichung 7.12 unter Verwendung der im Abschnitt 4.3.1 für die Multiplikation von Symmetriespezies aufgestellten Regeln. Man erhält:

$$\begin{aligned} B_2 &- A_2 \\ B_1 &- A_2 \\ A_2 &- A_2 \end{aligned} \tag{7.13}$$

Diese Übergänge sind in Richtung der Achsen x, y bzw. z polarisiert.

Für ein Molekül der Punktgruppe $\mathbf{D_{2h}}$ erhält man, wenn $\Gamma(\psi_e'') = B_{1g}$, die erlaubten Übergänge zu

$$\begin{aligned} B_{2u} &- B_{1g} \\ B_{3u} &- B_{1g} \\ A_u &- B_{1g} \end{aligned} \tag{7.14}$$

und diese sind ebenfalls in x-, y- bzw. z-Richtung polarisiert.

7.2.2 Elektronenübergänge zwischen Zuständen gleicher Multiplizität, von denen mindestens einer entartet ist

Wenn ein Übergang dieser Art erlaubt sein soll, dann gilt aufgrund der Gleichungen 7.4 und 7.5:

$$\begin{aligned} \Gamma(\psi_e') \times \Gamma(T_x) \times \Gamma(\psi_e'') &\supset A \\ \Gamma(\psi_e') \times \Gamma(T_y) \times \Gamma(\psi_e'') &\supset A \\ \Gamma(\psi_e') \times \Gamma(T_z) \times \Gamma(\psi_e'') &\supset A \end{aligned} \tag{7.15}$$

Wenn der energieärmere Zustand der totalsymmetrische Grundzustand ist, gilt $\Gamma(\psi_e'') = A$ und damit wird Gleichung 7.15 zu

$$\begin{aligned} \Gamma(\psi_e') \times \Gamma(T_x) &\supset A \\ \Gamma(\psi_e') \times \Gamma(T_y) &\supset A \\ \Gamma(\psi_e') \times \Gamma(T_z) &\supset A \end{aligned} \tag{7.16}$$

Beispielsweise ist in der Punktgruppe $\mathbf{D_{6h}}$ $\Gamma(T_x, T_y) = E_{1u}$. Aus Tabelle 4.52 geht herovr, daß E_{1u} die einzige Symmetriespezies ist, die nach Multiplikation mit E_{1u} die Spezies A_{1g} enthält[16]. Da $\Gamma(T_z) = A_{2u}$, sind die erlaubten Übergänge, an denen A_{1g} als energieärmerer Zustand beteiligt ist:

$$\begin{aligned} E_{1u} &- A_{1g} \\ A_{2u} &- A_{1g} \end{aligned} \tag{7.17}$$

Diese Übergänge sind in der xy-Ebene bzw. in z-Richtung polarisiert. Tatsächlich sind in allen entarteten Punktgruppen, ebenso wie in nichtentarteten, *alle Übergänge zwischen einem totalsymmetrischen Zustand und einem zweiten Zustand erlaubt, wenn die Symmetriespezies des zweiten Zustandes die einer Translation* (T_x, T_y oder T_z) ist.
In der Punktgruppe $\mathbf{O_h}$ ist

$$T_{1u} - A_{1g} \tag{7.18}$$

[16] Eine nützliche Regel besagt, daß $\Gamma_i = \Gamma_j$ wenn $\Gamma_i \times \Gamma_j \supset A$.

der einzige erlaubte Übergang, an dem ein totalsymmetrischer tiefer liegender Zustand beteiligt ist. Da $\Gamma(T_x, T_y, T_z) = T_{1u}$, ist dieser Übergang nicht polarisiert.
In der Punktgruppe $\mathbf{D}_{\infty h}$ sind

$$\begin{aligned} &\Pi_u - \Sigma_g^+ \\ &\Sigma_u^+ - \Sigma_g^+ \end{aligned} \tag{7.19}$$

die erlaubten Übergänge, an denen ein Σ_g^+-Zustand als tiefer liegender Zustand beteiligt ist. Sie sind in der xy-Ebene bzw. in Richtung der z-Achse polarisiert. Diese Auswahlregeln sind in Übereinstimmung mit der auf die Quantenzahlen bezogenen Auswahlregel, die lautet: $\Delta\Lambda = 0, \pm 1$ mit $\Lambda = 0, 1, 2, 3, \ldots$ für Σ-, Π-, Δ-, Φ-, ... Zustände, wobei Λ die Orbitaldrehimpulsquantenzahl[17] der Elektronen ist.
Wenn an einem Übergang kein totalsymmetrischer Zustand beteiligt ist, so handelt es sich gewöhnlich um Übergänge zwischen angeregten Zuständen. Damit ein derartiger Übergang erlaubt ist, muß nach Gleichung 7.15 gelten:

$$\Gamma(\psi_e') \times \Gamma(\psi_e'') \supset \Gamma(T_x), \text{ und/oder } \Gamma(T_y), \text{ und/oder } \Gamma(T_z), \tag{7.20}$$

In der Punktgruppe $\mathbf{D}_{6h}$ beispielsweise sind die erlaubten Übergänge, an denen ein A_{2g}-Zustand beteiligt ist:

$$\begin{aligned} &E_{1u} - A_{2g} \\ &A_{1u} - A_{2g} \end{aligned} \tag{7.21}$$

Diese Übergänge sind in der xy-Ebene bzw. in z-Richtung polarisiert[18].
Wenn die Symmetriespezies des tiefer liegenden Zustandes E_{2u} ist, dann sind nach Gleichung 7.20 und Tabelle 4.52 die Übergänge

$$\begin{aligned} &B_{1g} - E_{2u} \\ &B_{2g} - E_{2u} \\ &E_{1g} - E_{2u} \\ &E_{2g} - E_{2u} \end{aligned} \tag{7.22}$$

erlaubt, von denen die ersten drei in der xy-Ebene und der vierte in z-Richtung polarisiert sind.

[17] Gleichbedeutend mit dem Begriff Bahndrehimpulsquantenzahl.

[18] Eine nützliche Regel besagt, daß $\Gamma_i = \Gamma(T) \times \Gamma_j$ und $\Gamma_j = \Gamma(T) \times \Gamma_i$ wenn $\Gamma_i \times \Gamma_j \supset \Gamma(T)$.

In der Punktgruppe C_{3v} sind, ausgehend von einem E-Zustand, Übergänge zu allen anderen Zuständen erlaubt:

$$\begin{aligned} A_1 &- E \\ A_2 &- E \\ E &- E \end{aligned} \qquad (7.23)$$

Sowohl der A_1-E- als auch der A_2-E-Übergang sind in der xy-Ebene polarisiert, während der E-E-Übergang zwei erlaubte Komponenten besitzt, da nach Tabelle 4.52

$$E \times E \supset \Gamma(T_z) + \Gamma(T_x, T_y) \qquad (7.24)$$

wobei $\Gamma(T_z) = A_1$ und $\Gamma(T_x, T_y) = E$.
In der Punktgruppe $C_{\infty v}$ sind die von einem tiefer liegenden Π-Zustand ausgehenden erlaubten Übergänge:

$$\begin{aligned} \Sigma^+ &- \Pi \\ \Sigma^- &- \Pi \\ \Delta &- \Pi \\ \Pi &- \Pi \end{aligned} \qquad (7.25)$$

Diese Übergänge sind in Übereinstimmung mit der oben erwähnten Auswahlregel $\Delta\Lambda = 0, \pm 1$. Der Π-Π-Übergang ist in z-Richtung, die übrigen drei sind in der xy-Ebene polarisiert.
Als letztes Beispiel seien die folgenden Übergänge in der Punktgruppe O_h betrachtet, die alle von einem T_{1g}-Zustand ausgehen. Sie sind alle erlaubt, da die Produkte der Symmetriespezies der kombinierten Zustände die Spezies T_{1u} enthalten und $T_{1u} = \Gamma(T_x, T_y, T_z)$:

$$\begin{aligned} A_{1u} &- T_{1g} \\ E_u &- T_{1g} \\ T_{1u} &- T_{1g} \\ T_{2u} &- T_{1g} \end{aligned} \qquad (7.26)$$

Keiner von diesen Übergängen ist polarisiert.

7.2.3 Elektronenübergänge zwischen Zuständen verschiedener Multiplizität

Alle bisher betrachteten Elektronenübergänge gehorchen der Auswahlregel $\Delta S = 0$. Diese Regel ist jedoch bei Molekülen mit schweren Atomen nicht immer streng gültig, da man zahlreiche Übergänge mit

$\Delta S = \pm 1$ beobachtet hat, bei denen sich also die Spinmultiplizität $2S+1$ um zwei Einheiten ändert. In diesen Fällen geht nicht nur ein Elektron aus einem Orbital in ein anderes über, sondern das Elektron kehrt auch noch die Richtung seines Spins um.

Übergänge mit $\Delta S = \pm 1$ sind meistens solche zwischen einem Singulett- und einem Triplett-Zustand. Ein Beispiel dafür ist der Übergang $^3A_2$-$^1A_1$ des Formaldehydmoleküls (vgl. Abschnitt 6.6). Man kennt auch einige Übergänge zwischen Dublett- und Quartett-Zuständen, zum Beispiel den Übergang $^4\Sigma^-$-$^2\Pi$ des SiF, aber derartige Übergänge sind ungewöhnlich und wir betrachten sie daher nicht weiter.

Übergänge mit $\Delta S = \pm 1$ sind verglichen mit denen, bei denen die Spinmultiplizität erhalten bleibt ($\Delta S = 0$), sehr schwach. Ausnahmen sind allerdings Moleküle mit einem sehr schweren Atom wie zum Beispiel Jod. Übergänge mit $\Delta S = \pm 2$, beispielsweise zwischen einem Singulett- und einem Quintett-Zustand, sind noch schwächer, so daß wir uns nicht weiter mit ihnen zu beschäftigen brauchen.

Die Ursache für die Durchbrechung der Auswahlregel $\Delta S = 0$ ist eine Kopplung zwischen der Spin- und der Bahnbewegung des Elektrons, die man kurz Spin-Bahn-Kopplung nennt. Diese Kopplung ist in mehr oder weniger starkem Ausmaß immer vorhanden, und wenn man sie berücksichtigt, kommt es zu einer Vermischung der ursprünglich reinen Singulett- und Triplett-Zustände. Das Ausmaß der Spin-Bahn-Kopplung bestimmt das Ausmaß, in dem die Auswahlregel $\Delta S = 0$ außer Kraft gesetzt wird. Der am häufigsten beobachtete Typ von Übergang zwischen einem Singulett- und einem Triplett-Zustand ist der zwischen einem Singulett-Grundzustand S_0 und dem ersten angeregten Triplett-Zustand T_1. Ein derartiger Übergang ist in Abbildung 7.6 dargestellt. Die Spin-Bahn-Kopplung vermischt Zustände aus der Menge der Singulett-Zustände mit solchen aus der Menge der Triplett-Zustände, jedoch findet diese Wechselwirkung aus Symmetriegründen und weil die Energiedifferenz nicht zu groß sein darf vorzugsweise zwischen jeweils einem Singulett- und einem Triplett-Zustand statt. Diese Wechselwirkung, die man auch als Resonanz oder Kopplung bezeichnet, führt dazu, daß der „eigentlich" Spin-verbotene Triplett-Singulett-Übergang seine Intensität von einem erlaubten Übergang „stiehlt", wobei dieser erlaubte Übergang von einem der beiden koppelnden Zustände ausgeht. Im Falle des in Abbildung 7.6 dargestellten T_1-S_0-Überganges koppelt der S_0-Zustand vornehmlich mit einem Triplett-Zustand (T_s), zu dem es einen erlaubten Übergang von T_1 aus gibt. Die Intensität des Über-

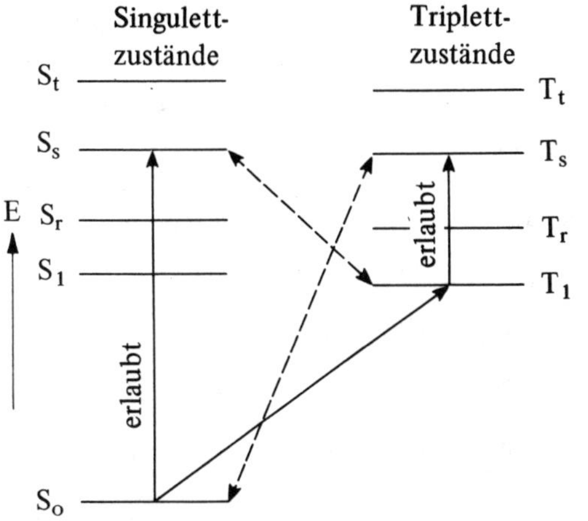

Abbildung 7.6
Auswirkung der Spin-Bahn-Kopplung auf einen Übergang zwischen dem niedrigsten Singulett-Zustand (S_0) und dem niedrigsten Triplett-Zustand (T_1). Die Kopplung der Zustände ist durch gestrichelte Pfeile angedeutet.

ganges T_1-S_0 wird daher von der des Überganges T_s-T_1 „gestohlen". Wenn andererseits (oder auch zusätzlich) eine Kopplung zwischen T_1 und dem Singulett-Zustand S_s vorliegt, wobei letzterer durch einen erlaubten Übergang von S_0 aus erreichbar ist, kann die Intensität für den T_1-S_0-Übergang auch von dem S_s-S_0-Übergang „gestohlen" werden.

Es muß jedoch betont werden, daß diese Art der Beschreibung von Triplett-Singulett-Übergängen (insbesondere das „Stehlen von Intensität") ziemlich unnatürlich ist, da sie nur dadurch notwendig wird, daß man zunächst von der *Näherung* einer nicht vorhandenen Spin-Bahn-Kopplung ausgeht, die zur Auswahlregel $\Delta S = 0$ führt; erst nachträglich wird dann die „Durchbrechung" der Auswahlregel eingeführt, das heißt berücksichtigt, daß das idealisierte Modell den Tatsachen nicht voll gerecht wird.

Ob ein Triplett-Singulett-Übergang eine von Null verschiedene Intensität besitzt oder nicht, hängt davon ab, ob eine Wechselwirkung der beteiligten Zustände durch Spin-Bahn-Kopplung vorliegt oder nicht. Ob aber zwei Zustände durch Spin-Bahn-Kopplung überhaupt in Wechselwirkung treten können, hängt vollständig von ihrer Symmetrie ab. Die Symmetrie eines Triplett-Zustandes ist gleich dem Produkt aus Spin- und Orbital-Symmetrie. Die drei Komponenten des Spins besitzen alle die Symmetriespezies einer Rotation, *so daß ein Triplett-Singu-*

lett-Übergang dann möglich ist, wenn entweder der Triplett-Zustand durch die Symmetriespezies einer Rotation mit einem nahegelegenen Singulett-Zustand verbunden ist, oder wenn der Singulett-Zustand in analoger Weise mit einem nahegelegenen Triplett-Zustand verbunden ist. Wenn man diese Regel auf den T_1-S_0-Übergang in Abbildung 7.6 anwendet, ist eine von Null verschiedene Intensität möglich, wenn

$$\begin{array}{ll} & \Gamma(S_0) \times \Gamma(R_x) = \Gamma(T_s) \\ \text{und/oder} & \Gamma(S_0) \times \Gamma(R_y) = \Gamma(T_s) \\ \text{und/oder} & \Gamma(S_0) \times \Gamma(R_z) = \Gamma(T_s) \\ \hdashline \text{und/oder} & \Gamma(S_s) \times \Gamma(R_x) = \Gamma(T_1) \\ \text{und/oder} & \Gamma(S_s) \times \Gamma(R_y) = \Gamma(T_1) \\ \text{und/oder} & \Gamma(S_s) \times \Gamma(R_z) = \Gamma(T_1) \end{array} \tag{7.27}$$

Betrachten wir als Beispiel den Übergang $^3A_2$-$^1A_1$ des Formaldehyds, das ist der Übergang vom Grundzustand in den ersten angeregten Triplett-Zustand. CH_2O gehört zur Punktgruppe $\mathbf{C_{2v}}$ (Tab. 4.11), und das bedeutet $\Gamma(S_0) = A_1$, $\Gamma(T_1) = A_2$, $\Gamma(R_x) = B_2$, $\Gamma(R_y) = B_1$ und $\Gamma(R_z) = A_2$. Aus den Gleichungen 7.27 erhält man

$$\begin{array}{c} \underline{\Gamma(S) \times \Gamma(R) = \Gamma(T)} \\ A_1 \times B_2 = B_2 \\ A_1 \times B_1 = B_1 \\ A_1 \times A_2 = A_2 \\ \hdashline B_1 \times B_2 = A_2 \\ B_2 \times B_1 = A_2 \\ A_1 \times A_2 = A_2 \end{array} \tag{7.28}$$

Das bedeutet, daß der $^3A_2$-$^1A_1$-Übergang seine Intensität nach einem der in Gleichung 7.28 aufgeführten Mechanismen, das heißt von einem der sechs in Tabelle 7.1 genannten Übergänge, stehlen kann. Mit Hilfe der im Abschnitt 7.2.1 diskutierten Regeln kann man zeigen, daß alle diese Übergänge erlaubt sind. Beim Formaldehyd ist nun einer dieser Mechanismen, nämlich der $^1A_1$-$^1A_1$-Übergang, hinsichtlich der Übertragung von Intensität viel wirksamer ist als die anderen fünf. Man weiß, daß der zweite angeregte Singulett-Zustand des CH_2O ein $^1A_1$-Zustand ist, und dieser liegt nahe an dem $^3A_2$-Zustand, so daß es zu

Tabelle 7.1

Übergang	*Polarisationsrichtung*
$^3B_2 - {}^3A_2$	x-polarisiert
$^3B_1 - {}^3A_2$	y-polarisiert
$^3A_2 - {}^3A_2$	z-polarisiert
$^1B_1 - {}^1A_1$	x-polarisiert
$^1B_2 - {}^1A_1$	y-polarisiert
$^1A_1 - {}^1A_1$	z-polarisiert

Tabelle 7.2

Übergang	*Polarisationsrichtung*
$^3B_{3g} - {}^3A_u$	x-polarisiert
$^3B_{2g} - {}^3A_u$	y-polarisiert
$^3B_{1g} - {}^3A_u$	z-polarisiert
$^1B_{3u} - {}^1A_g$	x-polarisiert
$^1B_{2u} - {}^1A_g$	y-polarisiert
$^1B_{1u} - {}^1A_g$	z-polarisiert

einer relativ starken Wechselwirkung durch Spin-Bahn-Kopplung kommt. Aus diesem Grunde findet man, daß das $^3A_2$-$^1A_1$-Übergangsmoment in Richtung der z-Achse polarisiert ist, was auch die Polarisationsrichtung des $^1A_1$-$^1A_1$-Überganges ist. Eine wichtige allgemeine Regel besagt, daß *die Polarisationsrichtung eines Spin-verbotenen Überganges die gleiche ist, wie die des Überganges, von dem die Intensität durch Spin-Bahn-Kopplung gestohlen wurde*. Wenn die Intensität von mehreren Übergängen stammt, kann es im Prinzip zu einer gemischten Polarisation kommen; oft dominiert jedoch wie beim Formaldehyd einer der möglichen Kopplungsmechanismen.

Als zweites Beispiel für einen Triplett-Singulett-Übergang bei einem nicht zu einer entarteten Punktgruppe gehörenden Molekül betrachten wir einen ^3A_u-^1A_g-Übergang eines Moleküls der Punktgruppe $\mathbf{D}_{2h}$ (Charaktertafel in Tab. 4.32). In diesem Fall erhält man nach Gleichung 7.27:

$$\begin{array}{c}
\Gamma(S) \times \Gamma(R) = \Gamma(T) \\
\hline
A_g \times B_{3g} = B_{3g} \\
A_g \times B_{2g} = B_{2g} \\
A_g \times B_{1g} = B_{1g} \\
\hdashline
B_{3u} \times B_{3g} = A_u \\
B_{2u} \times B_{2g} = A_u \\
B_{1u} \times B_{1g} = A_u
\end{array} \qquad (7.29)$$

Der ^3A_u-^1A_g-Übergang kann seine Intensität nach einem der sechs in

Gleichung 7.29 genannten Mechanismen stehlen, das heißt von einem der sechs Symmetrie-erlaubten Übergänge, die in Tabelle 7.2 aufgeführt sind. Die Polarisationsrichtung des Überganges ^3A_u-^1A_g hängt dabei davon ab, welcher Mechanismus überwiegt.
Die beiden bisher diskutierten Übergänge $^3A_2$-$^1A_1$ und ^3A_u-^1A_g sind infolge Spin-Bahn-Kopplung erlaubte Übergänge, während die entsprechenden Singulett-Singulett-Übergänge $^1A_2$-$^1A_1$ bzw. ^1A_u-^1A_g nach den vom elektrischen Dipolmoment bestimmten Auswahlregeln verboten sind.
Als Beispiel für einen Triplett-Singulett-Übergang, an dem ein entarteter Zustand beteiligt ist, betrachten wir einen $^3E'$-$^1A_1'$-Übergang bei einem Molekül der Punktgruppe $\mathbf{D_{3h}}$ (Charaktertafel in Tab. 4.33).
Die Gleichungen 7.27 nehmen hier die Form an:

$$\begin{array}{c} \Gamma(S) \times \Gamma(R) = \Gamma(T) \\ \hline A_1' \times E'' = E'' \\ A_1' \times A_2' = A_2' \\ \hdashline \left.\begin{array}{c} A_1'' \\ A_2'' \end{array}\right\} \times E'' = E' \\ E' \times A_2' = E' \end{array} \tag{7.30}$$

Der Übergang $^3E'$-$^1A_1'$ kann seine Intensität nach den Mechanismen in Gleichung 7.30 von einem der in Tabelle 7.3 aufgeführten Übergängen stehlen. Um festzustellen, welche dieser Übergänge erlaubt und welche

Tabelle 7.3

Übergang	*Polarisationsrichtung*
$^3E'' - {}^3E'$	Eine Komponente erlaubt (z-polarisiert), zwei Komponenten verboten
$^3A'_2 - {}^3E'$	xy-polarisiert
$^1A_1'' - {}^1A_1'$	verboten
$^1A_2'' - {}^1A_1'$	z-polarisiert
$^1E' - {}^1A_1'$	xy-polarisiert

verboten sind, kann man die in den Abschnitten 7.2.1 und 7.2.2 diskutierten Regeln benutzen.

Quartett-Dublett-, Quintett-Triplett- und andere Übergänge mit $\Delta S = \pm 1$ können in ähnlicher Weise wie Triplett-Singulett-Übergänge behandelt werden, da die Spin-Bahn-Wechselwirkung auch in diesen Fällen die Symmetriespezies einer Rotation besitzt. Dies gilt jedoch nicht mehr für Fälle mit $\Delta S > 1$; derartige Übergänge sind aber äußerst selten.

7.2.4 Übergänge zwischen Zuständen verschiedener Elektronenanregungs- und Schwingungsenergie

Für erlaubte Übergänge dieser Art, bei denen einer der beiden Elektronenzustände oder beide gleichzeitig eine Schwingungsanregung aufweisen, gilt Gleichung 7.6 in einer leicht abgeänderten Form, solange es sich um nicht-entartete Zustände handelt:

$$\begin{aligned} &\Gamma(\psi'_{ev}) \times \Gamma(T_x) \times \Gamma(\psi''_{ev}) = A \\ \text{und/oder}\quad &\Gamma(\psi'_{ev}) \times \Gamma(T_y) \times \Gamma(\psi''_{ev}) = A \\ \text{und/oder}\quad &\Gamma(\psi'_{ev}) \times \Gamma(T_z) \times \Gamma(\psi''_{ev}) = A \end{aligned} \tag{7.31}$$

Dabei sind die ψ_{ev} Wellenfunktionen, die den Elektronen- und den Schwingungszustand beschreiben. Aus diesen Gleichungen folgt

$$\Gamma(\psi'_{ev}) \times \Gamma(\psi''_{ev}) = \Gamma(T_x) \text{ und/oder } \Gamma(T_y) \text{ und/oder } \Gamma(T_z) \tag{7.32}$$

Dieses Ergebnis ist analog zu Gleichung 7.12. Wenn einer der beiden durch ψ'_{ev} und ψ''_{ev} beschriebenen Zustände oder beide entartet sind, gilt statt Gleichung 7.32 für einen erlaubten Übergang:

$$\Gamma(\psi'_{ev}) \times \Gamma(\psi''_{ev}) \supset \Gamma(T_x) \text{ und/oder } \Gamma(T_y) \text{ und/oder } \Gamma(T_z) \tag{7.33}$$

Wenn man davon ausgeht, daß die Born-Oppenheimer-Näherung (Abschnitt 1.2) gilt, dann kann man die Wellenfunktionen ψ_{ev} in ein Produkt aus zwei Funktionen zerlegen, die jede für sich nur den Elektronen- bzw. Schwingungszustand des Moleküls beschreiben:

$$\psi_{ev} = \psi_e \times \psi_v \tag{7.34.a}$$

daraus folgt, daß

$$\Gamma(\psi_{ev}) = \Gamma(\psi_e) \times \Gamma(\psi_v) \tag{7.34.b}$$

Es ist jedoch manchmal wichtig zu wissen, daß Gleichung 7.34.b auch dann gilt, wenn die Zerlegung von ψ_{ev} nach Gleichung 7.34.a nicht zulässig ist.

Damit geht Gleichung 7.32 für nicht-entartete Zustände über in

$$\Gamma(\psi'_e) \times \Gamma(\psi'_v) \times \Gamma(\psi''_e) \times \Gamma(\psi''_v) = \Gamma(T_x) \text{ und/oder } \Gamma(T_y) \text{ und/oder } \Gamma(T_z) \tag{7.35}$$

Wenn wir beispielsweise einen Elektronen-Schwingungs-Übergang bei einem zur Punktgruppe $\mathbf{D_{2h}}$ gehörenden Molekül betrachten, wobei $\Gamma(\psi'_e) = B_{1g}$, $\Gamma(\psi'_v) = A_u$, $\Gamma(\psi''_e) = B_{3g}$ und $\Gamma(\psi''_v) = A_g$, dann ergibt sich:

$$\Gamma(\psi'_e) \times \Gamma(\psi'_v) \times \Gamma(\psi''_e) \times \Gamma(\psi''_v) = \mathbf{B_{2u}} = \Gamma(T_y) \qquad (7.36)$$

woraus folgt, daß der Übergang erlaubt ist. Man beachte jedoch, daß der reine Elektronen-Übergang B_{1g}-B_{3g} verboten ist.
Für Übergänge, an denen entartete Zustände beteiligt sind, erhält man durch Anwendung der Born-Oppenheimer-Näherung auf Gleichung 7.33:

$$\Gamma(\psi'_e) \times \Gamma(\psi'_v) \times \Gamma(\psi''_e) \times \Gamma(\psi''_v) \supset \Gamma(T_x) \text{ und/oder } \Gamma(T_y) \text{ und/oder } \Gamma(T_z) \qquad (7.37)$$

Wenn beispielsweise bei einem Molekül der Punktgruppe $\mathbf{D_{6h}}$ gilt: $\Gamma(\psi'_e) = B_{2u}$, $\Gamma(\psi'_v) = E_{1g}$, $\Gamma(\psi''_e) = A_{1g}$ und $\Gamma(\psi''_v) = E_{2g}$, so erhält man:

$$\Gamma(\psi'_e) \times \Gamma(\psi'_v) \times \Gamma(\psi''_e) \times \Gamma(\psi''_v) = \mathbf{A_{1u}} + \mathbf{A_{2u}} + \mathbf{E_{2u}} \qquad (7.38)$$

Dieses Produkt enthält $\Gamma(T_z)$, nämlich A_{2u}, und daher ist der kombinierte Elektronen-Schwingungs-Übergang erlaubt, während der reine Elektronen-Übergang B_{2u}-A_{1g} auch in diesem Fall verboten ist.

7.2.5 Übergänge zwischen Schwingungszuständen

Damit reine Schwingungsübergänge zwischen nicht-entarteten Schwingungszuständen erlaubt sind, muß gelten:

$$\Gamma(\psi'_v) \times \Gamma(\psi''_v) = \Gamma(T_x) \text{ und/oder } \Gamma(T_y) \text{ und/oder } \Gamma(T_z) \qquad (7.39)$$

Diese Gleichung ist analog zu Gleichung 7.32. Wenn wir beispielsweise bei einem Molekül der Punktgruppe $\mathbf{C_{2v}}$ einen Übergang betrachten, der von einem tiefer liegenden Zustand, in dem das Molekül eine a_2-Grundschwingung[19] ausführt, zu einem höher liegenden Zustand führt, in dem das Molekül je eine b_1- und b_2-Grundschwingung ausführt (Kombinationsschwingung), so gilt: $\Gamma(\psi'_v) = b_1 \times b_2 = A_2$ und $\Gamma(\psi''_v) = A_2$. Daraus folgt $\Gamma(\psi'_v) \times \Gamma(\psi''_v) = A_1$ und damit ist der Übergang erlaubt und in Richtung der z-Achse polarisiert.

[19] Als Grundschwingung wird eine Schwingung der Schwingungsquantenzahl $v = 1$ bezeichnet. Ist $v > 1$, handelt es sich um Oberschwingungen, von denen die erste Oberschwingung ($v = 2$) am wichtigsten ist.

In Analogie zu Gleichung 7.33 erhält man für erlaubte Schwingungs-übergänge, an denen mindestens ein entarteter Zustand beteiligt ist:

$$\Gamma(\psi_v') \times \Gamma(\psi_v'') \supset \Gamma(T_x) \text{ und/oder } \Gamma(T_y) \text{ und/oder } \Gamma(T_z) \qquad (7.40)$$

Betrachten wir als Beispiel einen Übergang bei einem Molekül, das zur Punktgruppe C_{3v} gehört. Im energieärmeren Zustand soll das Molekül eine a_2-Grundschwingung und im energiereicheren eine 1. Oberschwingung der Symmetriespezies e ausführen. Da $\Gamma(\psi_v') = (e)^2 = A_1 + E$ und $\Gamma(\psi_v'') = A_2$, folgt $\Gamma(\psi'_v) \times \Gamma(\psi''_v) = A_2 + E$. Da dieser Ausdruck die Spezies E enthält, was die Symmetriespezies von T_x und T_y ist, ist der Übergang erlaubt.
Wenn wir hier die allgemeinen Auswahlregeln für Elektronen-Schwingungs-Übergänge in Form der Gleichungen 7.32 und 7.33 auf reine Schwingungs- und reine Elektronenübergänge anwenden, so bedeutet das weiter nichts, als daß bei reinen Schwingungsübergängen $\Gamma(\psi_e)$ vernachlässigt werden kann, ebenso wie $\Gamma(\psi_v)$ bei reinen Elektronenübergängen.

7.3 Atomare Auswahlregeln, die vom elektrischen Dipolmoment bestimmt werden

Die Auswahlregeln, die die Elektronenübergänge zwischen Singulett-Zuständen von Atomen beherrschen, werden gewöhnlich unter Verwendung der Bahndrehimpulsquantenzahl der Elektronen diskutiert. Für diese Quantenzahl benutzt man das Symbol l, wenn 1 Elektron beteiligt ist, und L, wenn mehrere Elektronen vorhanden sind. Für ein Atom oder Ion, das nur ein Elektron enthält, zum Beispiel H, He^+ und Li^{2+}, lautet die Auswahlregel für Elektronenübergänge:

$$\Delta l = \pm 1 \qquad (7.41)$$

Da l für s-, p-, d-, f- und g-Orbitale die Werte 0, 1, 2, 3 bzw. 4 besitzt, kann das Elektron beispielsweise von einem d-Orbital nur in ein p- oder f-Orbital übergehen. Die erlaubten Übergänge sind dann:

$$\begin{matrix} P - D \\ F - D \end{matrix} \qquad (7.42)$$

Bei Atomen, die wie Na nur ein äußeres Valenzelektron enthalten, dessen Bahndrehimpuls nicht besonders stark mit dem der übrigen Elektronen gekoppelt ist, lautet die Auswahlregel für Übergänge, an denen nur das Valenzelektron beteiligt ist, ebenfalls $\Delta l = \pm 1$.
Im allgemeinen sind jedoch bei Mehrelektronenatomen die Bahndrehimpulsvektoren aller Elektronen miteinander gekoppelt und die Auswahlregel lautet dann:

$$\Delta L = 0, \pm 1 \tag{7.43}$$

Verboten sind allerdings Übergänge zwischen Zuständen mit $L = 0$.
L ist die Gesamtbahndrehimpulsquantenzahl, die man als Summe der Magnetquantenzahlen aller Elektronen erhält. Als einschränkende Bedingung zu Gleichung 7.43 muß beachtet werden, daß für Fälle, bei denen nur *ein* Elektron von einem Orbital in ein anderes übergeht, nur $\Delta l = \pm 1$ erlaubt ist.
Genau wie bei Molekülen können die Auswahlregeln für Elektronenübergänge auch bei Atomen unter Verwendung der Symmetrieeigenschaften der Orbitale diskutiert werden, und eine derartige Behandlung ist in mancher Hinsicht befriedigender, da auf diese Weise die scheinbare Kluft zwischen Atomen, deren Auswahlregeln von Quantenzahlen bestimmt werden, und Molekülen, bei denen die Symmetrieeigenschaften der Orbitale entscheidend sind, vermieden wird. Grundlage der folgenden Erörterungen ist die Charaktertafel der Punktgruppe $\mathbf{K}_h$, der alle freien Atome angehören (vgl. Tab. 4.45).
Atomorbitale werden üblicherweise mit s, p, d, f, g, ... bezeichnet. Die korrekten Bezeichnungen entsprechend den Symmetriespezies der Punktgruppe $\mathbf{K}_h$ lauten jedoch s_g, p_u, d_g, f_u, g_g ..., wobei die Indices g und u das Verhalten des Orbitals gegenüber der Operation i angeben (g symmetrisch zu i, u unsymmetrisch; vgl. Abbildung 6.2 und 6.18).

$\mathbf{K}_h$ ist eine entartete Punktgruppe, und man kann die Auswahlregeln daher unter Verwendung von Gleichung 7.20 ableiten, vorausgesetzt daß die Regeln für die Multiplikation entarteter Symmetriespezies in dieser Punktgruppe bekannt sind. Die Multiplikation zweier Spezies, die bestimmten Werten von l oder L entsprechen, zum Beispiel L_1 und L_2 (oder l_1 und l_2) ergibt die neuen Spezies $L_1 + L_2$, $L_1 + L_2 - 1$, ... $|L_1 - L_2|$. Wenn beispielsweise $L_1 = 1$ (Symmetriespezies P_u) und $L_2 = 2$ (Spezies D_g), dann erhält man

$$P_u \times D_g = F_u + D_u + P_u \tag{7.44}$$

Bei dieser Gleichung wurde die Regel $g \times u = u$ berücksichtigt (vgl. Abschnitt 4.3.1). In ähnlicher Weise erhält man

$$F_u \times D_g = H_u + G_u + F_u + D_u + P_u \qquad (7.45)$$

Da $\Gamma(T_x, T_y, T_z) = P_u$, ist Gleichung 7.20 für die beiden Übergänge in Gleichung 7.42 erfüllt, und sie sind daher beide erlaubt. Die Promotion eines Elektrons von einem d-Orbital in ein anderes d-Orbital ist jedoch verboten, da das Produkt

$$D_g \times D_g = G_g + F_g + D_g + P_g + S_g \qquad (7.46)$$

nicht die Symmetriespezies einer Translation enthält. Auf diese Weise erhält man die Auswahlregel $\Delta l = \pm 1$ allein durch Symmetriebetrachtungen.

Bei Mehrelektronenatomen kann ΔL sowohl Null als auch ± 1 sein, da ein S-, P-, D-, F- oder G-Zustand hier sowohl die Symmetrie g oder u haben kann. Beispielsweise sind bei zwei Elektronen in zwei d_g-Orbitalen mit verschiedener Hauptquantenzahl n die folgenden Zustände möglich:

$$d_g \times d_g = G_g + F_g + D_g + P_g + S_g \qquad (7.47)$$

Ein Atom mit ebenfalls zwei Elektronen, jedoch einem in einem p_u-Orbital und einem in einem d_g-Orbital, kann die Zustände

$$p_u \times d_g = F_u + D_u + P_u \qquad (7.48)$$

annehmen.

Zwischen dem P_g-Zustand von Gleichung 7.47 und dem P_u-Zustand in Gleichung 7.48 gibt es nun einen erlaubten Übergang mit $\Delta L = 0$, da das Produkt

$$P_g \times P_u = D_u + P_u + S_u \qquad (7.49)$$

die Translationsspezies P_u enthält. In entsprechender Weise ist auch ein Übergang mit $\Delta L = 0$ zwischen dem D_g-Zustand in Gleichung 7.47 und dem D_u-Zustand in Gleichung 7.48 erlaubt, da

$$D_g \times D_u = G_u + F_u + D_u + P_u + S_u \qquad (7.50)$$

S-S-Übergänge sind jedoch stets verboten, da $S \times S = S$, was offensichtlich nicht P_u enthält.

Die zu Gleichung 7.43 gemachte Einschränkung, daß in Fällen, wo nur ein Elektron an einem Übergang beteiligt ist, $\Delta l = \pm 1$ gilt, folgt aus der g-u-Auswahlregel, wonach g-g- und u-u-Übergänge verboten

sind. Wenn sich nämlich beispielsweise eine Elektronenkonfiguration von $3p_u3d_g$ nach $3p_u4d_g$ ändert, dann sind alle von diesen beiden Konfigurationen ableitbaren Zustände u, da $g \times u = u$, und damit ist ein solcher Übergang verboten.
Zusammenfassend kann man sagen, daß die Auswahlregeln für Elektronenübergänge zwischen Singulett-Zuständen bei *allen* Atomen, ob sie nun ein oder mehrere Elektronen enthalten, durch die Gleichung

$$\Gamma(\psi_e') \times \Gamma(\psi_e'') \supset P_u \tag{7.51}$$

dargestellt werden können. Wenn diese Bedingung erfüllt ist und die g-u-Auswahlregel beachtet ist, ist ein Übergang erlaubt.

7.4 Auswahlregeln, die vom magnetischen Dipolmoment bestimmt werden

Im Abschnitt 7.2 wurde erwähnt, daß die Wechselwirkung von Atomen und Molekülen mit der elektrischen Komponente elektromagnetischer Strahlung größenordnungsmäßig 10^5 mal stärker ist als mit der magnetischen Komponente. Daher sind Übergänge, die vom magnetischen Dipolmoment bestimmt werden, sehr viel schwächer als solche, die vom elektrischen Dipolmoment abhängen. Man kennt jedoch einige solche Übergänge, zum Beispiel in den Spektren zweiatomiger Moleküle wie O_2 und N_2 sowie bei einem mehratomigen Molekül, nämlich Formaldehyd.
Die Komponenten m_x, m_y und m_z des magnetischen Dipolmomentes besitzen die Symmetriespezies der Rotationen R_x, R_y bzw. R_z, und ein Elektronenübergang zwischen nicht-entarteten Zuständen der gleichen Multiplizität ist erlaubt, wenn in Analogie zur Gleichung 7.12 gilt:

$$\Gamma(\psi_e') \times \Gamma(\psi_e'') = \Gamma(R_x)\ \text{und/oder}\ \Gamma(R_y)\ \text{und/oder}\ \Gamma(R_z) \tag{7.52}$$

Für Übergänge, an denen mindestens ein entarteter Zustand beteiligt ist, erhält man in Analogie zur Bedingung 7.20:

$$\Gamma(\psi_e') \times \Gamma(\psi_e'') \supset \Gamma(R_x)\ \text{und/oder}\ \Gamma(R_y)\ \text{und/oder}\ \Gamma(R_z) \tag{7.53}$$

Beim N_2-Molekül, das zur Punktgruppe $\mathbf{D}_{\infty h}$ gehört, ist beispielsweise der Übergang

$$^1\Pi_g - {}^1\Sigma_g^+ \tag{7.54}$$

erlaubt, da $\Gamma(\psi'_e) \times \Gamma(\psi''_e) = \Pi_g = \Gamma(R_{x,y})$. Ein derartiger Übergang ist in der Tat beobachtet worden.
Beim Formaldehydmolekül, das zur Punktgruppe C_{2v} gehört, ist der Übergang

$$^1A_2 - {}^1A_1 \tag{7.55}$$

erlaubt, da $\Gamma(\psi'_e) \times \Gamma(\psi''_e) = A_2 = \Gamma(R_z)$. Der im Abschnitt 6.6 erwähnte π^*-n-Übergang wurde experimentell als schwacher, aber erlaubter magnetischer Dipolübergang $^1A_2$-$^1A_1$ erkannt.

7.5 Auswahlregeln für den Schwingungs-Raman-Effekt

Die Raman-Spektroskopie unterscheidet sich grundsätzlich von der konventionellen Emissions- und Absorptionsspektroskopie, für die die in den Abschnitten 7.2 bis 7.4 erläuterten Auswahlregeln gelten. Wenn intensive monochromatische Strahlung auf eine aus Molekülen bestehende Probe fällt, dann unterscheidet man in dem von der Probe gestreuten Licht zwei Anteile: man spricht von *Rayleigh-Streuung*, wenn die gestreute Strahlung die gleiche Wellenzahl wie das einfallende Licht besitzt, während bei der *Raman-Streuung* die gestreute Strahlung entweder eine größere oder eine kleinere Wellenzahl als die einfallende Strahlung besitzt. Der Grund für die Änderung der Wellenzahl ist die Aufnahme oder Abgabe von Energie durch die streuenden Moleküle infolge eines gleichzeitig mit der Streuung erfolgenden Elektronen-, Schwingungs- oder Rotationsüberganges. Im folgenden werden wir uns jedoch nur mit den Schwingungsübergängen beschäftigen und den Schwingungs-Raman-Effekt dem allgemeinen Sprachgebrauch entsprechend einfach Raman-Effekt nennen.

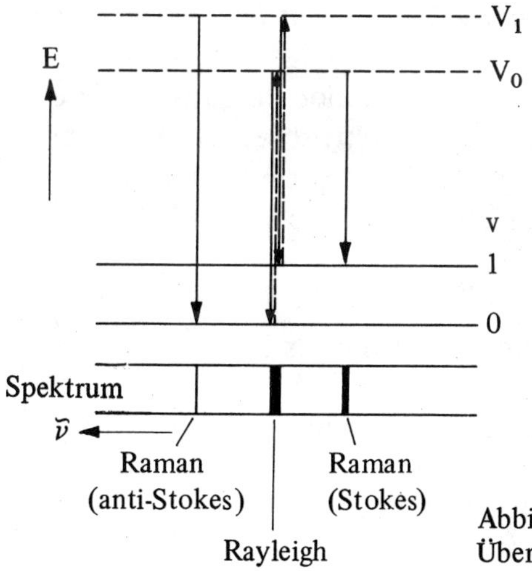

Abbildung 7.7
Übergänge beim Schwingungs-Raman-Effekt

In Abbildung 7.7 ist der Raman-Effekt an einem einfachen System, das nur zwei Schwingungsniveaus mit den Schwingungsquantenzahlen v = 0 und v = 1 aufweist, illustriert. Das Besetzungsverhältnis dieser beiden Niveaus ist durch den Boltzmann-Faktor exp $(-\Delta E/kT)$ gegeben, wobei ΔE die Energiedifferenz zwischen den beiden Niveaus v = 0 und v = 1 darstellt. Durch intensive Bestrahlung kann nun ein Teil der Moleküle zu Übergängen vom Zustand v = 0 in einen virtuellen Zustand V_0 veranlaßt werden. Dieser Zustand ist kein Eigenzustand des Moleküls, und daher geht das Molekül unter Strahlungsemission sofort entweder in den Zustand v = 0 (Rayleigh-Streuung) oder in den schwingungsangeregten Zustand v = 1 über (Raman-Streuung, Stokes-Linie). Moleküle, die sich anfangs im Zustand v = 1 befinden, können durch die Erregerstrahlung in einen virtuellen Zustand V_1 angeregt werden, von dem aus sie entweder auf das Niveau v = 1 zurückkehren (Rayleigh-Streuung) oder auf das Niveau v = 0 übergehen (Raman-Streuung, Anti-Stokes-Linie). Die Anti-Stokes-Linien des Raman-Spektrums, deren Strahlung energiereicher als die der Erregerstrahlung ist, sind wegen der geringeren Besetzung des Niveaus v = 1 schwächer als die Stokes-Linien.

Bisher sind wir davon ausgegangen, daß der Nettoübergang von v = 0 nach v = 1 und umgekehrt erlaubt ist. Ob er tatsächlich erlaubt ist oder nicht, hängt von den für das betreffende Molekül und den betreffenden Übergang gültigen Auswahlregeln ab. Die allgemeine Auswahlregel für den Schwingungs-Raman-Effekt besagt, *daß ein Übergang erlaubt ist, wenn die Übergangspolarisierbarkeit von Null verschieden ist.*

Bei einem Raman-Experiment induziert die monochromatische Erregerstrahlung durch das mit ihr verbundene elektrische Feld **E** in dem bestrahlten Molekül ein Dipolmoment **p**. **E** und **p** sind Vektorgrößen. Die Größe des induzierten Dipolmomentes ist durch die Vektorgleichung

$$\mathbf{p} = \alpha \mathbf{E} \tag{7.56}$$

gegeben, wobei α die Polarisierbarkeit des Moleküls darstellt. Bei einem Molekül mit anisotroper Polarisierbarkeit ist die Richtung des induzierten Dipolmonentes von der des angewandten elektrischen Feldes verschieden. Die Polarisierbarkeit ist daher ein Tensor, und Gleichung 7.56 kann man wie folgt schreiben:

$$\begin{bmatrix} p_x \\ p_y \\ p_z \end{bmatrix} = \begin{bmatrix} \alpha_{xx} & \alpha_{xy} & \alpha_{xz} \\ \alpha_{yx} & \alpha_{yy} & \alpha_{yz} \\ \alpha_{zx} & \alpha_{zy} & \alpha_{zz} \end{bmatrix} \begin{bmatrix} E_x \\ E_y \\ E_z \end{bmatrix} \tag{7.57}$$

Die Achsen x, y und z sind dabei entsprechend der im Kapitel 4 erläuterten Konvention definiert. Der Polarisierbarkeitstensor ist symmetrisch bezüglich der Hauptdiagonalen, das heißt $\alpha_{zx} = \alpha_{xz}$, $\alpha_{yx} = \alpha_{xy}$ und $\alpha_{zy} = \alpha_{yz}$.

Da das elektrische Feld oszilliert, gilt dies auch für das nach Gleichung 7.56 induzierte Dipolmoment. Wir betrachten daher im folgenden nur die zeitunabhängigen Anteile $\mathbf{E}^0$ und $\mathbf{p}^0$, die ebenfalls über die Polarisierbarkeit miteinander verbunden sind:

$$\mathbf{p}^0 = \alpha \mathbf{E}^0 \tag{7.58}$$

Die Intensität der Raman-Streustrahlung ist proportional dem Quadrat der Übergangspolarisierbarkeit $\mathbf{P}^0$, die folgendermaßen definiert ist:

$$\mathbf{P}^0 = \int \psi_v'^* \, \mathbf{p}^0 \psi_v'' \mathrm{d}\tau \tag{7.59}$$

Da Gleichung 7.57 ausmultipliziert folgendermaßen lautet

$$p_x = \alpha_{xx} E_x + \alpha_{xy} E_y + \alpha_{xz} E_z \tag{7.60}$$

$$p_y = \alpha_{xy} E_x + \alpha_{yy} E_y + \alpha_{yz} E_z \tag{7.61}$$

$$p_z = \alpha_{xz} E_x + \alpha_{yz} E_y + \alpha_{zz} E_z \tag{7.62}$$

erhält man durch Einsetzen von Gleichung 7.58 in Gleichung 7.59:

$$p_x^0 = E_x^0 \int \psi_v'^* \alpha_{xx} \psi_v'' \mathrm{d}\tau + E_y^0 \int \psi_v'^* \alpha_{xy} \psi_v'' \mathrm{d}\tau + E_z^0 \int \psi_v'^* \alpha_{xz} \psi_v'' \mathrm{d}\tau \tag{7.63}$$

$$p_y^0 = E_x^0 \int \psi_v'^* \alpha_{xy} \psi_v'' \mathrm{d}\tau + E_y^0 \int \psi_v'^* \alpha_{yy} \psi_v'' \mathrm{d}\tau + E_z^0 \int \psi_v'^* \alpha_{yz} \psi_v'' \mathrm{d}\tau \tag{7.64}$$

$$p_z^0 = E_x^0 \int \psi_v'^* \alpha_{xz} \psi_v'' \mathrm{d}\tau + E_y^0 \int \psi_v'^* \alpha_{yz} \psi_v'' \mathrm{d}\tau + E_z^0 \int \psi_v'^* \alpha_{zz} \psi_v'' \mathrm{d}\tau \tag{7.65}$$

Damit der Schwingungsübergang erlaubt ist, muß die Übergangspolarisierbarkeit $\mathbf{P}^0$ in Gleichung 7.59 von Null verschieden sein. Diese Forderung ist erfüllt, wenn *irgendeines* der 9 Integrale in den Gleichungen 7.63–65 von Null verschieden ist. Damit ein derartiges Integral von Null verschieden ist, muß bei Übergängen zwischen nicht-entarteten Schwingungsniveaus das Produkt der Symmetriespezies der Größen unter dem Integral die totalsymmetrische Spezies ergeben:

$$\Gamma(\psi_v') \times \Gamma(\alpha_{ij}) \times \Gamma(\psi_v'') = \mathrm{A} \tag{7.66}$$

Hierin können i und j gleich x, y oder z sein. Bei Übergängen zwischen Schwingungsniveaus, von denen mindestens eins entartet ist, gilt:

$$\Gamma(\psi_v') \times \Gamma(\alpha_{ij}) \times \Gamma(\psi_v'') \supset \mathrm{A} \tag{7.67}$$

Wenn das tiefer liegende Schwingungsniveau das Nullpunktsniveau (v = 0) ist, was meistens der Fall ist, heißt die Auswahlregel für erlaubte Raman-Übergänge:

$$\Gamma(\psi_v') = \Gamma(\alpha_{ij}) \tag{7.68}$$

Hierin ist α_{ij} eine der sechs Polarisierbarkeitskomponenten. Wie wir später sehen werden, kommt es bei entarteten Punktgruppen vor, daß die Symmetriespezies nicht einer der Komponenten α_{ij}, wie sie in Gleichung 7.57 enthalten sind, zugeordnet werden darf, sondern nur bestimmten Linearkombinationen von ihnen.
Die Symmetriespezies der Polarisierbarkeitskomponenten sind in den Charaktertafeln der Punktgruppen angegeben (Tab. 4.1–45). Wir wollen uns nun damit beschäftigen, wie diese Spezies in nicht-entarteten und entarteten Punktgruppen ermittelt werden.

7.5.1 Nicht-entartete Punktgruppen

Wenn der elektrische Feldvektor der Erregerstrahlung parallel zur z-Achse oszilliert, gilt $E_x = E_y = 0$ und $E_z \neq 0$. Die Gleichungen 7.60–62 lauten dann:

$$p_x = \alpha_{xz} E_z \tag{7.69}$$

$$p_y = \alpha_{yz} E_z \tag{7.70}$$

$$p_z = \alpha_{zz} E_z \tag{7.71}$$

Da $\Gamma(p_x) = \Gamma(T_x)$, $\Gamma(p_y) = \Gamma(T_y)$, $\Gamma(p_z) = \Gamma(T_z)$ und $\Gamma(E_z) = \Gamma(T_z)$ folgt:

$$\Gamma(\alpha_{xz}) = \Gamma(T_x) \times \Gamma(T_z) \tag{7.72}$$

$$\Gamma(\alpha_{yz}) = \Gamma(T_y) \times \Gamma(T_z) \tag{7.73}$$

$$\Gamma(\alpha_{zz}) = \Gamma(T_z) \times \Gamma(T_z) \tag{7.74}$$

In ähnlicher Weise ergibt ein Feld in Richtung der x- bzw. y-Achse die Beziehungen:

$$\Gamma(\alpha_{xx}) = \Gamma(T_x) \times \Gamma(T_x) \tag{7.75}$$

$$\Gamma(\alpha_{yy}) = \Gamma(T_y) \times \Gamma(T_y) \tag{7.76}$$

$$\Gamma(\alpha_{xy}) = \Gamma(T_x) \times \Gamma(T_y) \tag{7.77}$$

Allgemein gilt daher:

$$\Gamma(\alpha_{ij}) = \Gamma(T_i) \times \Gamma(T_j) \tag{7.78}$$

Gleichung 7.78 zeigt, daß man die Raman-Streuung als eine Aufeinanderfolge zweier Übergänge betrachten kann, die aufgrund des elektrischen Dipolmomentes erlaubt sind; der erste Übergang führt vom Ausgangszustand zum virtuellen Zustand und der zweite vom virtuellen zum Endzustand. Daher sind die Auswahlregeln die gleichen wie für zwei aufeinanderfolgende elektrische Dipolübergänge.
Aus den Gleichungen 7.74–76 geht hervor, daß $\Gamma(\alpha_{xx})$, $\Gamma(\alpha_{yy})$ und $\Gamma(\alpha_{zz})$ jeweils die totalsymmetrische Spezies darstellen ($\alpha_{xx} \equiv \alpha_{x^2}$, $\alpha_{yy} \equiv \alpha_{y^2}$, $\alpha_{zz} \equiv \alpha_{z^2}$).
Als Beispiele für die Anwendung der Gleichung 7.78 betrachten wir die Punktgruppen $\mathbf{C}_{2v}$ und $\mathbf{C}_{2h}$. In der Punktgruppe $\mathbf{C}_{2v}$ erhält man:

$$\Gamma(\alpha_{xz}) = B_1 \times A_1 = B_1 \qquad (7.79)$$

$$\Gamma(\alpha_{yz}) = B_2 \times A_1 = B_2 \qquad (7.80)$$

$$\Gamma(\alpha_{zz}) = A_1 \times A_1 = A_1 \qquad (7.81)$$

$$\Gamma(\alpha_{xx}) = B_1 \times B_1 = A_1 \qquad (7.82)$$

$$\Gamma(\alpha_{yy}) = B_2 \times B_2 = A_1 \qquad (7.83)$$

$$\Gamma(\alpha_{xy}) = B_1 \times B_2 = A_2 \qquad (7.84)$$

Die Symmetriespezies der α_{ij} sind in der Charaktertafel dieser Punktgruppe in Tabelle 4.11 in der letzten Spalte eingetragen. Aus dieser Tabelle geht hervor, daß bei $\mathbf{C}_{2v}$-Molekülen wie O_3, SO_2 oder SO_2Cl_2 alle 3n-6 Normalschwingungen Raman-aktiv sind, da es in jeder Klasse mindestens eine Komponente des Polarisierbarkeitstensors gibt. Wenn man bei einem Raman-Experiment polarisierte Erregerstrahlung verwendet, geben Schwingungen der totalsymmetrischen Spezies bei allen Punktgruppen eine polarisierte Raman-Strahlung, während alle nichttotalsymmetrischen Schwingungen eine mehr oder weniger depolarisierte Raman-Streustrahlung liefern.
Für die Punktgruppe $\mathbf{C}_{2h}$ folgt aus Gleichung 7.78:

$$\Gamma(\alpha_{xz}) = B_u \times A_u = B_g \qquad (7.85)$$

$$\Gamma(\alpha_{yz}) = B_u \times A_u = B_g \qquad (7.86)$$

$$\Gamma(\alpha_{zz}) = A_u \times A_u = A_g \qquad (7.87)$$

$$\Gamma(\alpha_{xx}) = B_u \times B_u = A_g \qquad (7.88)$$

$$\Gamma(\alpha_{yy}) = B_u \times B_u = A_g \tag{7.89}$$

$$\Gamma(\alpha_{xy}) = B_u \times B_u = A_g \tag{7.90}$$

In dieser Punktgruppe sind, wie man sieht, alle Raman-aktiven Grundschwingungen g-Schwingungen, während alle IR-aktiven Schwingungen u-Schwingungen sind. Dies ist eine allgemeine Regel für Punktgruppen, die ein Inversionszentrum enthalten (*Alternativverbot*). Diese Regel ist bei nicht-entarteten Punktgruppen einleuchtend, da alle Translations-Symmetriespezies u-Spezies sind und $u \times u = g$. Bei einem Molekül, das wie zum Beispiel *trans*-P_2Cl_4 zur Punktgruppe $\mathbf{C_{2h}}$ gehört, kann man daher die Wellenzahlen der 3n-6 Normalschwingungen nur durch Messung sowohl des Infrarot- als auch des Raman-Spektrums ermitteln.

Für Übergänge, an denen ein schwingungsangeregter tiefer liegender Zustand beteiligt ist, kann man die Auswahlregeln aus Gleichung 7.66 ableiten, aus der sich ergibt:

$$\Gamma(\psi_v') \times \Gamma(\psi_v'') = \Gamma(\alpha_{ij}) \tag{7.91}$$

Beispielsweise ist beim Äthylen, das zur Punktgruppe $\mathbf{D_{2h}}$ gehört, ein Übergang zwischen zwei Schwingungszuständen B_{1u} und B_{2u} nach den Auswahlregeln für den Raman-Effekt erlaubt, da $B_{2u} \times B_{1u} = B_{3g} = \Gamma(\alpha_{yz})$, wovon man sich an Hand der Charaktertafel in Tabelle 4.32 leicht überzeugen kann.

7.5.2 Entartete Punktgruppen

Betrachten wir zunächst entartete Punktgruppen mit einer ausgezeichneten Achse (z-Achse); das sind von denjenigen entarteten Punktgruppen, deren Charaktertafeln in den Tabellen 4.1–45 angegeben sind, alle mit Ausnahme von $\mathbf{T}$, $\mathbf{T_d}$, $\mathbf{O}$, $\mathbf{O_h}$ und $\mathbf{K_h}$. Wenn das elektrische Feld in Richtung der z-Achse wirkt, das heißt wenn $E_x = E_y = 0$ und $E_z \neq 0$, dann gelten die Gleichungen 7.69–71 und damit auch die Gleichungen 7.72–74, und $\Gamma(\alpha_{xz})$, $\Gamma(\alpha_{yz})$ und $\Gamma(\alpha_{zz})$ sind einfach zu erhalten. Da jedoch die Achsen x und y ununterscheidbar sind, gilt bei $E_z = 0$ zwangsläufig $E_x \neq 0$ und $E_y \neq 0$. In diesem Fall erhält man aus den Gleichungen 7.60–61:

$$p_x = \alpha_{xx} E_x + \alpha_{xy} E_y \tag{7.92}$$

$$p_y = \alpha_{xy} E_x + \alpha_{yy} E_y \tag{7.93}$$

Betrachten wir nun den Einfluß einer Drehung um $2\pi/n$ um die z-Achse, die eine C_n-Drehachse sei. Das Resultat ist:

$$p_x \xrightarrow{C_n} p'_x = \alpha'_{xx}E'_x + \alpha'_{xy}E'_y \quad (7.94)$$

$$p_y \xrightarrow{C_n} p'_y = \alpha'_{xy}E'_x + \alpha'_{yy}E'_y \quad (7.95)$$

In Analogie zum Verhalten einer entarteten Normalkoordinate gegenüber der Operation C_n (vgl. Gleichung 4.12) gilt:

$$E_x \xrightarrow{C_n} E'_x = E_x\cos(2\pi/n) + E_y\sin(2\pi/n) \quad (7.96)$$

$$E_y \xrightarrow{C_n} E'_y = -E_x\sin(2\pi/n) + E_y\cos(2\pi/n) \quad (7.97)$$

(Verglichen mit Gleichung 4.12 ist hier $l = 1$, da E_x und E_y stets die Symmetriespezies von Translationen besitzen, und für diese gilt $l = 1$.) Ähnlich erhält man

$$p_x \xrightarrow{C_n} p'_x = p_x\cos(2\pi/n) + p_y\sin(2\pi/n) \quad (7.98)$$

$$p_y \xrightarrow{C_n} p'_y = -p_x\sin(2\pi/n) + p_y\cos(2\pi/n) \quad (7.99)$$

Aus den Gleichungen 7.94, 7.92, 7.96 und 7.97 folgt nun:

$$(\alpha_{xx}E_x + \alpha_{xy}E_y)\cos(2\pi/n) + (\alpha_{xy}E_x + \alpha_{yy}E_y)\sin(2\pi/n)$$
$$= \alpha'_{xx}(E_x\cos(2\pi/n) + E_y\sin(2\pi/n)) + \alpha'_{xy}(-E_x\sin(2\pi/n) + E_y\cos(2\pi/n)) \quad (7.100)$$

Gleichsetzen der Koeffizienten von E_x und von E_y ergibt:

$$\alpha_{xx}\cos(2\pi/n) + \alpha_{xy}\sin(2\pi/n) = \alpha'_{xx}\cos(2\pi/n) - \alpha'_{xy}\sin(2\pi/n) \quad (7.101)$$

$$\alpha_{xy}\cos(2\pi/n) + \alpha_{yy}\sin(2\pi/n) = \alpha'_{xx}\sin(2\pi/n) + \alpha'_{xy}\cos(2\pi/n) \quad (7.102)$$

Aus den Gleichungen 7.99, 7.95, 7.92, 7.93, 7.96 und 7.97 erhält man:

$$-(\alpha_{xx}E_x + \alpha_{xy}E_y)\sin(2\pi/n) + (\alpha_{xy}E_x + \alpha_{yy}E_y)\cos(2\pi/n)$$
$$= \alpha'_{xy}(E_x\cos(2\pi/n) + E_y\sin(2\pi/n)) + \alpha'_{yy}(-E_x\sin(2\pi/n) + E_y\cos(2\pi/n)) \quad (7.103)$$

Gleichsetzen der Koeffizienten von E_x und von E_y ergibt:

$$-\alpha_{xx}\sin(2\pi/n) + \alpha_{xy}\cos(2\pi/n) = \alpha'_{xy}\cos(2\pi/n) - \alpha'_{yy}\sin(2\pi/n) \quad (7.104)$$

$$-\alpha_{xy}\sin(2\pi/n) + \alpha_{yy}\cos(2\pi/n) = \alpha'_{xy}\sin(2\pi/n) + \alpha'_{yy}\cos(2\pi/n) \quad (7.105)$$

Aus den Gleichungen 7.101 und 7.102 erhält man

$$\alpha'_{xx} = \alpha_{xx}\cos^2(2\pi/n) + 2\alpha_{xy}\sin(2\pi/n)\cos(2\pi/n) + \alpha_{yy}\sin^2(2\pi/n) \quad (7.106)$$

und aus 7.104 und 7.105 ergibt sich:

$$\alpha'_{yy} = \alpha_{xx}\sin^2(2\pi/n) - 2\alpha_{xy}\sin(2\pi/n)\cos(2\pi/n) + \alpha_{yy}\cos^2(2\pi/n) \quad (7.107)$$

Aus 7.101 und 7.102 kann man außerdem folgende Beziehung ableiten:

$$2\alpha'_{xy} = -(\alpha_{xx} - \alpha_{yy})\sin(4\pi/n) + 2\alpha_{xy}\cos(4\pi/n) \quad (7.108)$$

Aus den Gleichungen 7.106 und 7.107 folgt, daß

$$\alpha'_{xx} + \alpha'_{yy} = \alpha_{xx} + \alpha_{yy} \quad (7.109)$$

und

$$\alpha'_{xx} - \alpha'_{yy} = (\alpha_{xx} - \alpha_{yy})\cos(4\pi/n) + 2\alpha_{xy}\sin(4\pi/n) \quad (7.110)$$

Aus Gleichung 7.109 geht hervor, daß die Kombination $\alpha_{xx} + \alpha_{yy}$ symmetrisch bezüglich der Operation C_n ist, obwohl weder α_{xx} noch α_{yy} bezüglich C_n in einfacher Weise transformieren. Man kann zeigen, daß $\alpha_{xx} + \alpha_{yy}$ auch gegenüber allen anderen Operationen symmetrisch ist. Durch Vergleich der Gleichungen 7.110 und 7.108 mit 7.96 und 7.97 sieht man, daß $2\alpha_{xy}$ und $\alpha_{xx} - \alpha_{yy}$ ein entartetes Paar bilden; da jedoch in den Gleichungen 7.110 und 7.108 l gleich 2 ist, transformieren $2\alpha_{xy}$ und $\alpha_{xx} - \alpha_{yy}$ wie eine E_2-Spezies. In einigen entarteten Punktgruppen gibt es nun aber keine E_2-Spezies. In Punktgruppen mit einer C_3-Achse ist die Spezies E_2 identisch mit E. Bei Punktgruppen mit einer C_4-Achse gilt $4\pi/n = 4$, und aus den Gleichungen 7.108 und 7.110 wird:

$$\alpha'_{xy} = -\alpha_{xy} \quad (7.111)$$

$$\alpha'_{xx} - \alpha'_{yy} = -(\alpha_{xx} - \alpha_{yy}) \quad (7.112)$$

Daraus ergibt sich, daß α_{xy} und $\alpha_{xx} - \alpha_{yy}$ die Spezies B_2 bzw. B_1 besitzen, jedoch nur in solchen Punktgruppen, die diese Spezies enthalten und eine C_4-Achse besitzen. In den Punktgruppen $\mathbf{D}_4$, $\mathbf{C}_{4v}$ und $\mathbf{D}_{2d}$ gilt daher $\Gamma(\alpha_{xy}) = B_2$ und $\Gamma(\alpha_{xx} - \alpha_{yy}) = B_1$, während in den Punktgruppen $\mathbf{C}_4$ und $\mathbf{S}_4$ nur B als Spezies auftritt, so daß $\Gamma(\alpha_{xy}) = \Gamma(\alpha_{xx} - a_{yy}) = B$. Wenn ein Inversionszentrum vorhanden ist, dann sind die fraglichen Spezies stets g-Spezies, zum Beispiel in der Punktgruppe $\mathbf{C}_{4h}$ $\Gamma(\alpha_{xy}) = \Gamma(\alpha_{xx} - \alpha_{yy}) = B_g$ und in der Punktgruppe $\mathbf{D}_{4h}$ $\Gamma(\alpha_{xy}) = B_{2g}$ und $\Gamma(\alpha_{xx} - \alpha_{yy}) = B_{1g}$.

In den Punktgruppen **T**, $\mathbf{T_d}$, **O**, $\mathbf{O_h}$ und $\mathbf{K_h}$, die keine besonders ausgezeichnete Achse aufweisen, sind es die Transformationseigenschaften von $\alpha_{xy}, \alpha_{xz}, \alpha_{yz}, \alpha_{xx} + \alpha_{yy} + \alpha_{zz}, 2\alpha_{zz} - \alpha_{xx} - \alpha_{yy}$ und $\alpha_{xx} - \alpha_{yy}$, die den Symmetriespezies zugeordnet werden können.

Als Beispiel für die Anwendung der Auswahlregeln für den Raman-Effekt auf ein Molekül, das zu einer entarteten Punktgruppe gehört, betrachten wir das Molekül SF_6, das zur Punktgruppe $\mathbf{O_h}$ gehört. Aus der Charaktertafel in Tabelle 4.43 kann man entnehmen, daß die Normalschwingungen der Spezies a_{1g}, e_g und f_{2g} Raman-aktiv sind, während nur die Schwingungen der Klasse f_{1u} IR-aktiv sind[20]. In dieser Punktgruppe gibt es also Normalschwingungen, die weder Infrarot- noch Raman-aktiv sind und die daher allenfalls in Form von Kombinations- oder Oberschwingungen beobachtet werden können. Beispielsweise besitzt SF_6 eine inaktive Deformationsschwingung der Klasse f_{2u}, deren 1. Oberschwingung jedoch Raman-aktiv ist, da in dieser Punktgruppe gilt: $(f_{2u})^2 = A_{1g} + E_g + F_{2g}$ (vgl. Tab. 4.53).

Wenn an einem Schwingungsübergang ein schwingungsangeregter tiefer liegender Zustand beteiligt ist, gilt nach Gleichung 7.67:

$$\Gamma(\psi'_v) \times \Gamma(\psi''_v) \supset \Gamma(\alpha_{ij}) \qquad (7.113)$$

Wenn zum Beispiel beim Cyclopentadienylanion, das zur Punktgruppe $\mathbf{D_{5h}}$ gehört, ein Schwingungsübergang zwischen einem energieärmeren e'_1-Zustand und einem energiereicheren e'_2-Zustand betrachtet wird, dann gilt nach Tabelle 4.52:

$$\Gamma(\psi'_v) \times \Gamma(\psi''_v) = e'_2 \times e'_1 = E'_1 + E'_2 \qquad (7.114)$$

Da $\Gamma(\alpha_{xx} - \alpha_{yy}) = \Gamma(\alpha_{xy}) = E'_2$, ist dieser Übergang nach den Auswahlregeln des Raman-Effektes erlaubt.

7.6 Zahl der Normalschwingungen in den einzelnen Symmetrieklassen

Im Abschnitt 1.3 wurde gezeigt, daß ein lineares Molekül $3n$-5 und ein nicht-lineares $3n$-6 Normalschwingungen besitzt, wenn n die Zahl der

[20] Wir verwenden hier die in der Schwingungsspektroskopie üblichen Symbolbuchstaben f und F statt t und T für dreifach entartete Symmetriespezies. Anstelle von „Spezies" spricht man in diesem Zusammenhang meistens von einer „Klasse".

Atome ist. Mit einer Reihe relativ einfacher Regeln kann man die Zahl der Normalschwingungen in jeder Klasse der Punktgruppe, zu der ein bestimmtes Molekül gehört, ermitteln. Diese Regeln machen vom Begriff eines *Satzes äquivalenter Kerne* Gebrauch: wenn Atomkerne durch irgendeine Symmetrieoperation der Punktgruppe ineinander überführt werden können, bilden sie einen Satz äquivalenter Kerne. Beispielsweise kann die Punktgruppe $\mathbf{C}_{2v}$, wie in Abbildung 7.8 gezeigt ist, folgende vier Sätze von äquivalenten Kernen enthalten:

(a) Kerne bzw. Atome, die wie die mit „1" bezeichneten, auf keinem der Symmetrieelemente (C_2, σ_v (xz), σ_v (yz)) liegen. In diesem Fall muß ein Satz von 4 derartigen äquivalenten Kernen vorhanden sein, um die Symmetrie des Moleküls bezüglich aller Symmetrieelemente zu garantieren.

(b) Kerne, die wie die mit „2" markierten, nur auf der Spiegelebene σ_v (xz) liegen. In diesem Fall besteht der Satz notwendigerweise aus *zwei* Kernen.

(c) Wenn ein Kern, wie die mit „3" bezeichneten, nur auf der σ_v (yz)-Spiegelebene liegt, muß er ebenfalls ein Kern aus einem Satz von insgesamt *zwei* Kernen sein.

(d) Wenn ein Kern, wie der Kern „4" in Abbildung 7.8, auf allen Symmetrieelementen liegt, was in dieser Punktgruppe der Fall ist, wenn er sich auf der C_2-Achse befindet, dann bildet er allein einen Satz.

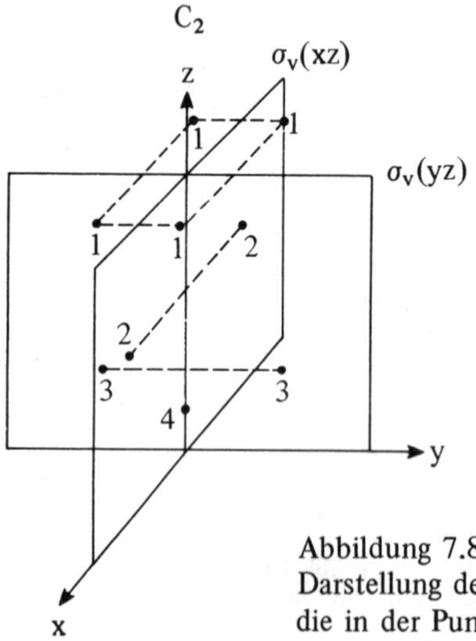

Abbildung 7.8
Darstellung der vier Sätze äquivalenter Kerne (Atome), die in der Punktgruppe $\mathbf{C}_{2v}$ möglich sind.

7.6.1 Nicht-entartete Schwingungen

Im Falle einer nicht-entarteten Schwingung bewegen sich alle Kerne eines Satzes in genau der gleichen Weise. Da jeder Kern 3 Freiheitsgrade besitzt, tragen die Kerne eines Satzes maximal 3 Freiheitsgrade zu jeder nicht-entarteten Symmetriespezies bei. Dieses Maximum wird aber nur erreicht, wenn die Kerne nicht auf einem Symmetrieelement liegen. Sind m Sätze äquivalenter Kerne dieser Art vorhanden, so führen sie folglich zu $3m$ Freiheitsgraden in jeder Klasse. Wenn Kerne jedoch auf einem oder mehreren Symmetrieelementen liegen, ist ihr Beitrag nur $2 \times m$, $1 \times m$ oder $0 \times m$, je nachdem um welches Symmetrieelement und um welche Klasse es sich handelt. Auf diese Weise kann man schließlich die Gesamtzahl der Freiheitsgrade für jede Klasse ermitteln, und durch Subtraktion der Rotations- und Translationsfreiheitsgrade, deren Zuordnung zu den Symmetriespezies im Abschnitt 4.4 behandelt wurde, erhält man die Zahl der Normalschwingungen in jeder Klasse.

Als Beispiel betrachten wir die Punktgruppe C_{2v}, deren vier verschiedene Sätze von Kernen in folgender Weise zu den Freiheitsgraden in den einzelnen Klassen beitragen:

(a) *Kerne des Typs „1":*
Jeder Satz dieses Typs trägt 3 Freiheitsgrade zu jeder Symmetriespezies bei, bei m Sätzen erhält man also $3m$ Freiheitsgrade in jeder Klasse (vgl. Tab. 7.4).

(b) *Kerne des Typs „2":*
Wenn die Bewegungen der Kerne dieses Typs zur Klasse a_1 gehören sollen, müssen sie symmetrisch zu allen Symmetrieelementen sein und können daher nur in der xz-Ebene erfolgen. Jeder Satz trägt daher zwei Freiheitsgrade zur Klasse a_1 bei.
Wenn die Bewegungen zur Klasse a_2 gehören sollen, müssen sie asymmetrisch bezüglich einer Spiegelung an beiden σ_v-Ebenen sein, das heißt die beiden Kerne müssen sich senkrecht zur xz-Ebene in entgegengesetzte Richtungen bewegen. Sie tragen daher nur einen Freiheitsgrad zur Klasse a_2 bei.
In ähnlicher Weise erhält man 2 Freiheitsgrade für die Klasse b_1 und einen Freiheitsgrad für b_2.
Die Zahl der Kerne dieses Satzes wird mit m_{xz} bezeichnet und ihre Beiträge zu den einzelnen Klassen gehen aus Tabelle 7.4 hervor.

Tabelle 7.4: Zahl der Normalschwingungen in den einzelnen Klassen der Punktgruppe $\mathbf{C}_{2zv}$

Klasse	*Freiheitsgrade von jedem Satz von Kernen*				*Trans-lations-freiheits-grade*	*Rota-tions-freiheits-grade*	*Zahl der Normal-schwingungen*
	Auf keinem Symmetrie-element	*Auf* σ_v *(xz)*	*Auf* σ_v *(yz)*	*Auf allen Symmetrie-elementen*			
a_1	$3m$	$2m_{xz}$	$2m_{yz}$	$1m_0$	1	0	$3m + 2m_{xz} + 2m_{yz} + m_0 - 1$
a_2	$3m$	$1m_{xz}$	$1m_{yz}$	0	0	1	$3m + m_{xz} + m_{yz} - 1$
b_1	$3m$	$2m_{xz}$	$1m_{yz}$	$1m_0$	1	1	$3m + 2m_{xz} + m_{yz} + m_0 - 2$
b_2	$3m$	$1m_{xz}$	$2m_{yz}$	$1m_0$	1	1	$3m + m_{xz} + 2m_{yz} + m_0 - 2$

(c) *Kerne des Typs „3":*
Die Bewegungen der Kerne der einzelnen Sätze dieses Typs sind analog denen des Typs 2 und ihre Beiträge zu den Symmetrieklassen gehen aus Tabelle 7.4 hervor, wobei die Anzahl dieser Kerne mit m_{yz} bezeichnet wurde.

(d) *Kerne des Typs „4":*
Jeder Satz dieses Typs enthält notwendigerweise nur einen Kern. Wenn dessen Bewegung zu allen Symmetrieoperationen symmetrisch sein und damit zur Klasse a_1 gehören soll, kann sie nur entlang der C_2-Achse erfolgen, woraus ein Freiheitsgrad resultiert. Eine Bewegung asymmetrisch zu beiden Spiegelebenen ist nicht möglich, so daß kein Freiheitsgrad zur Klasse a_2 beigesteuert wird. Soll die Bewegung asymmetrisch zu einer der Spiegelebenen sein, so muß sie senkrecht zu der betreffenden Ebene erfolgen, woraus je ein Freiheitsgrad für die Klassen b_1 und b_2 folgt. Die Zahl der Sätze dieses Typs ist in Tabelle 7.4 mit m_0 bezeichnet.

In Tabelle 7.5 sind für alle nicht-entarteten Punktgruppen Formeln zur Bestimmung der Zahl der Normalschwingungen in den einzelnen Symmetriespezies oder Klassen angegeben. Beispielsweise erhält man für Naphthalin ($\mathbf{D_{2h}}$) mit der in Abbildung 4.4 verwendeten Achsenbezeichnung $m_{yz} = 4$ und $m_{2z} = 1$, während alle anderen m Null sind. Daraus folgt, daß sich die 48 Normalschwingungen wie folgt auf die 8 Klassen verteilen: $9a_g$, $4a_u$, $3b_{1g}$, $8b_{1u}$, $4b_{2g}$, $8b_{2u}$, $8b_{3g}$, $4b_{3u}$.

Übung:
Man ermittle die Verteilung der 3n-6 Normalschwingungen auf die Symmetrieklassen

(a) für das pseudo-tetraedrische Molekül $SiCl_2F_2$ und

(b) für das pyramidale Molekül $SOCl_2$.

7.6.2 Entartete Schwingungen

Bei einem Molekül, das zu einer entarteten Punktgruppe gehört, kann man die nicht-entarteten Schwingungen der verschiedenen Sätze äquivalenter Kerne in der gleichen Weise wie im Abschnitt 7.6.1 behandeln. In der Punktgruppe $\mathbf{C_{3v}}$ gibt es beispielsweise drei Typen von Sätzen äquivalenter Kerne. Diese sind in Abbildung 7.9 dargestellt, und zwar in einer Projektion parallel zur $\mathbf{C_3}$-Achse.

Tabelle 7.5: Zahl der Schwingungen in den einzelnen Klassen der nicht-entarteten Punktgruppen

Punkt-gruppe	*Klasse*	*Zahl der Normalschwingungen*[1]
C_2	a	$3m + m_0 - 2$
	b	$3m + 2m_0 - 4$
C_s	a′	$3m + 2m_0 - 3$
	a″	$3m + m_0 - 3$
C_i	a_g	$3m - 3$
	a_u	$3m + 3m_0 - 3$
C_{2v}	a_1	$3m + 2m_{xz} + 2m_{yz} + m_0 - 1$
	a_2	$3m + m_{xz} + m_{yz} - 1$
	b_1	$3m + 2m_{xz} + m_{yz} + m_0 - 2$
	b_2	$3m + m_{xz} + 2m_{yz} + m_0 - 2$
C_{2h}	a_g	$3m + 2m_h + m_2 - 1$
	a_u	$3m + m_h + m_2 + m_0 - 1$
	b_g	$3m + m_h + 2m_2 - 2$
	b_u	$3m + 2m_h + 2m_2 + 2m_0 - 2$
D_2	a	$3m + m_{2x} + m_{2y} + m_{2z}$
	b_1	$3m + 2m_{2x} + 2m_{2y} + m_{2z} + m_0 - 2$
	b_2	$3m + 2m_{2x} + m_{2y} + 2m_{2z} + m_0 - 2$
	b_3	$3m + m_{2x} + 2m_{2y} + 2m_{2z} + m_0 - 2$
D_{2h}	a_g	$3m + 2m_{xy} + 2m_{xz} + 2m_{yz} + m_{2x} + m_{2y} + m_{2z}$
	a_u	$3m + m_{xy} + m_{xz} + m_{yz}$
	b_{1g}	$3m + 2m_{xy} + m_{xz} + m_{yz} + m_{2x} + m_{2y} - 1$
	b_{1u}	$3m + m_{xy} + 2m_{xz} + 2m_{yz} + m_{2x} + m_{2y} + m_{2z} + m_0 - 1$
	b_{2g}	$3m + m_{xy} + 2m_{xz} + m_{yz} + m_{2x} + m_{2z} - 1$
	b_{2u}	$3m + 2m_{xy} + m_{xz} + 2m_{yz} + m_{2x} + m_{2y} + m_{2z} + m_0 - 1$
	b_{3g}	$3m + m_{xy} + m_{xz} + 2m_{yz} + m_{2y} + m_{2z} - 1$
	b_{3u}	$3m + 2m_{xy} + 2m_{xz} + m_{yz} + m_{2x} + m_{2y} + m_{2z} + m_0 - 1$

[1] m ist die Zahl der Sätze äquivalenter Kerne, die auf keinem Symmetrieelement liegen; m_{xy}, m_{xz} und m_{yz} sind die Zahl der Sätze von Kernen, die in den Ebenen xy, xz bzw. yz aber auf keiner Achse, die durch diese Ebenen geht, liegen; m_2 ist die Zahl der Sätze von Kernen, die auf einer C_2-Achse aber nicht am Kreuzungspunkt mit irgendeinem anderen Symmetrieelement liegen; m_{2x}, m_{2y} und m_{2z} sind die Zahl der Sätze, die auf den Achsen x, y bzw. z liegen (aber nicht auf allen gleichzeitig), wobei diese Achsen keine C_2-Achsen sein dürfen; m_h ist die Zahl von Sätzen, die auf einer σ_h liegen, jedoch nicht auf der Achse senkrecht zu σ_h; m_0 ist die Zahl der Sätze, die auf allen Symmetrieelementen liegen.

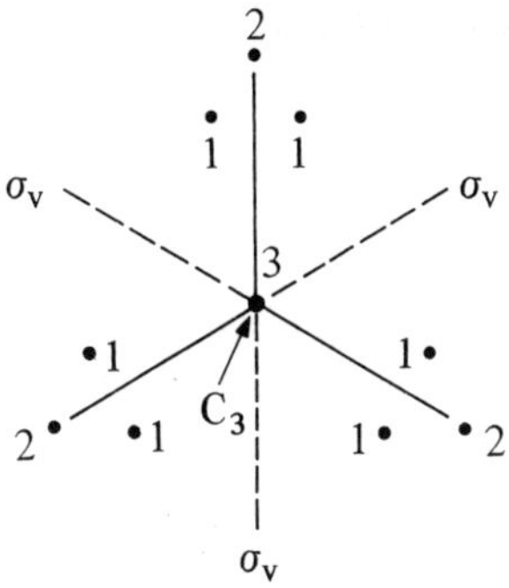

Abbildung 7.9
Darstellung der drei Sätze äquivalenter Kerne, die in der Punktgruppe $\mathbf{C_{3v}}$ möglich sind

(a) *Kerne des Typs „1":*
Diese Kerne liegen auf keinem Symmetrieelement, und jeder Satz muß daher aus 6 Kernen bestehen. Diese 6 Kerne besitzen 18 Freiheitsgrade, von denen je 3 zu den Klassen a_1 und a_2 gehören. Es bleiben mithin 12 Freiheitsgrade für die zweifach entartete Klasse e übrig (vgl. Tab. 7.6). Bei einem *zweifach* entarteten Freiheitsgrad entsprechen der Verrückung eines Kernes eines Satzes zwei verschiedene Verrückungen aller anderen Kerne des Satzes. Daher besitzt ein Satz von Kernen des Typs 1 mit zwölf Freiheitsgraden insgesamt sechs zweifach entartete Freiheitsgrade. Wenn *m* Sätze dieses Typs vorhanden sind, erhält man folglich *6m* zweifach entartete Freiheitsgrade (vgl. Tab. 7.6).

Tabelle 7.6: Zahl der Normalschwingungen in den einzelnen Klassen der Punktgruppe C_{3v}

	Freiheitsgrade von jedem Satz von Kernen					
Klasse	*Auf keinem Symmetrie-element*	*Auf* σ_v	*Auf allen Symmetrie-elementen*	*Trans-lations-freiheits-grade*	*Rota-tions-freiheits-grade*	*Zahl der Normal-schwingungen*
a_1	$3m$	$2m_v$	$1m_0$	1	0	$3m + 2m_v + m_0 - 1$
a_2	$3m$	m_v	0	0	1	$3m + m_v - 1$
e	$6m$	$3m_v$	$1m_0$	1	1	$6m + 3m_v + m_0 - 2$

Tabelle 7.7: Zahl der Normalschwingungen in den einzelnen Klassen der entarteten Punktgruppen

Punkt-gruppe	*Klasse*	*Zahl der Schwingungen*[1]
$\mathbf{C_3}$	a	$3m + m_0 - 2$
	e	$3m + m_0 - 2$
$\mathbf{C_4}$	a	$3m + m_0 - 2$
	b	$3m$
	e	$3m + m_0 - 2$
$\mathbf{C_6}$	a	$3m + m_0 - 2$
	b	$3m$
	e_1	$3m + m_0 - 2$
	e_2	$3m$
$\mathbf{S_4}$	a	$3m + m_2 - 1$
	b	$3m + m_2 + m_0 - 1$
	e	$3m + 2m_2 + m_0 - 2$
$\mathbf{S_6}$	a_g	$3m + m_3 - 1$
	b_u	$3m + m_3 + m_0 - 1$
	e_g	$3m + m_3 - 1$
	e_u	$3m + m_3 + m_0 - 1$
$\mathbf{D_3}$	a_1	$3m + m_2 + m_3$
	a_2	$3m + 2m_2 + m_3 + m_0 - 2$
	e	$6m + 3m_2 + 2m_3 + m_0 - 2$
$\mathbf{D_4}$	a_1	$3m + m_2 + m_2' + m_4$
	a_2	$3m + 2m_2 + 2m_2' + m_4 + m_0 - 2$
	b_1	$3m + m_2 + 2m_2'$
	b_2	$3m + 2m_2 + m_2'$
	e	$6m + 3m_2 + 3m_2' + 2m_4 + m_0 - 2$

Fortsetzung nächste Seite

Tabelle 7.7: Fortsetzung 1

Punkt-gruppe	*Klasse*	*Zahl der Schwingungen*[1]
$\mathbf{D_6}$	a_1	$3m + m_2 + m_2' + m_6$
	a_2	$3m + 2m_2 + 2m_2' + m_6 + m_0 - 2$
	b_1	$3m + m_2 + 2m_2'$
	b_2	$3m + 2m_2 + m_2'$
	e_1	$6m + 3m_2 + 3m_2' + 2m_6 + m_0 - 2$
	e_2	$6m + 3m_2 + 3m_2'$
$\mathbf{C_{3v}}$	a_1	$3m + 2m_v + m_0 - 1$
	a_2	$3m + m_v - 1$
	e	$6m + 3m_v + m_0 - 2$
$\mathbf{C_{4v}}$	a_1	$3m + 2m_v + 2m_d + m_0 - 1$
	a_2	$3m + m_v + m_d - 1$
	b_1	$3m + 2m_v + m_d$
	b_2	$3m + m_v + 2m_d$
	e	$6m + 3m_v + 3m_d + m_0 - 2$
$\mathbf{C_{5v}}$	a_1	$3m + 2m_v + m_0 - 1$
	a_2	$3m + m_v - 1$
	e_1	$6m + 3m_v + m_0 - 2$
	e_2	$6m + 3m_v$
$\mathbf{C_{6v}}$	a_1	$3m + 2m_v + 2m_d + m_0 - 1$
	a_2	$3m + m_v + m_d - 1$
	b_1	$3m + 2m_v + m_d$
	b_2	$3m + m_v + 2m_d$
	e_1	$6m + 3m_v + 3m_d + m_0 - 2$
	e_2	$6m + 3m_v + 3m_d$

Fortsetzung nächste Seite

Tabelle 7.7: Fortsetzung 2

Punkt-gruppe	*Klasse*	*Zahl der Schwingungen*[1]
$\mathbf{C_{\infty v}}$	σ^+	$m_0 - 1$
	σ^-	0
	π	$m_0 - 2$
	$\delta, \phi \ldots$	0
$\mathbf{C_{3h}}$	a′	$3m + 2m_h + m_3 - 1$
	a″	$3m + m_h + m_3 + m_0 - 1$
	e′	$3m + 2m_h + m_3 + m_0 - 1$
	e″	$3m + m_h + m_3 - 1$
$\mathbf{C_{4h}}$	a_g	$3m + 2m_h + m_4 - 1$
	a_u	$3m + m_h + m_4 + m_0 - 1$
	b_g	$3m + 2m_h$
	b_u	$3m + m_h$
	e_g	$3m + m_h + m_4 - 1$
	e_u	$3m + 2m_h + m_4 + m_0 - 1$
$\mathbf{C_{6h}}$	a_g	$3m + 2m_h + m_6 - 1$
	a_u	$3m + m_h + m_6 + m_0 - 1$
	b_g	$3m + m_h$
	b_u	$3m + 2m_h$
	e_{1g}	$3m + m_h + m_6 - 1$
	e_{1u}	$3m + 2m_h + m_6 + m_0 - 1$
	e_{2g}	$3m + 2m_h$
	e_{2u}	$3m + m_h$
$\mathbf{D_{2d}}$	a_1	$3m + 2m_d + m_2 + m_4$
	a_2	$3m + m_d + 2m_2 - 1$
	b_1	$3m + m_d + m_2$
	b_2	$3m + 2m_d + 2m_2 + m_4 + m_0 - 1$
	e	$6m + 3m_d + 3m_2 + 2m_4 + m_0 - 2$

Fortsetzung nächste Seite

Tabelle 7.7: Fortsetzung 3

Punktgruppe	*Klasse*	*Zahl der Schwingungen*[1]
$\mathbf{D_{3d}}$	a_{1g}	$3m + 2m_d + m_2 + m_6$
	a_{1u}	$3m + m_d + m_2$
	a_{2g}	$3m + m_d + 2m_2 - 1$
	a_{2u}	$3m + 2m_d + 2m_2 + m_6 + m_0 - 1$
	e_g	$6m + 3m_d + 3m_2 + m_6 - 1$
	e_u	$6m + 3m_d + 3m_2 + m_6 + m_0 - 1$
$\mathbf{D_{4d}}$	a_1	$3m + 2m_d + m_2 + m_8$
	a_2	$3m + m_d + 2m_2 - 1$
	b_1	$3m + m_d + m_2$
	b_2	$3m + 2m_d + 2m_2 + m_8 + m_0 - 1$
	e_1	$6m + 3m_d + 3m_2 + m_8 + m_0 - 1$
	e_2	$6m + 3m_d + 3m_2$
	e_3	$6m + 3m_d + 3m_2 + m_8 - 1$
$\mathbf{D_{3h}}$	a_1'	$3m + 2m_v + 2m_h + m_2 + m_3$
	a_1''	$3m + m_v + m_h$
	a_2'	$3m + m_v + 2m_h + m_2 - 1$
	a_2''	$3m + 2m_v + m_h + m_2 + m_3 + m_0 - 1$
	e'	$6m + 3m_v + 4m_h + 2m_2 + m_3 + m_0 - 1$
	e''	$6m + 3m_v + 2m_h + m_2 + m_3 - 1$
$\mathbf{D_{4h}}$	a_{1g}	$3m + 2m_v + 2m_d + 2m_h + m_2 + m_2' + m_4$
	a_{1u}	$3m + m_v + m_d + m_h$
	a_{2g}	$3m + m_v + m_d + 2m_h + m_2 + m_2' - 1$
	a_{2u}	$3m + 2m_v + 2m_d + m_h + m_2 + m_2' + m_4 + m_0 - 1$
	b_{1g}	$3m + 2m_v + m_d + 2m_h + m_2 + m_2'$
	b_{1u}	$3m + m_v + 2m_d + m_h + m_2'$
	b_{2g}	$3m + m_v + 2m_d + 2m_h + m_2 + m_2'$
	b_{2u}	$3m + 2m_v + m_d + m_h + m_2$
	e_g	$6m + 3m_v + 3m_d + 2m_h + m_2 + m_2' + m_4 - 1$
	e_u	$6m + 3m_v + 3m_d + 4m_h + 2m_2 + 2m_2' + m_4 + m_0 - 1$

Fortsetzung nächste Seite

Tabelle 7.7: Fortsetzung 4

Punkt-gruppe	*Klasse*	*Zahl der Schwingungen*[1]
$\mathbf{D}_{5h}$	a_1'	$3m + 2m_v + 2m_h + m_2 + m_5$
	a_1''	$3m + m_v + m_h$
	a_2'	$3m + m_v + 2m_h + m_2 - 1$
	a_2''	$3m + 2m_v + m_h + m_2 + m_5 + m_0 - 1$
	e_1'	$6m + 3m_v + 4m_h + 2m_2 + m_5 + m_0 - 1$
	e_1''	$6m + 3m_v + 2m_h + m_2 + m_5 - 1$
	e_2'	$6m + 3m_v + 4m_h + 2m_2$
	e_2''	$6m + 3m_v + 2m_h + m_2$
$\mathbf{D}_{6h}$	a_{1g}	$3m + 2m_v + 2m_d + 2m_h + m_2 + m_2' + m_6$
	a_{1u}	$3m + m_v + m_d + m_h$
	a_{2g}	$3m + m_v + m_d + 2m_h + m_2 + m_2' - 1$
	a_{2u}	$3m + 2m_v + 2m_d + m_h + m_2 + m_2' + m_6 + m_0 - 1$
	b_{1g}	$3m + m_v + 2m_d + m_h + m_2'$
	b_{1u}	$3m + 2m_v + m_d + 2m_h + m_2 + m_2'$
	b_{2g}	$3m + 2m_v + m_d + m_h + m_2$
	b_{2u}	$3m + m_v + 2m_d + 2m_h + m_2 + m_2'$
	e_{1g}	$6m + 3m_v + 3m_d + 2m_h + m_2 + m_2' + m_6 - 1$
	e_{1u}	$6m + 3m_v + 3m_d + 4m_h + 2m_2 + 2m_2' + m_6 + m_0 - 1$
	e_{2g}	$6m + 3m_v + 3m_d + 4m_h + 2m_2 + 2m_2'$
	e_{2u}	$6m + 3m_v + 3m_d + 2m_h + m_2 + m_2'$
$\mathbf{D}_{\infty h}$	σ_g^+	m_∞
	σ_u^+	$m_\infty + m_0 - 1$
	σ_g^-, σ_u^-	0
	π_g	$m_\infty - 1$
	π_u	$m_\infty + m_0 - 1$
	$\delta_g, \delta_u, \phi_g, \phi_u \ldots$	0

Fortsetzung nächste Seite

Tabelle 7.7: Fortsetzung 5

Punkt-gruppe	*Klasse*	*Zahl der Schwingungen*[1]
T	a	$3m + m_2 + m_3$
	e	$3m + m_2 + m_3$
	t	$9m + 5m_2 + 3m_3 + m_0 - 2$
$\mathbf{T_d}$	a_1	$3m + 2m_d + m_2 + m_3$
	a_2	$3m + m_d$
	e	$6m + 3m_d + m_2 + m_3$
	t_1	$9m + 4m_d + 2m_2 + m_3 - 1$
	t_2	$9m + 5m_d + 3m_2 + 2m_3 + m_0 - 1$
$\mathbf{O_h}$	a_{1g}	$3m + 2m_h + 2m_d + m_2 + m_3 + m_4$
	a_{1u}	$3m + m_h + m_d$
	a_{2g}	$3m + 2m_h + m_d + m_2$
	a_{2u}	$3m + m_h + 2m_d + m_2 + m_3$
	e_g	$6m + 4m_h + 3m_d + 2m_2 + m_3 + m_4$
	e_u	$6m + 2m_h + 3m_d + m_2 + m_3$
	t_{1g}	$9m + 4m_h + 4m_d + 2m_2 + m_3 + m_4 - 1$
	t_{1u}	$9m + 5m_h + 5m_d + 3m_2 + 2m_3 + 2m_4 + m_0 - 1$
	t_{2g}	$9m + 4m_h + 5m_d + 2m_2 + 2m_3 + m_4$
	t_{2u}	$9m + 5m_h + 4m_d + 2m_2 + m_3 + m_4$

[1] m ist die Zahl von Sätzen äquivalenter Kerne, die auf keinem Symmetrieelement liegen; m_2, m_3, ... sind die Zahl von Sätzen, die auf zwei-, drei- ... zähligen Achsen aber auf keinem anderen Symmetrieelement liegen, das nicht völlig mit diesen Achsen zusammenfällt; m'_2 ist die Zahl von Sätzen auf C'_2-Achsen (vgl. Charaktertafeln); m_v, m_d, m_h sind die Zahl von Sätzen, die auf σ_v, σ_d bzw. σ_h aber auf keinem anderen Symmetrieelement liegen; m_0 ist die Zahl von Kernen, die auf allen Symmetrieelementen liegen.

(b) *Kerne des Typs „2”:*

Diese Kerne liegen auf einer Spiegelebene, und jeder Satz muß daher aus 3 Kernen bestehen. Diese besitzen 9 Freiheitsgrade, von denen 2 zur Klasse a_1 und einer zur Klasse a_2 gehören. Die restlichen 6 Freiheitsgrade sind paarweise entartet. Wenn m_v Sätze dieses Typs vorhanden sind, erhält man folglich $3m_v$ zweifach entartete Freiheitsgrade (Tab. 7.6).

(c) *Kerne des Typs „3":*
Bei diesem Typ gibt es in jedem Satz nur einen einzelnen Kern, da dieser auf allen Symmetrieelementen liegen muß. Von den drei Freiheitsgraden gehört einer zur Klasse a_1, nämlich die Bewegung in Richtung der C_3-Achse, und die anderen zwei, die den Bewegungen senkrecht zur C_3-Achse und senkrecht zueinander entsprechen, sind offensichtlich entartet. Wenn daher m_0 Sätze dieses Typs vorhanden sind, erhält man m_0 zweifach entartete Freiheitsgrade.

In Tabelle 7.6 sind die Ergebnisse für die Punktgruppe $\mathbf{C_{3v}}$ noch einmal zusammengestellt. Entartete Schwingungen anderer Punktgruppen können in ähnlicher Weise behandelt werden, und Tabelle 7.7 enthält entsprechende Formeln zur Berechnung der Zahl entarteter und nichtentarteter Normalschwingungen in den einzelnen Symmetrieklassen. Für Benzol ($\mathbf{D_{6h}}$) erhält man beispielsweise $m_2 = 2$, während alle anderen m gleich Null sind. Die 30 Normalschwingungen verteilen sich daher wie folgt auf die Klassen: $2a_{1g}$, $1a_{2g}$, $1a_{2u}$, $2b_{1u}$, $2b_{2g}$, $2b_{2u}$, $1e_{1g}$, $3e_{1u}$, $4e_{2g}$ und $2e_{2u}$. Zu beachten ist, daß jede zweifach entartete Normalschwingung zwei Freiheitsgrade repräsentiert.

Übung:
Man ermittle die Verteilung aller Normalschwingungen auf die Symmetrieklassen
(a) für das kronenförmige Ringmolekül S_8 (Abb. 3.12),
(b) für das lineare Molekül Hg_2Cl_2 und
(e) für das tetraedrische Ion Si_4^{4-}.

7.7 Kurven mit mehr als einem Minimum für die potentielle Energie

7.7.1 Inversionsschwingungen

Im Abschnitt 1.1 wurde kurz erwähnt, daß NH_3 im Grundzustand eine pyramidale Konfiguration besitzt und zur Punktgruppe $\mathbf{C_{3v}}$ gehört, daß es jedoch in mehreren seiner angeregten Zustände planar ist und zur Punktgruppe $\mathbf{D}_{3h}$ gehört. Dieser Sachverhalt wirft hinsichtlich der Anwendung der Molekülsymmetrie folgende Fragen auf:

(a) Wie ermittelt man die Auswahlregeln für Elektronen- und Elektronen-Schwingungs-Übergänge, wenn gleichzeitig eine ebene und eine nicht-ebene Konfiguration beteiligt sind?

(b) Wie kann man die an derartigen Übergängen beteiligten Energieniveaus miteinander korrelieren, wenn man langsam von der ebenen zur nicht-ebenen Konfiguration übergeht?

Die Antwort auf beide Fragen erfordert eine detaillierte Untersuchung der Energiekurve für die Normalschwingung, bei der das Molekül von der einen Konfiguration in die andere übergeht. Im Fall des NH_3 ist dies die symmetrische Deformationsschwingung ν_2, die in Abbildung 4.5 dargestellt ist. Wenn wir die potentielle Energie für diese Schwingung (im elektronischen Grundzustand des Moleküls) gegen den Abstand des N-Atoms vom Schwerpunkt der drei H-Atome auftragen, erhalten wir nicht eine Kurve mit einem einzelnen Minimum wie in Abbildung 1.12, sondern zwei Minima gleicher Energie, die den beiden energiegleichen Konfigurationen (i) und (iii) in Abbildung 7.10 ent-

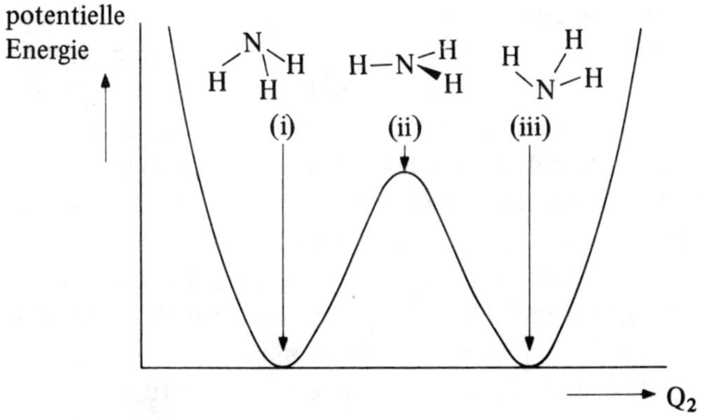

Abbildung 7.10
Energiekurve für die Inversionsschwingung ν_2 des Ammoniaks

sprechen. Die ebene Konfiguration (ii) ist instabil und erzeugt eine Barriere in der Energiekurve. Bei einer klassischen statt quantenmechanischen Betrachtungsweise muß diese Barriere überwunden werden, um von der Konfiguration (i) zur Konfiguration (iii) zu kommen. Diese intramolekulare Umlagerung nennt man *Inversion*, und ν_2 wird

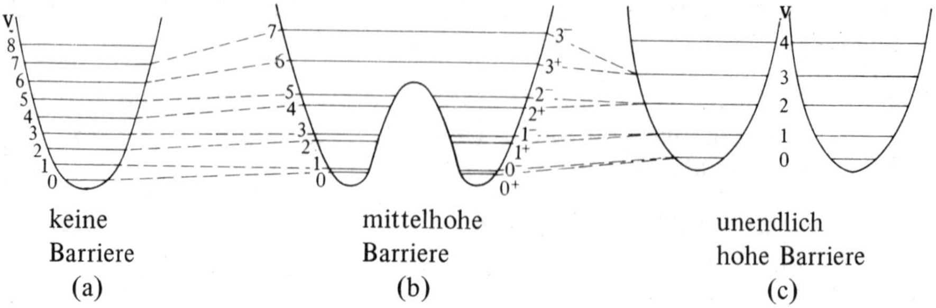

Abbildung 7.11
Korrelation der Energieniveaus für die Inversionsschwingung (b) mit denen in Molekülen ohne Energiebarriere (a, planare Moleküle) und mit einer unendlich hohen Barriere (c, keine Inversion)

daher auch *Inversionsschwingung* genannt. Die Höhe der Barriere beträgt beim NH_3 23 kJ/mol, und die Energiekurve entspricht damit etwa der in Abbildung 7.11.b. Abbildung 7.11 zeigt außerdem die Kurven für die beiden Extremfälle einer nicht vorhandenen Barriere (planares Molekül) und einer unendlich großen Barriere, die eine Inversion verhindert. In diesen beiden Extremfällen sind die Schwingungsniveaus harmonisch, das heißt äquidistant. In dem Maße aber, in dem sich die Energieschwelle von sehr großen Werten her verringert, erhalten die H-Atome die Möglichkeit, die Barriere in einem Tunneleffekt zu durchdringen, und die Folge ist eine Aufspaltung der Schwingungsniveaus in Paare, wobei die Aufspaltung in der Nähe des Gipfels der Barriere am größten ist. Außerdem werden die Energieniveaus anharmonisch, und zwar auch oberhalb der Energieschwelle. Die Aufspaltung der Niveaus hängt von der Höhe und Breite der Barriere sowie von den Massen der an der Inversion beteiligten Atome ab. Beispielsweise beträgt die Aufspaltung des Nullpunktsniveaus ($v = 0$) beim NH_3 0,793 cm^{-1} und beim ND_3 0,053 cm^{-1}, woraus man erkennen kann, wie rasch der Tunneleffekt mit steigender Masse an Bedeutung verliert.

Hinsichtlich der Numerierung der Schwingungsniveaus im Falle einer mittelgroßen Barriere kann man zwischen zwei Systemen wählen. Wenn man die Verhältnisse mit denen im Fall einer nicht vorhandenen Barriere vergleichen will, wird man das auf der linken Seite von Abbildung 7.11.b gewählte System verwenden, das heißt die Niveaus einzeln mit Schwingungsquantenzahlen $v = 0, 1, 2, 3 \ldots$ numerieren. Für Vergleiche mit den Verhältnissen im Fall der unendlich hohen Barriere

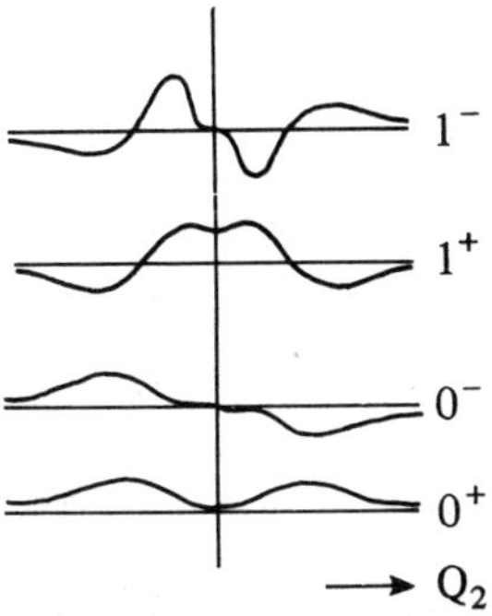

Abbildung 7.12
Schwingungswellenfunktionen für die Niveaus 0^+, 0^-, 1^+ und 1^- der Inversionsschwingung des Ammoniaks

kann man das auf der rechten Seite gewählte System verwenden ($v = 0^+$, 0^-, 1^+, 1^-, ...), wobei die Zeichen + und – das symmetrische bzw. asymmetrische Verhalten der Schwingungswellenfunktion gegenüber der Inversion angeben. Die Wellenfunktionen für $v = 0^+$, 0^-, 1^+ und 1^- sind in Abbildung 7.12 dargestellt. Allgemein erhält man die Funktionen für die Schwingungsniveaus v^+ und v^- wie folgt:

$$\begin{aligned} \psi_{v^+} &= (\psi_I)_v + (\psi_{III})_v \\ \psi_{v^-} &= (\psi_I)_v - (\psi_{III})_v \end{aligned} \tag{7.115}$$

wobei $(\psi_I)_v$ und $(\psi_{III})_v$ die Schwingungswellenfunktionen der äquivalenten Molekülformen (i) und (iii) in Abbildung 7.10 darstellen, und zwar im Falle einer unendlich großen Barriere.

Wenn die Barriere niedrig genug ist, so daß die Energieniveaus aufspalten, wirkt sich die zusätzliche Symmetrie bzw. Asymmetrie bezüglich der Inversion so aus, als ob zusätzlich zu den Symmetrieelementen der Punktgruppe $\mathbf{C}_{3v}$ noch eine σ_h-Spiegelebene eingeführt worden wäre. Die Schwingungsniveaus sollten daher entsprechend der Punktgruppe $\mathbf{D}_{3h}$ klassifiziert werden.

Abbildung 7.13.a–c zeigt, was mit einem $^1A_1$-$^1A_1$-Elektronenübergang bei einem Molekül der Punktgruppe $\mathbf{C}_{3v}$ geschieht, wenn die mit der Inversion verbundene Energieschwelle in beiden Elektronenzuständen allmählich verkleinert wird. Der in Abbildung 7.13.a gezeigte $^1A_1$-$^1A_1$-Übergang ist nach den vom elektrischen Dipolmoment bestimmten Auswahlregeln erlaubt und in Richtung der z-Achse polarisiert. Wenn nun die beiden Niveaus verschieden stark aufgespalten werden, spaltet auch

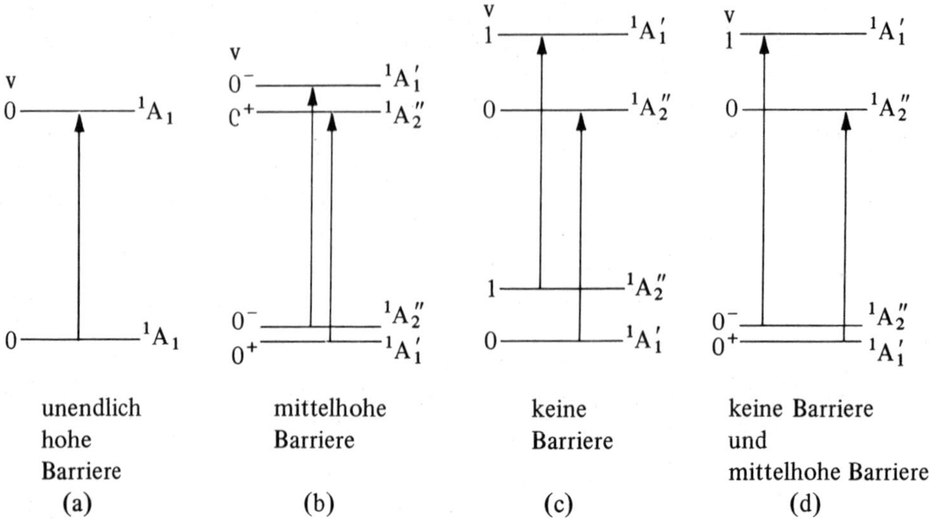

Abbildung 7.13
Aufspaltung eines $^1A_1$-$^1A_1$-Elektronenüberganges beim Ammoniak in Abhängigkeit von der Höhe der Inversionsbarriere. Für den angeregten Zustand wurde für die Niveaus $^1A_1'$ und $^1A_2''$ die umgekehrte Reihenfolge wie für den Grundzustand angenommen

Tabelle 7.8: Korrelation der Symmetriespezies zwischen den Punktgruppen C_{3v} und D_{3h}

C_{3v}	$2C_3$	$3\sigma_v$
A_1	1	1
A_2	1	−1
E	−1	0

D_{3h}	$2C_3$	$3\sigma_v$	σ_h
A_1'	1	1	1
A_2'	1	−1	1
E'	−1	0	2
A_1''	1	−1	−1
A_2''	1	1	−1
E''	−1	0	−2

der $^1A_1$-$^1A_1$-Übergang in zwei erlaubte Komponenten auf (Abb. 7.13.b). In Tabelle 7.8 ist gezeigt, wie die Symmetriespezies der Punktgruppe $\mathbf{C_{3v}}$ unter Beibehaltung ihres Verhaltens gegenüber den gemeinsamen Symmetrieelementen C_3 und σ_v mit denen der Punktgruppe $\mathbf{D}_{3h}$ korrelieren. Daraus geht hervor, daß die A_1-Niveaus beide in ein A_1'- und ein A_2''-Niveau aufspalten, die bezüglich σ_h symmetrisch bzw. asymmetrisch sind. Die beiden einzigen erlaubten Übergänge sind die in Abbildung 7.13.b dargestellten. Da $A_1' \times A_2'' = A_2''$ und $A_2'' = \Gamma(T_z)$, sind beide Übergänge in Richtung der z-Achse polarisiert. Wenn die Inversionsbarriere in beiden Zuständen Null ist, werden die hier dargestellten Übergänge zu 0-0- bzw. 1-1-Übergängen bezüglich ν_2 des nunmehr planaren Moleküls[21] (Abb. 7.13.c). In Abbildung 7.13.d ist der Fall eines im Grundzustand pyramidalen Moleküls mit mittlerer Inversionsbarriere dargestellt, das im angeregten Zustand planar ist.

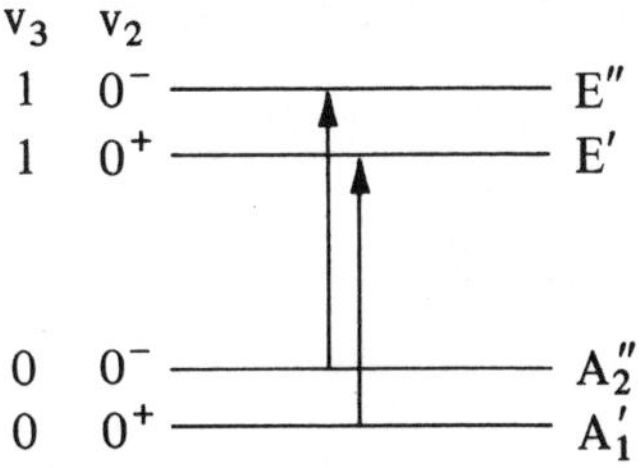

Abbildung 7.14
Inversionsaufspaltung eines Schwingungsüberganges der zweifach entarteten Valenzschwingung ν_3 des Ammoniaks. v_3 ist die Schwingungsquantenzahl für ν_3 und v_2 entsprechend für ν_2

Abbildung 7.14 zeigt einen Schwingungsübergang des NH_3-Moleküls im elektronischen Grundzustand, und zwar handelt es sich um einen 1-0-Übergang bezüglich ν_3. Dieser Übergang gehört zur Klasse e der Punktgruppe $\mathbf{C}_{3v}$ (vgl. Abb. 4.5). Beide Schwingungsniveaus sind durch den Inversionseffekt aufgespalten, und die Komponenten sind in Abbildung 7.14 entsprechend der Punktgruppe $\mathbf{D}_{3h}$ klassifiziert. Die beiden erlaubten Übergänge E'-A_1' und E''-A_2'' sind beide in der xy-Ebene polarisiert. Da die Inversionsaufspaltung für $v_3 = 0$ und $v_3 = 1$ sehr ähnlich ist, besitzen beide Übergänge praktisch die gleiche Wellenzahl.

Ein anderes Beispiel für die Verdopplung von Niveaus durch Inversion ist der erste angeregte Zustand des Formaldehyds, von dem im Abschnitt 6.6 gezeigt wurde, daß er ein $^1A_2$-Zustand ist. Obwohl CH_2O im Grundzustand planar ist, ist sein erster angeregter Zustand pyramidal. Da die Energiebarriere von mittlerer Höhe ist, werden alle Energieniveaus entsprechend der Punktgruppe $\mathbf{C}_{2v}$ klassifiziert. Beim Übergang vom plana-

[21] Bei einem 0-0- oder 1-1-Übergang ändert sich die Schwingungsquantenzahl v nicht, das heißt es handelt sich um reine Elektronenübergänge.

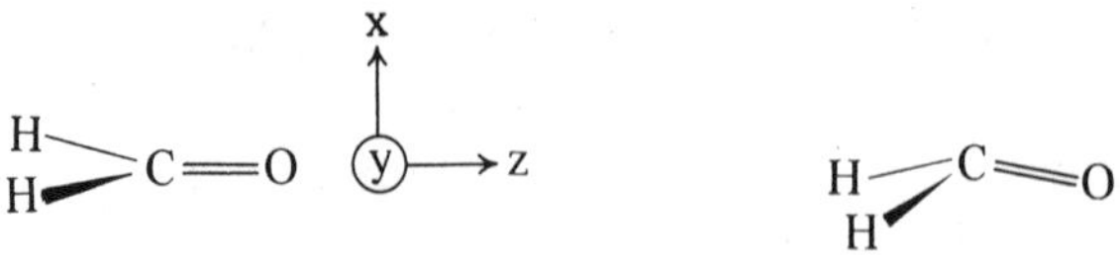

(a) (b)

Abbildung 7.15
Planares (a) und nicht-planares (b) Formaldehyd

ren CH_2O (Abb. 7.15.a) zum pyramidalen Molekül (Abb. 7.15.b) bleibt die $\sigma_v(xz)$-Ebene erhalten und die Punktgruppe $\mathbf{C_{2v}}$ geht in $\mathbf{C_s}$ über. Die Symmetriespezies der beiden Punktgruppen sind daher wie in Tabelle 7.9 zu korrelieren. Man sieht, daß der angeregte $^1A_2$-Zustand in der

Tabelle 7.9: Korrelation der Symmetriespezies zwischen den Punktgruppen C_s und C_{2v}

C_s	σ
A′	1
A″	−1

C_{2v}	$\sigma_v(xz)$	$\sigma_v(yz)$
A_1	1	1
A_2	−1	−1
B_1	1	−1
B_2	−1	1

Punktgruppe $\mathbf{C_s}$ ein $^1A''$-Zustand wäre. Wenn die Inversionsbarriere von mittlerer Höhe ist, spaltet das A″-Niveau aber entsprechend Tabelle 7.9 in ein A_2- und ein B_2-Niveau auf. Im planaren Grundzustand andererseits wäre das tiefstliegende Niveau in der Punktgruppe $\mathbf{C_s}$ ein A′-Niveau. Dieses spaltet jedoch durch den Inversionseffekt in ein A_1- und ein B_1-

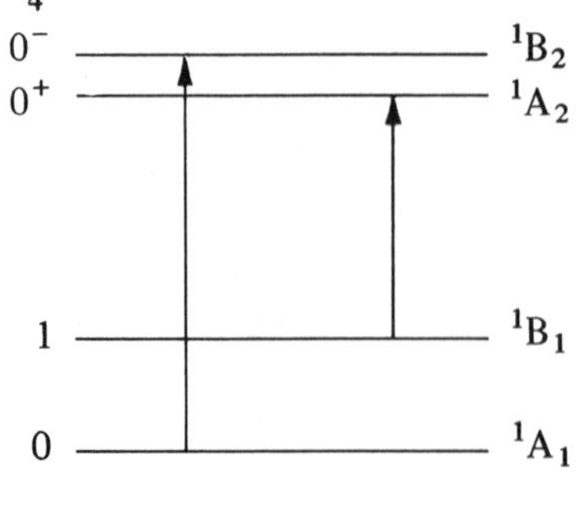

Abbildung 7.16
Elektronen-Schwingungs-Übergänge des Formaldehyds, an denen die Inversionsschwingung ν_4 beteiligt ist

Niveau auf, wobei das letztere den ersten angeregten Zustand hinsichtlich der Inversionsschwingung ν_4 darstellt. Wie in Abbildung 7.16 gezeigt ist, gibt es zwei erlaubte Übergänge, nämlich $^1B_2$-$^1A_1$ und $^1A_2$-$^1B_1$, die beide Elektronen-Schwingungs-Übergänge sind und deren Übergangsmomente in Richtung der y-Achse polarisiert sind.

In dem Maße, wie man in Abbildung 7.11 von einer mittelhohen zu einer immer kleineren und schließlich verschwindenden Barriere übergeht, kommt man von einem nicht-planaren zu einem planaren Molekül, und es erhebt sich die Frage, wann wir ein Molekül planar und wann nicht-planar nennen sollen. Die Antwort ist weitgehend eine Frage der Definition, und *eine* brauchbare Definition ist zum Beispiel die, daß das Molekül *nicht-planar* genannt wird, wenn das Niveau v = 0 wie in Abbildung 7.17.a unterhalb des höchsten Punktes der Barriere liegt, und *planar*, wenn das Niveau v = 0 wie in Abbildung 7.17.b oberhalb des Gipfels der Barriere liegt. Manchmal wird auch der Ausdruck *quasi-planar* gebraucht, um eine Situation wie in Abbildung 7.17.b von Molekülen ohne jede Barriere zu unterscheiden. Man beachte, daß die Schwingungsniveaus auch im nicht-planaren Fall nicht äquidistant sind.

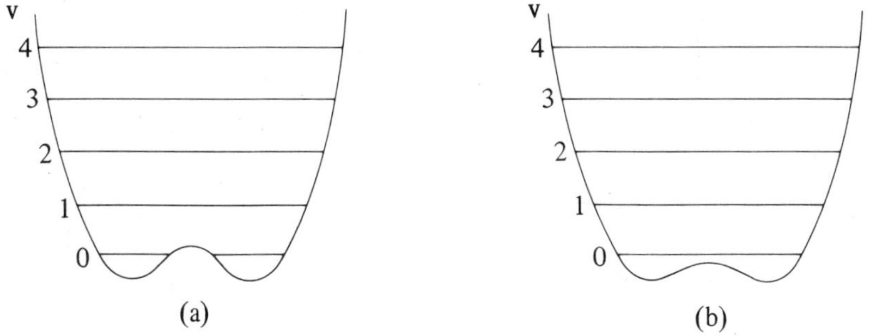

Abbildung 7.17
Energiekurven für ein Molekül, das im Fall (a) als nicht-planar und im Fall (b) als planar bezeichnet werden kann

7.7.2 Wasserstoff-Brückenbindungen

Unter einer Wasserstoff-Brückenbindung versteht man die Wechselwirkung eines partiell positiv geladenen H-Atoms, das durch eine polare kovalente Bindung an ein Nachbaratom X gebunden ist, mit einem elektronegativen dritten Atom X oder Y. Das dritte Atom kann dem selben oder einem anderen Molekül angehören (intra- bzw. intermolekulare

Wasserstoffbrücke). Man unterscheidet drei Typen von H-Brücken, nämlich:

(a) die relativ seltene symmetrische Brücke X-H-X (z. B. im Ion HF_2^-), bei der die potentielle Energie des genau in der Mitte zwischen den beiden Atomen X befindlichen H-Atoms durch eine Kurve wie in Abbildung 7.11.a beschrieben wird,

(b) die unsymmetrische Brücke mit zwei energetisch äquivalenten Lagen X-H ··· X und X ··· H-X des H-Atoms entsprechend der Energiekurve in Abbildung 7.11.b (Beispiel: H_2O) und

(c) die unsymmetrische Brücke mit zwei energetisch nicht äquivalenten Lagen X-H ··· Y und X ··· H-Y eines H-Atoms, zum Beispiel in der Brücke $(CH_3)_2SO \cdots HCCl_3$.

Im Fall (b) geben die Zeichen + und – in Abbildung 7.11.b die Symmetrie bzw. Asymmetrie der Wellenfunktion bezüglich der Ebene an, die senkrecht zur XX-Verbindungslinie steht und diese halbiert. Der weitaus häufigste Fall der unsymmetrischen H-Brücke mit zwei nicht-äquivalenten Minima in der Energiekurve ist in Abbildung 7.18 dargestellt. In der

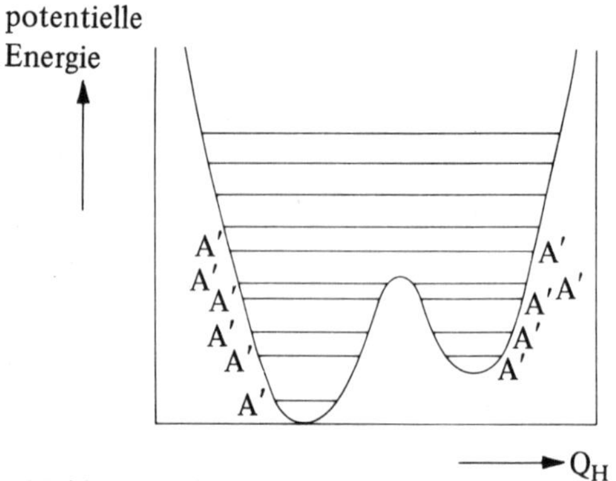

Abbildung 7.18
Änderung der potentiellen Energie bei der Schwingung des H-Atoms in einer unsymmetrischen Wasserstoffbrücke X-H···Y mit zwei nicht-äquivalenten Atomen X und Y

Nähe des Gipfels der Energiebarriere kann das Proton durch die Barriere tunneln, jedoch führt dies wegen der Asymmetrie der Kurve nicht zu einer Aufspaltung der Schwingungsniveaus. Wenn X und Y zum Beispiel wie im Fall der OHN-Brücke zwischen Phenol und Pyridin mit dem Rest des Moleküls in einer Ebene liegen, gehört das ganze System zur Punktgruppe $\mathbf{C}_s$ und die OH-Valenzschwingung gehört zur Klasse a′. Da auch der elektronische Grundzustand ein A′-Zustand ist, gehören alle Schwingungsniveaus in Abbildung 7.18 zur Klasse A′. Aus diesem Grunde können sie durch einen Tunneleffekt durch die Barriere hindurch miteinander in Wechselwirkung treten, was zu einem Auseinanderrücken (aber nicht zu einer Aufspaltung) der Niveaus in der Nähe des Gipfels der Barriere führt. Im Fall (c) ist es jedoch auch möglich, daß die Energiekurve nur ein Minimum aufweist und daß sich anstelle des zweiten Minimums nur eine Inflexion findet. Dies ist dann zu erwarten, wenn die Wechselwirkung des Protons mit dem einen Atom (X oder Y) sehr viel stärker ist als mit dem anderen.

7.7.3 Energiekurven für Torsionsschwingungen

7.7.3.a Torsionen mit mehreren ungleichen Minima in der Energiekurve

Bei Molekülen von geringer Symmetrie, wie Acrolein, Butadien und Glyoxal (vgl. Abb. 7.19), kann die Torsion um eine der zentralen Bindungen durch eine Energiekurve mit zwei Minima charakterisiert sein,

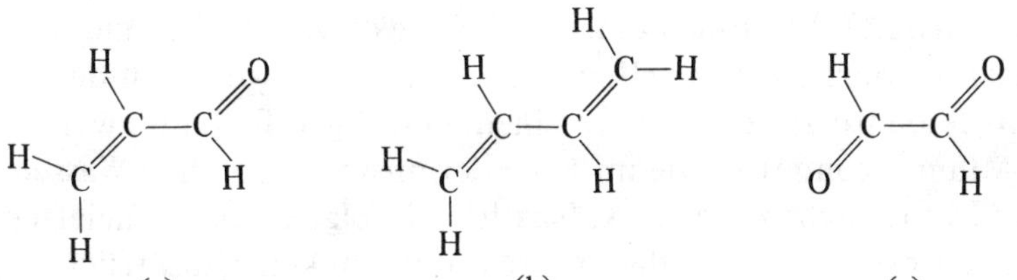

(a) (b) (c)

Abbildung 7.19
(a) Acrolein, (b) Butadien und (c) Glyoxal

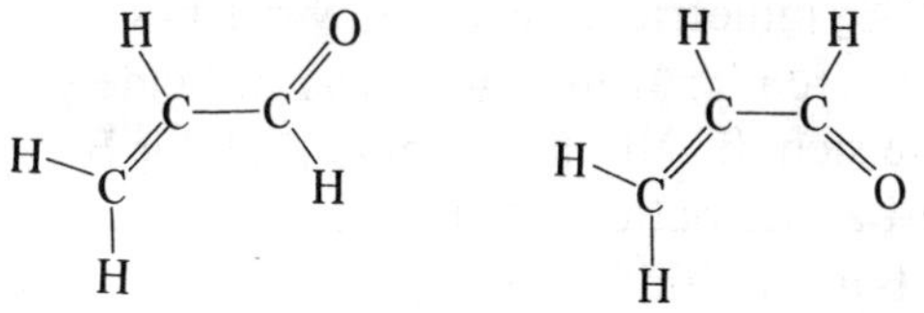

trans *cis*
(a) (b)

Abbildung 7.20
(a) trans- und (b) cis-Isomer des Acroleins

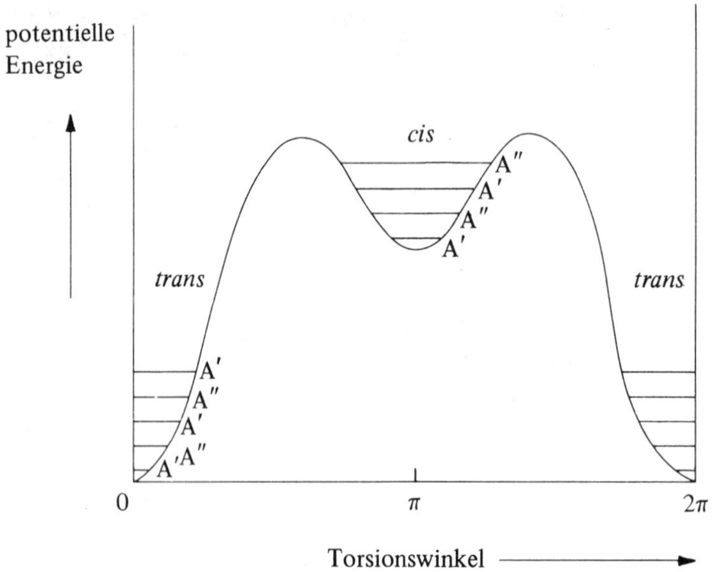

Abbildung 7.21
Änderung der potentiellen Energie bei einer cis-trans-Isomerisierung

wobei die Minima der *trans*- bzw. *cis*-Form dieser Moleküle entsprechen (vgl. Acrolein, Abb. 7.20). Eine derartige Energiekurve ist in Abbildung 7.21 dargestellt, wobei die Normalkoordinate näherungsweise mit dem Torsionswinkel identifiziert wurde. In einem derartigen Fall mit zwei ungleichen Minima kommt es wie im Falle der unsymmetrischen Wasserstoffbrücke (Typ c) nicht zu einer Aufspaltung infolge eines Tunneleffektes durch die Barriere, da durch das zweite Minimum keine zusätzliche Symmetrie eingeführt wird. Wenn man einmal annimmt, daß Abbildung 7.21 die Änderung der potentiellen Energie beim Acrolein beschreibt, das sowohl in der *cis*- als auch in der *trans*-Form zur Punktgruppe $\mathbf{C}_s$ gehört, dann hat das Niveau v = 0 A′-Symmetrie, das Niveau v = 1 besitzt A″-Symmetrie und so fort in alternierender Weise, und zwar in beiden „Energietälern". In dem Maße, wie sich die Niveaus dem Gipfel der Barriere nähern, werden sie zwar nicht aufgespalten, aber Niveaus der gleichen Symmetrie treten durch die Barriere hindurch miteinander in Wechselwirkung, wodurch die gleichartigen Abstände zwischen den Niveaus gestört werden. Oberhalb der Barriere ist das Molekül zu freier Rotation um die Einfachbindung befähigt, und die Energieniveaus sind dann die einer ungehinderten intramolekularen Rotation.

Obwohl Butadien und Glyoxal beide in der *trans*-Form zur Punktgruppe $\mathbf{C}_{2h}$ und in der *cis*-Form zur Punktgruppe $\mathbf{C}_{2v}$ gehören, haben beide Isomere nur ein Symmetrieelement, nämlich die Molekülebene, gemeinsam, und man kann daher die Energieniveaus der Torsionsschwingung als A′ oder A″ klassifizieren. Die Situation ist dann ähnlich der beim Acrolein.

Bei jedem der drei Moleküle in Abbildung 7.19 ist es möglich, daß das zweite Minimum neben der *trans*-Form nicht zu einer *cis*-Form, sondern zu einer *gauche*-Form gehört, bei der der Torsionswinkel irgendwo zwischen Null und 180° liegt. Eine dieser Situation entsprechende Energiekurve ist in Abbildung 7.22 dargestellt. In diesem Fall kann ein Tunnel-

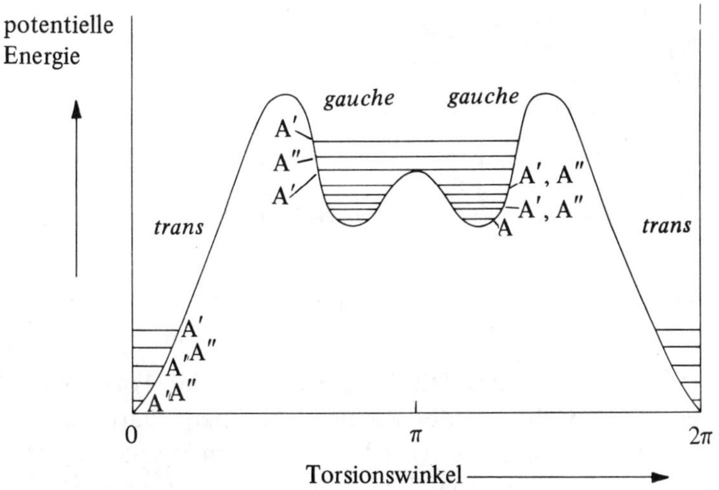

Abbildung 7.22
Änderung der potentiellen Energie bei einer *trans-gauche*-Isomerisierung

effekt durch die *gauche-gauche*-Barriere zu einer Aufspaltung der Niveaus führen. Beispielsweise gehört Acrolein in der *gauche*-Form zur Punktgruppe $\mathbf{C}_1$, und die unaufgespaltenen Schwingungsniveaus gehören alle zur Spezies A. Wenn jedoch infolge des Tunneleffektes eine Aufspaltung eintritt, haben die Komponenten jeweils die Symmetrie A′ bzw. A″, und sie können dann mit den *trans*-Niveaus jenseits der *trans-gauche*-Barriere in Wechselwirkung treten, was insgesamt zu einem sehr komplizierten Niveauschema führt.

Es gibt auch Torsionsschwingungen mit mehr als zwei ungleichen Energieminima. Dies trifft zum Beispiel beim ClFHC-OH zu, bei dessen Torsion um die CO-Bindung drei ungleiche Minima durchlaufen werden.

Das Verhalten der Schwingungsniveaus ist in diesem Fall ähnlich dem bei zwei ungleichen Minima (vgl. Abb. 7.21).

7.7.3.b. Torsionen mit mehreren gleichen Energieminima

Bei Molekülen wie Äthylen ($H_2C = CH_2$), Methanol (H_3C-OH) und Nitromethan (H_3C-NO_2) weisen die Kurven der potentiellen Energie für die Torsionen um die C = C-, C–O- bzw. C–N-Bindung zwei, drei bzw. sechs gleiche Minima auf. Abbildung 7.23 zeigt die beiden energetisch

Abbildung 7.23
Zwei energetisch äquivalente, stabile Formen des Äthylenmoleküls

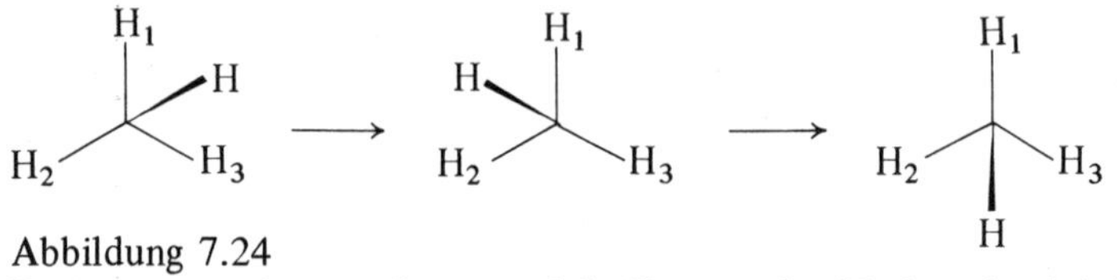

Abbildung 7.24
Drei energetisch äquivalente, stabile Formen des Methanolmoleküls in einer Projektion in Richtung der CO-Bindung

äquivalenten, stabilen Formen des Äthylens, die durch eine Torsionsbewegung ineinander überführt werden können. Die Energiebarriere zwischen den beiden Formen ist jedoch sehr hoch. Beim Methanol gibt es die drei in Abbildung 7.24 dargestellten energetisch äquivalenten und stabilen Formen. In diesem Fall ist die Barriere so niedrig, daß sogar eine Aufspaltung des Torsionsniveaus v = 0 beobachtet werden kann. Beim Nitromethan kann man sich die sechs äquivalenten stabilen Formen an Hand von Abbildung 7.25 veranschaulichen: bei drei Anordnungen ist eines der mit H_1, H_2 und H_3 bezeichneten Wasserstoffatome in der obe-

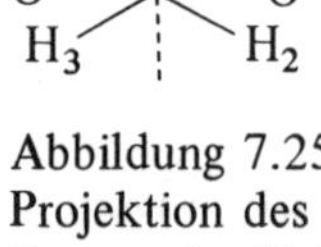

Abbildung 7.25
Projektion des Nitromethanmoleküls in Richtung der CN-Bindung. Für die Orientierung der Methylgruppe relativ zur Nitrogruppe gibt es sechs äquivalente Möglichkeiten

ren Position und bei den drei anderen wird die Methylgruppe um 60° um die CN-Bindung gedreht, so daß sie die gestrichelt gezeichnete Position einnimmt, die ebenfalls drei verschiedene Formen repräsentiert.

Die Energieniveaus für die Torsionsschwingungen spalten beim C_2H_4, CH_3OH und CH_3NO_2 in 2, 3 bzw. 6 Komponenten auf, wenn der Tunneleffekt wirksam ist. Beim Äthylen ist die Aufspaltung unbeobachtbar klein. Beim Methanol entstehen drei Komponenten, von denen zwei entartet sind und abwechselnd oberhalb und unterhalb des nicht-entarteten Niveaus liegen. Beim Niveau mit v = 0 beträgt die Aufspaltung 1,3 cm^{-1}. Abbildung 7.26 zeigt die Energiekurve für einen derartigen Fall.

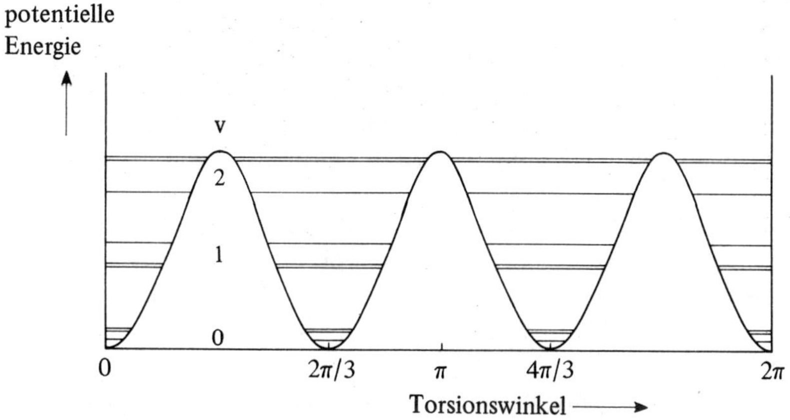

Abbildung 7.26
Änderung der potentiellen Energie bei der Torsion des Methanolmoleküls

Beim Nitromethan sind die Barrieren zwischen den Energieminima so niedrig, daß eine nahezu ungehinderte Rotation um die CN-Bindung möglich ist. Dies ist typisch für Moleküle mit mehreren Minima in der Energiekurve. Beispielsweise besitzt auch Toluol ($C_6H_5-CH_3$) sechs derartige Minima für eine Rotation um die CC-Einfachbindung, jedoch ist die Rotation dadurch nahezu nicht beeinträchtigt.

Wenn Schwingungsniveaus infolge eines Tunneleffektes durch eine Barriere zwischen zwei gleichartigen Energieminima aufspalten, sollten die Niveaus ähnlich wie bei der NH_3-Inversion entsprechend den Symmetriespezies einer Gruppe höherer Ordnung klassifiziert werden statt in der Gruppe, zu der die Gleichgewichtsform des Moleküls gehört. Beim NH_3 war es leicht einzusehen, daß die Gruppe höherer Ordnung $\mathbf{D_{3h}}$ sein muß. Bei Verbindungen wie Äthylen, Methanol oder Nitromethan kann man jedoch die Gruppe höherer Ordnung nicht mit den im Kapitel 2 diskutierten, sondern nur mit zusätzlichen Symmetrieelementen beschreiben. Bezüglich einer Einführung in die Gruppen höherer Ordnung sei auf eine Arbeit von Longuett-Higgins verwiesen (Molecular Physics **6**, 445 (1963)).

7.8 Grenzen für die Anwendung von Symmetriebetrachtungen

In den Kapiteln 5 und 7 wurde gezeigt, daß man mit Hilfe von Symmetriebetrachtungen klare Antworten auf bestimmte Fragen erhalten kann. Solche Fragen sind zum Beispiel: „Sind diese beiden Protonen äquivalent? ", „Besitzt dieses Molekül ein Dipolmoment? ", „Ist dieses Molekül optisch aktiv? ", „Ist dieser Übergang erlaubt oder verboten? " usw. Es gibt jedoch viele Fälle, in denen Protonen *nahezu* äquivalent sind, Moleküle *fast* kein Dipolmoment besitzen, eine *geringe* optische Aktivität vorhanden ist, usw. In derartigen Fällen kann es nützlich sein, die Punktgruppe zu verwenden, zu der das Molekül *ungefähr* gehört statt die, zu der es genau genommen gehört. Betrachten wir als Beispiel das Molekül $CH_2{}^{35}Cl^{37}Cl$, das genau genommen zur Punktgruppe $\mathbf{C}_s$ gehört, und das Molekül $CH_2{}^{35}Cl_2$, das zur Punktgruppe $\mathbf{C}_{2v}$ gehört. Wenn wir uns nun beispielsweise für die Normalschwingungen des $CH_2{}^{35}Cl^{37}Cl$ interessieren, stellen wir fest, daß sich dieses Molekül praktisch so verhält, als ob es ebenfalls zur Gruppe $\mathbf{C}_{2v}$ gehört, da der geringe Massenunterschied zwischen ^{35}Cl und ^{37}Cl keinen Einfluß auf die Auswahlregeln für Schwingungsübergänge hat. In ähnlicher Weise verhält sich $H{-}^{13}C \equiv {}^{12}C{-}H$ bezüglich seiner Schwingungen praktisch so, als ob es nicht zur Punktgruppe $\mathbf{C}_{\infty v}$ sondern zur Gruppe $\mathbf{D}_{\infty h}$ gehört. Wenn wir jedoch etwa nach Eigenschaften fragen, die mit dem Kernspin verbunden sind, so ist unsere Näherung nicht mehr zulässig, da die Kernspinquantenzahl I für ^{12}C Null und für ^{13}C 1/2 ist.
Eine ähnliche Einschränkung der strikten Symmetrieargumente muß man oft auch bei der Anwendung der Woodward-Hoffmann-Regeln machen. Bei der konzertierten Cycloaddition zweier Äthylenmoleküle gelten die Woodward-Hoffmann-Regeln genau genommen nur dann, wenn die C_2H_4-Moleküle unsubstituiert sind. Wenn einige der Wasserstoffatome substituiert sind, kann man die Symmetrieargumente genau genommen nicht mehr anwenden. Bei der Cycloaddition zweier Monofluoräthylenmoleküle ist jedoch die von den Fluoratomen ausgehende Störung so gering, daß man das richtige Ergebnis erhält, wenn man annimmt, daß C_2H_3F wie C_2H_4 zur Punktgruppe $\mathbf{D}_{2h}$ gehört.
Bei der Anwendung der in den Abschnitten 7.2–6 diskutierten Auswahlregeln ist zu beachten, daß diese Regeln lediglich angeben, welche Über-

gänge stattfinden *können*, das heißt Symmetrie-erlaubt sind, und welche nicht stattfinden können, das heißt Symmetrie-verboten sind. Die Auswahlregeln enthalten keine Informationen darüber, welche Übergänge wirklich stattfinden, und sie sagen auch nichts über die Intensitäten der erlaubten Übergänge aus. Das Thema der Übergangsintensitäten ist sehr umfangreich und liegt außerhalb der Zielsetzung dieses Buches. Es sei jedoch darauf hingewiesen, daß die Begriffe „erlaubt" und „verboten" in der Literatur manchmal in sorgloser Weise verwendet werden, wenn der Autor eigentlich „stark" und „schwach" meint. Es sei weiterhin daran erinnert, daß die diskutierten Symmetriebetrachtungen genau genommen nur für freie Moleküle gelten und in kondensierten Phasen eventuell ungültig oder nur noch beschränkt gültig sind. Daher können Schwingungs- oder Elektronenübergänge, die beim freien Molekül aufgrund der vom Dipolmoment bestimmten Auswahlregeln verboten sind, in flüssigen oder festen Phasen gelegentlich beobachtet werden.

7.9 Lösungen zu den Übungsaufgaben

Abschnitt 3.11:
(a) $C_{\infty v}$, $D_{\infty h}$, C_{2v}, $D_{\infty h}$, T_d, D_{4h}, T_d, C_s, $D_{\infty h}$, C_{2v}, D_{2h}, C_{3v}, D_{3d}
(b) C_{2v}, C_s, D_{2h}, C_{2h}, D_{2h}
(c) $D_{\infty h}$, D_{4h}, C_{2h}, C_{2v}, D_{3h}, C_{2v}

Abschnitt 7.6.1:
(a) $4a_1 + 1a_2 + 2b_1 + 2b_2$ (Punktgruppe C_{2v})
(b) $4a' + 2a''$ (Punktgruppe C_s)

Abschnitt 7.6.2:
(a) $2a_1 + 1b_1 + 1b_2 + 2e_1 + 3e_2 + 2e_3$ (Punktgruppe D_{4d})
(b) $2\sigma^+{}_g + 1\pi_g + 1\sigma_u^- + 1\pi_u$ (Punktgruppe $D_{\infty h}$)
(c) $1a_1 + 1e + 1f_2$ (Punktgruppe T_d)

Sachregister